Embryologie und Fortpflanzungsbiologie der Angiospermen

Eine Einführung

A. Rutishauser

Springer-Verlag
Wien · New York

1969

Professor Dr. ALFRED RUTISHAUSER †
Institut für allgemeine Botanik der Universität Zürich
Cytologisch-embryologisches Laboratorium

Mit 74 Abbildungen (323 Einzelbildern)

ISBN-13: 978-3-7091-8223-9 e-ISBN-13: 978-3-7091-8222-2
DOI: 10.1007/978-3-7091-8222-2

Library of Congress Catalog Card Number 69-20297

Titel Nr. 9250

Vorwort

Der Begriff Embryologie umfaßt, soweit es sich um den Bereich der Angiospermen handelt, nicht nur alle Vorgänge, die bei der Entwicklung eines Embryos aus der Zygote ablaufen, sondern schließt auch die Entwicklungsgeschichte des weiblichen und männlichen Gametophyten in sich ein. Das Schwergewicht der Forschungen liegt sogar bei den meisten Embryologen mit wenigen Ausnahmen (vgl. z. B. JOHANSEN 1950) auf der Entwicklungsgeschichte des weiblichen Gametophyten, des Embryosacks. Die ersten Beschreibungen der Embryologie der Angiospermen, aber auch noch die neueste Arbeit auf diesem Gebiete, MAHESHWARIS „An Introduction to the Embryology of Angiosperms" (1950), berücksichtigen dabei vor allem rein morphologische Gesichtspunkte, versuchen, zu einer Topologie des Embryosacks vorzudringen, und münden schließlich aus in phylogenetische Spekulationen über die Herkunft des Pollens und des Embryosacks und ihre Beziehungen zu den Gametophyten der Gymnospermen und Farne. Diese Arbeitsrichtung, vor allem von COULTER und CHAMBERLAIN (1903), ERNST (1908), CHIARUGI (1927) und kürzlich noch von BATTAGLIA (1951) gepflegt, ist schließlich von MAHESHWARI und seiner Schule übernommen und durch Einbeziehung der vor allem von BLAKESLEE (1945) begründeten experimentellen Embryologie erweitert worden.

Das vorliegende Buch versucht neue Wege zu gehen. Es gibt zwar ebenfalls eine Übersicht über die Typologie des Embryosacks, wobei aber nicht nur Pflanzen mit sexueller Vermehrung berücksichtigt werden, sondern auch versucht wird, die Entwicklungstypen der unreduzierten Embryosäcke apomiktischer Angiospermen aus jenen sexueller Arten abzuleiten, so wie es der Verfasser in einer früheren Arbeit erstmals getan hat (RUTISHAUSER 1967). Das Hauptgewicht des Buches aber liegt auf den Konsequenzen, die sich aus der Entwicklungsgeschichte und dem Aufbau des Gametophyten der Angiospermen auf die Samenbildung (und damit auf die Samenfertilität), das „breeding system" und die Evolution der Angiospermen ergeben, d. h. die Embryologie wird als Hilfswissenschaft der Fortpflanzungsbiologie der Angiospermen aufgefaßt. In dieser Form vermag die Embryologie meiner Ansicht nach ihrer Hauptaufgabe, der Aufklärung der Evolution der Blütenpflanzen, vor allem auf der Ebene der Art und kleinerer systematischer Einheiten, eher gerecht zu werden, gleichzeitig aber auch die Voraussetzungen für eine gezielte Pflanzenzüchtung auf wissenschaftlicher Grundlage zu schaffen.

Schließlich wird in diesem Buch besonderer Nachdruck auf die engen Beziehungen zwischen Embryologie und Cytologie gelegt. Manche Eigentümlichkeiten der Gametophyten- und Samenentwicklung können nur im Zusammenhang mit den cytologischen Vorgängen verstanden werden, die während der Gameten- und Samenbildung ablaufen. In erhöhtem Maße gilt dies für die Fortpflanzungsbiologie und die damit verknüpften Fragen, wie Pollen- und Samenfertilität. Unerläßlich ist die Kenntnis der mit der Samenentwicklung verbundenen cytologischen Vorgänge für das Verständnis des „breeding system" einer Art und damit für Pflanzenzüchtung und Erforschung der Evolution.

Daß Pflanzenzüchtung auf die Ergebnisse der cytologischen und embryologischen Forschung angewiesen ist, zeigt sich besonders deutlich bei agamospermen Kulturpflanzen, wie bei pseudogamen *Poae*, beim sog. blue-stem-Komplex mit den Gattungen *Dichanthium* und *Bothriochloa* und bei anderen Futtergräsern, bei Arten der Gattungen *Rubus*, *Malus* oder *Parthenium* und schließlich bei Arten mit Nuzellarembryonie, wie *Citrus* oder *Juglans*. Hier ist eine gezielte Züchtungsarbeit ohne Kenntnis des Fortpflanzungsmodus und der Cytologie und Embryologie nicht möglich oder wesentlich erschwert.

Die Literaturhinweise wurden auf ein Minimum beschränkt und nur Gesamtdarstellungen berücksichtigt oder dann solche Publikationen, die auf dem Gebiete der Embryologie und Fortpflanzungsbiologie neue Aspekte eröffneten oder wenn daraus Abbildungen oder Tabellen entnommen wurden. Die spezielle Literatur kann aus den Literaturverzeichnissen der Gesamtdarstellungen entnommen werden.

Das vorliegende Buch wendet sich an Biologen, Biologiestudenten, Studenten und Absolventen land- und forstwirtschaftlicher Hochschulen und an den Pflanzenzüchter.

A. RUTISHAUSER

Die Redaktion dieses hinterlassenen Buches meines verehrten Lehrers konnte er leider nur zum kleinen Teil noch selbst überwachen. Umso dankbarer war ich für die vielen wertvollen Ratschläge und die bereitwillige Mithilfe, vor allem von Herrn Prof. H. SCHÄPPI und meinen Mitschülern, besonders Herrn D. SCHWEIZER. Ein Teil der Abbildungen wurde von Frau K. SCHNEIDER-BALZER gezeichnet. Ohne die Mitarbeit von Frau J. LUNOW-BOTTA wäre es mir nicht möglich gewesen, das vorliegende Buch für den Druck vorzubereiten. Auch dem Springer-Verlag in Wien möchte ich für die sorgfältige Herstellung und die schöne Ausstattung bestens danken.

Nyon, im März 1969 G. A. NOGLER

Inhaltsverzeichnis

I. Die Entwicklung der Samenanlagen und des weiblichen Gametophyten

A. Entwicklung und Bau der Samenanlagen

1. Insertion und Typologie der Samenanlagen

Die Samenanlagen entstehen submarginal an den Rändern der Fruchtblätter, wie z. B. bei den apokarpen (Abb. 1 *a*, *Ranunculaceen*), synkarpen (Abb. 1 *b*, *Liliaceen*) oder parakarpen Gynoeceen (Abb. 1 *c*), oder selten laminal aus

Abb. 1. Insertion der Samenanlagen. *a* apokarpes Gynoeceum, Samenanlagen submarginal. *b* coenokarpes Gynoeceum, Samenanlagen zentralwinkelständig. *c* coenoparakarpes Gynoeceum, Samenanlagen submarginal. (Nach TROLL 1957)

Plazenten, die auf der Innenseite der Fruchtblätter entspringen. In anderen Fällen entstehen die Samenanlagen an Zentralplazenten wie bei den *Primulaceen*, die wahrscheinlich aus einem Achsenkern und Karpellgewebe (Abb. 6 *a*) aufgebaut sind. Die jungen Samenanlagen wachsen zu zapfenartigen Körperchen heran und bilden eine oder zwei Hüllen, die Integumente, aus. Je nach der Zahl der Integumente unterscheidet man:

- unitegmische (Abb. 2 *a*) und
- bitegmische (Abb. 2 *b*) Samenanlagen.

Die Zahl der Integumente scheint ein sehr konstantes, taxonomisch verwendbares Merkmal zu sein.

Die ausgewachsene Samenanlage (Ovulum) besteht aus drei Regionen:

- dem Nuzellus,
- den Integumenten, die einen feinen Kanal, die Mikropyle, offenlassen, und
- dem Funiculus, der die Verbindung zur Plazenta herstellt.

Die Basis der Samenanlage wird als Chalaza bezeichnet. In der Chalaza endigt meistens das Leitbündel.

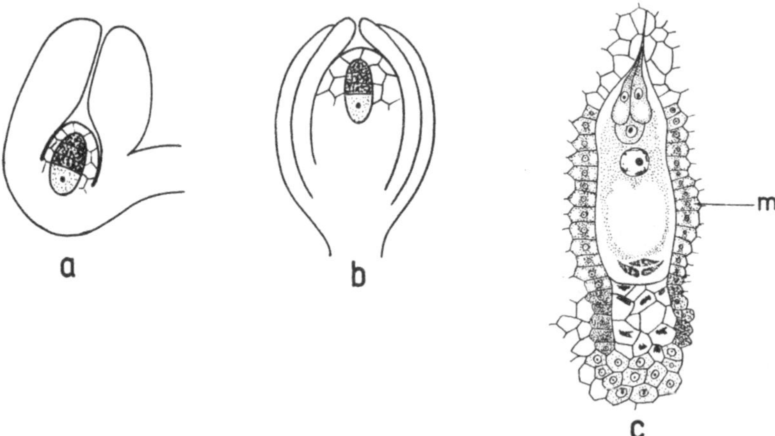

Abb. 2. Bau der Samenanlagen. *a* unitegmische, *b* bitegmische Samenanlagen; Nuzellus mit Tetrade. *c* Bau des Integumenttapetums bei *Lobelia trigona* (nach Kausik 1935)

Je nach Wachstumsrichtung des Ovulums werden gerade oder gekrümmte Samenanlagen ausgebildet. Die Krümmung kann dabei im Funiculus liegen oder den Nuzellus samt Integumenten erfassen. Markiert man die Insertionsstelle des Funiculus an der Plazenta (1), die Chalaza (2) und die Mikropyle (3) mit Punkten (Abb. 3 *a–c*) und verbindet sie mit Linien, so können die in Abb. 3 *d–f* gezeichneten Grenzlagen unterschieden werden:

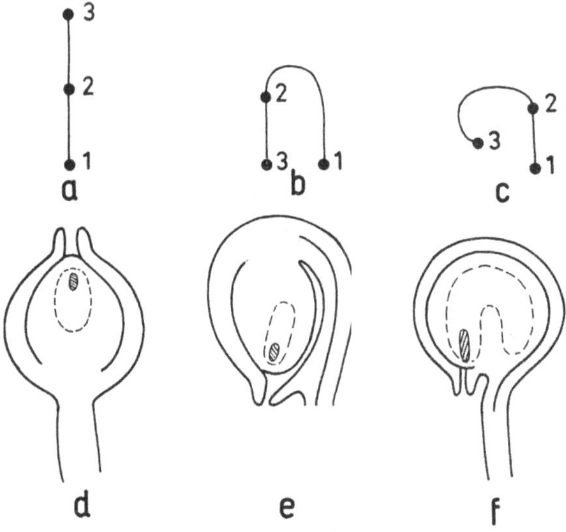

Abb. 3. Typologie der Samenanlagen. *a–c* schematische Darstellung der Achse: 1 Insertionsstelle des Funiculus, 2 Chalaza, 3 Mikropyle. *d* orthotrope, *e* anatrope, *f* kampylotrope Samenanlage

– orthotrope Samenanlagen (Abb. 3 *a*, *d*), wenn keine Krümmungen nachzuweisen sind,

– anatrope Samenanlagen (Abb. 3 *b*, *e*), wenn die Funiculi um 180° umgebogen werden, die Krümmung somit zwischen den Punkten 1 und 2 liegt, und
– kampylotrope Samenanlagen (Abb. 3 *c*, *f*), wenn die Krümmung zwischen Punkt 2 und 3 erfolgt.

Diese drei Grenzlagen, die taxonomisch ausgewertet werden, sind durch alle möglichen Zwischenstufen untereinander verbunden.
Gelegentlich bildet die Epidermis der inneren Integumente eine Mantelschicht, deren Zellen in radiärer Richtung gestreckt sind (m=Integumenttapetum, Endothelium, Abb. 2 *c*). Es wird angenommen, daß die Mantelschicht Ernährungsfunktion besitzt.

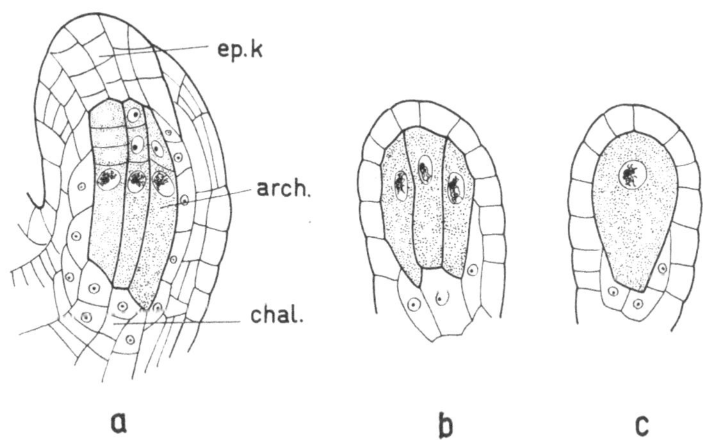

Abb. 4. Bau des Nuzellus und der Integumente. *a* crassinuzellate Samenanlage von *Potentilla canescens*. *b*, *c*, tenuinuzellate Samenanlagen verschiedener *Chrysanthemum*-Arten. ep. k. = Epidermiskalotte, arch. = Archespor, chal. = Chalaza. (*a* nach HUNZIKER 1954, *b*, *c* nach HARLING 1951)

Der wichtigste Teil der Samenanlage ist der Nuzellus. In seinem Inneren wird der weibliche Gametophyt angelegt und ausgebildet, und die dabei auftretenden Entwicklungsabläufe entscheiden weitgehend über Fortpflanzungsweise und damit über das „breeding system“ einer Pflanzenart. Der Aufbau des Nuzellus ist daher besonders eingehend untersucht worden; trotzdem muß zugegeben werden, daß unsere Kenntnis der Entwicklungsgeschichte des Nuzellus auch heute noch zu bescheiden ist, als daß eine Ableitung der verschiedenen Zonen aus den Initialzellen gewagt werden könnte. Der ausgewachsene Nuzellus besitzt in der Regel eine einschichtige Epidermis. Eine Ausnahme bilden manche *Rosaceen*, z. B. *Potentilla* (Abb. 4 *a*) und *Sorbus*, wo in der Epidermis perikline Wände auftreten, so daß sie, besonders an der Nuzellusspitze, mehrschichtig wird: Es entsteht eine sogenannte Epidermiskalotte.
Die Nuzellusepidermis kann eine oder wenige Zellen umschließen oder aber ein ausgedehntes Gewebe überdecken. Im ersten Falle spricht man von tenuinuzellaten (Abb. 4 *b*, *c*), im letzteren von crassinuzellaten (Abb. 4 *a*) Sa-

menanlagen. In den kleinen tenuinuzellaten Samenanlagen nehmen die unter der Epidermis liegenden Zellen oft gesamthaft generativen Charakter an, oder die Zahl der Zellen mit vegetativem Charakter ist nur sehr klein. Im Extremfall besteht der ganze Nuzellusinhalt aus einer einzigen generativen Zelle. Beim Crassinuzellus dagegen ist der Körper des Nuzellus stets aus Zellen verschiedener Entwicklungspotenzen zusammengesetzt. In diesem Falle ist es daher oft recht schwierig, die Herkunft der generativen Zellen zu bestimmen.

Sehr oft wird die Basis des Nuzellus bzw. der Samenanlage, die Chalaza, von Zellen besonderer Struktur eingenommen, welche an die hier endigenden Leitbündel anstoßen oder mit ihnen durch langgestreckte Zellen in Verbindung stehen und denen zum Teil Ernährungsfunktionen zugeschrieben werden. Bei den *Potentillen* sind diese Chalazazellen isodiametrisch und plasmareich. In Präparaten, die mit Eisenhämatoxylin nach HEIDENHAIN gefärbt sind, stechen sie meist durch ihre dunkle Farbe hervor. In den größeren Nuzelli der *Prunus*arten können in der Chalaza Gruppen verschiedener Zelltypen nachgewiesen werden, die als eigentliches Chalazagewebe und als Nährschicht bezeichnet werden. Häufig, z. B. bei *Atraphaxis frutescens*, wird aus der Chalazaregion noch ein weiteres Gewebe beschrieben, dessen Zellen dicke, verholzte oder verkorkte Wände aufweisen. Es wird als Hypostase bezeichnet und kann sich durch Auflösung der benachbarten Zellen in ein sogenanntes Postament umbilden.

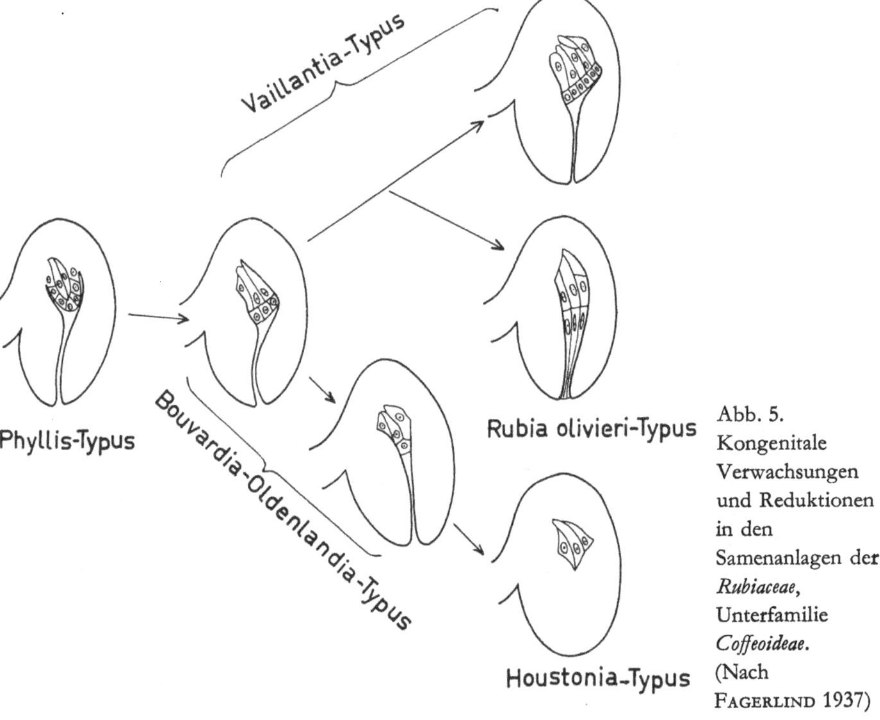

Abb. 5. Kongenitale Verwachsungen und Reduktionen in den Samenanlagen der *Rubiaceae*, Unterfamilie *Coffeoideae*. (Nach FAGERLIND 1937)

Für die Ernährung oder besser den Weg des Nahrungsstromes, der zum weiblichen Gametophyten führt, von ausschlaggebender Bedeutung sind die verschiedenen Kutikularhäute, welche die Integumente und den Nuzellus überdecken. Im Extremfall können drei Kutikularhäute nachgewiesen werden, wovon zwei, nämlich jene zwischen Nuzellus und innerem Integument und jene zwischen innerem und äußerem Integument, aus dem Verschmelzungsprodukt je zweier Kutikularhäute hervorgehen. Sie verhindern den Durchtritt von Nährstoffen und lassen als einzigen Weg für den Nahrungsstrom die Chalaza offen. Manche Besonderheiten des Embryosacks oder des Endosperms, z. B. die Ausbildung von Chalazahaustorien, können auf Grund dieser Befunde verstanden werden.

2. Kongenitale Verwachsungen und Reduktionen im Bereiche der Fruchtknoten und Samenanlagen

Der oben beschriebene Bau der Samenanlagen kann bei verschiedenen Familien und Ordnungen der Angiospermen durch kongenitale Verwachsungen und Reduktion weitgehend verändert werden. Manchmal, z. B. bei den *Santalales*, lassen sich keine Samenanlagen mehr nachweisen, und selbst die Plazenten werden reduziert oder verlieren durch Verwachsungen ihren individuellen Charakter. In manchen Fällen ist es daher nur durch Aufstellung von Reduktionsreihen möglich, die Architektur des Gynoeceums richtig zu deuten. Zwei solche Reduktionsreihen sind besonders instruktiv und sollen hier als Beispiele für derartige Vorgänge beschrieben werden. Das eine Beispiel betrifft die *Rubiaceen* (Abb. 5), wo besonders Reduktionen im Bereiche der Samenanlagen vorkommen, das andere die *Santalales* (Abb. 6), wo die Reduktionen noch weiter gehen und auch die Plazenten erfassen.

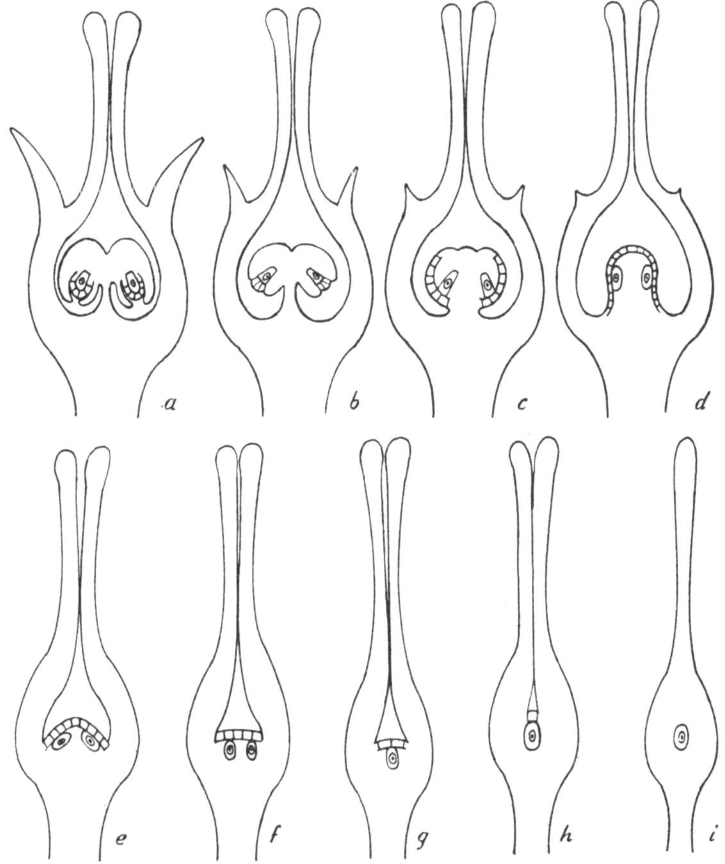

Abb. 6. Kongenitale Verwachsungen und Reduktionen innerhalb der Gynoeceen der *Santalales*. *a* normaler Bau von Fruchtknoten und zentraler Plazenta. Kongenitale Verwachsungen und Reduktionen bei: *b Thesium*, *c Osyris*, *Santalum* und *Myzodendron*, *d Arceuthobium*, *e Korthalsella*, *f Viscum* und *Dendrophthoë*, *g–h Scurrula*, *i Balanophora*. (Nach FAGERLIND 1945)

Die Samenanlagen der *Rubiaceen*, besonders eingehend in der Unterfamilie *Coffeoideae* untersucht (Fagerlind 1937), sind in den meisten Gattungen (z. B. *Galium* und *Asperula*) unitegmisch (Abb. 5). Andere Gattungen und Arten, z. B. *Houstonia* und *Rubia olivieri*, besitzen scheinbar nackte Samenanlagen. Eine genauere vergleichend-entwicklungsgeschichtliche Analyse zeigt aber, daß Ansätze zu Integumentbildung bei allen, also auch bei scheinbar nackten Samenanlagen vorhanden sind, indem zu beiden Seiten des Archespors perikline Zellteilungen nachgewiesen werden können, die mit den Wachstumserscheinungen übereinstimmen, welche die Integumentbildung der unitegmischen Samenanlagen charakterisieren. Es ist daher vernünftig, anzunehmen, daß in allen Fällen Integumente ausgebildet werden, daß sie aber durch kongenitale Verwachsungen mit dem Nuzellus ihre Individualität verlieren und mit dem Nuzellus zu einem kompakten Körper verschmelzen, welcher den Eindruck einer nackten Samenanlage macht. Parallel mit der Reduktion des einen Integumentes geht bei manchen Arten eine Abflachung des Nuzellus und eine Reduktion der Nuzellusepidermis einher. So bilden *Bouvardia* und *Oldenlandia* nur noch eine Epidermiszelle, *Houstonia* gar keine mehr aus. Bei dieser Gattung scheinen daher die Archesporzellen tief in den Nuzellus versenkt zu sein. Bei anderen Typen findet eine Abflachung des Nuzellus und eine Streckung der Nuzellusepidermis statt (*Vaillantia*- und *Rubia-olivieri*-Typus).

Ähnliche Rückbildungen der Integumente können bei den *Santalales*, z. B. *Thesium rostratum*, beobachtet werden (Abb. 6 *b*). Auch dort verwächst das eine Integument mit dem Nuzellus, eine rudimentäre Integumentspitze bleibt aber noch erhalten. Bei anderen Familien der *Santalales*, z. B. den *Viscoideen* und *Loranthoideen*, geht die Reduktionstendenz noch weiter (Abb. 6 *c–h*): Die Integumente verschwinden als distinkte Hüllen völlig, die meistens anatrop hängenden Samenanlagen verschmelzen mit der zentralen Plazenta (z. B. bei *Osyris* [Abb. 6 *c*] und *Arceuthobium* [Abb. 6 *d*]), so daß die EMZ scheinbar in der zentralen Plazenta entstehen. Schließlich wird die Plazenta selbst auch rückgebildet. Sie verwächst kongenital mit dem Fruchtblattgewebe, und die EMZ kommen scheinbar in das basale Gewebe des Gynoeceums zu liegen (Abb. 6 *f–h*). Das Extrem ist bei den *Balanophoraceen* realisiert (Abb. 6 *i*), wo die EMZ frei im kompakten Gewebe des Gynoeceums liegen und wo weder ein Griffelkanal noch eine Fruchtknotenhöhle ausgebildet werden.

B. Entwicklung und Bau des weiblichen Gametophyten

1. Ausdifferenzierung und Bau des weiblichen Archespors

Im Zusammenhang mit der Entwicklung des weiblichen Archespors, welches wir als das generative Gewebe auffassen, interessieren vor allem die Fragen nach der Herkunft der Archesporzellen und dem Zeitpunkt des Umschlages von der vegetativen zur generativen Potenz. Die erste dieser Fragen, die Entwicklung des Archespors betreffend, ist schon früh gestellt worden; die dabei ablaufenden Entwicklungsvorgänge sind für viele Blütenpflanzen genau analysiert (Warming 1878) und unseres Erachtens richtig interpretiert worden. Warming unterschied schon 1878 zwei Entwicklungstypen, einen ursprünglichen, „type dichlamydé“, bei dem der Nuzellus durch perikline Teilungen mehrerer subepidermaler Zellen entsteht, und einen abgeleiteten, „type monochlamydé“, bei dem die Embryosackmutterzelle (EMZ) direkt, ohne Teilung, aus einer subepidermalen Zelle hervorgeht. Beim „type dichlamydé“ entstehen die EMZ aus der inneren Zelle der ersten periklinen Teilung der subepidermalen Zellen.

Diese klare Darstellung wurde später leider durch falsche Interpretation wieder verwischt. So wurde die subepidermale Zelle von Warmings „type dichlamydé" als primäre Archesporzelle, deren innere Teilungsprodukte als sekundäre Archesporzellen bezeichnet, obwohl, wie z. B. SCHNARF (1929) richtig betont, die jungen Archesporzellen schon vor der Sporogenese durch Differenzierungen gekennzeichnet sein müssen, die sie von vegetativ bleibenden Nuzelluszellen abheben. Dafür spricht schon die große Differenz zwischen einer meiotischen und einer mitotischen Prophase (doppelte und einfache Struktur der Chromosomen).

Betrachtet man als entscheidendes Merkmal für eine generative Zelle ihre Fähigkeit, die Meiose durchzuführen, dann müssen schon die Zellen, in welchen die Vorbereitungen dazu getroffen werden, als generativ aufgefaßt werden. Nach WESTERGAARD (1964) erfolgen diese Vorbereitungen, wenigstens beim sogenannten *Lilium*-Typus, schon in der prämeiotischen Interphase. Cytochemische Analysen weisen darauf hin, daß sie in einer Verschiebung der S-Phase (Phase der DNS-Synthese) bestehen. Die S-Phase wird auf die späte Interphase bis zur frühen Prophase verlegt. Der Umschlag von der vegetativen zur generativen Entwicklungstendenz erfolgt also in einer Phase des Mitosezyklus, die sich der lichtmikroskopischen Analyse entzieht, weshalb sich die generative Tendenz einer Zelle erst mit ihrem Eintritt in die meiotische Prophase zeigt.

Aus diesen Überlegungen folgt, daß wir eine Zelle schon als Archesporzelle, d. h. als Zelle mit generativer Entwicklungstendenz, bezeichnen müssen, wenn sie sich in der prämeiotischen Interphase befindet. Ihre generative Tendenz zeigt sich aber erst beim Eintritt in die nächste Teilung. Diese muß, wenn der Umschlag stattgefunden hat, eine Meiose sein. Wir können demnach eine Archesporzelle als eine Zelle definieren, die sich in der prämeiotischen Interphase befindet. Bezeichnen wir eine Zelle, welche die Meiose durchführt, als Embryosackmutterzelle (EMZ), dann kann die Archesporzelle auch als eine Zelle aufgefaßt werden, die ohne Teilung direkt in eine EMZ übergeht.

Die vorgeschlagene Nomenklatur hat den Nachteil, daß dieselbe Zelle mit zwei Namen belegt wird: Je nach dem Entwicklungszustand, in dem sie sich befindet, wird sie als Archesporzelle (prämeiotisches Interphasestadium) oder als EMZ (Teilungsstadium) bezeichnet.

Gehen wir von diesen Definitionen aus, dann muß das Entwicklungsgeschehen in den Nuzelli ganz anders als bisher interpretiert werden. Dies gilt besonders für die sogenannten „sekundären Archespore". Nach SCHNARF (1929) entstehen sie als innere Teilungsprodukte subepidermaler Zellen, wobei von manchen Embryologen angenommen wird, daß sich diese Zellen noch weiter durch mitotische Teilung vermehren können. Die subepidermalen Zellen, aus denen sie hervorgehen, werden als „primäre Archesporzellen" bezeichnet. Es ist ohne weiteres klar, daß auf Grund der oben gegebenen Definition der Archesporzelle diese nicht „primär" oder „sekundär" sein kann. Ein Archesporzelle kann, da sie die prämeiotische Interphase durchgeführt oder wenigstens eingeleitet hat, nicht mehr mitotisch teilungsfähig sein. Daß dem so ist, geht klar aus Analysen hervor, die HUNZIKER (1954) an Samenanlagen von partiell sexuellen und pseudogamen Arten der Gattung *Potentilla* durchgeführt hat. Danach entstehen die Archesporzellen nach folgendem Schema (Abb. 7 *a–d*):

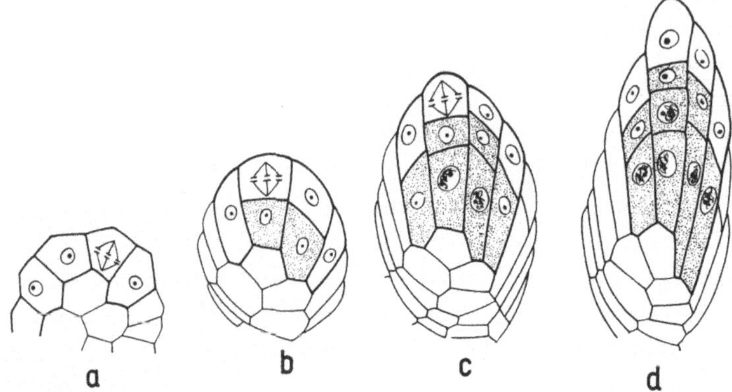

Abb. 7. Die Entwicklung der vielzelligen Archespore von *Potentilla*. *a* erste perikline Teilung einer subepidermalen Archespormutterzelle = AMZ, andere AMZ in Interphase. *b* Archesporzellen (punktiert), darüber AMZ, eine davon in Teilung. *c*, *d* spätere Entwicklungsstadien, Archesporzellen punktiert, ebenso Embryosackmutterzellen = EMZ (Kerne in Synapsis), darüber AMZ, in *c* eine davon in Teilung. Die Nuzellusepidermis bzw. die Epidermiskalotte wurden nicht eingezeichnet! (Nach HUNZIKER 1954)

Subepidermale Zellen der Nuzellusspitze teilen sich periklin und bilden so zwei übereinanderliegende Zellen (Abb. 7 *a*, *b*). Die untere Zelle verliert ihre mitotische Teilungsfähigkeit und geht später direkt in eine EMZ über. Sie kann daher als Archesporzelle bezeichnet werden. Die obere Zelle vermag sich nochmals periklin zu teilen (Abb. 7 *b*). Die untere Tochterzelle wird wieder zu einer Archesporzelle und später zu einer EMZ, die obere kann den Teilungsvorgang wiederholen (Abb. 7 *c*), was zu Reihen von 3 bis 5 Archesporzellen führt, die je nach dem Zeitpunkt ihrer Entstehung später in EMZ umgewandelt werden. Nur die zuletzt gebildete, oberste Zelle der Reihe ist eine Deck- oder Schichtzelle, die somatischen Charakter beibehält (Abb. 7 *c*, *d*). Wie man sieht, entsteht also das sogenannte „sekundäre Archespor“ nicht aus einem „primären Archespor“, sondern aus Zellen, die ihre mitotische Teilungsfähigkeit längere Zeit bewahren.

Untersuchungen dieser Art stehen allerdings vereinzelt da und müssen noch an anderen Angiospermen mit sogenanntem „sekundärem Archespor“ verifiziert werden. Es ist aber in diesem Zusammenhang nochmals darauf hinzuweisen, daß WARMING schon 1878 an einem umfangreichen Material zu einer ähnlichen Auffassung gekommen ist. Wenn sich die Analysen von WARMING und HUNZIKER als richtig erweisen, ist es wohl am besten, wieder zu der alten Auffassung WARMINGS zurückzukehren und die mitotisch teilungsfähigen subepidermalen Zellen von Pflanzen mit sogenannten „sekundären Archesporen“ als meristematische Zellen aufzufassen. Sie sind allerdings keine gewöhnlichen vegetativen Zellen, da sie allein als Initialzellen für das Archespor funktionieren. Es ist daher wohl am besten, sie mit einem besonderen Ausdruck, als Initialzellen des Archespors oder als Archespormutterzellen (AMZ), zu bezeichnen. Die Ausdifferenzierung des Archespors würde sich dann also in folgenden drei Stufen abspielen:

– Die Archespormutterzelle (AMZ) dient als Initialzelle des Archespors; sie ist stets subepidermalen Ursprungs und besitzt, im Unterschied zur Archesporzelle, noch die Fähigkeit zu mitotischer Teilung.
– Die Archesporzelle geht direkt aus der AMZ oder aus inneren (chalazalen) Tochterzellen der AMZ hervor und ist durch einen Teilungsstopp, besondere plasmatische Struktur und eventuell eine zeitliche Verlagerung der S-Phase ausgezeichnet und infolgedessen nicht mehr mitotisch teilungsfähig.
– Die Embryosackmutterzelle (EMZ) geht direkt aus der Archesporzelle hervor. In ihr erfolgt der erste Teilungsschritt der Meiose.

Die Ausdifferenzierung von EMZ in drei Stufen stellt nur eine, allerdings besonders verbreitete Möglichkeit dar, wie die generativen Zellen aus dem Meristem des Nuzellus ausgesondert werden. Der Vorgang kann abgekürzt oder auch noch weiter kompliziert werden, wobei nicht mit Sicherheit feststeht, welcher Entwicklungstypus der ursprünglichste ist.
Bei vielen Pflanzen (des „type monochlamydé" WARMINGS) geht die EMZ direkt aus einer subepidermalen Zelle des Nuzellus hervor. In diesem Fall ist die subepidermale Zelle gleichzeitig AMZ und Archesporzelle. Die AMZ hat ihre mitotische Teilungsfähigkeit auf Null reduziert. Ein ähnlicher Fall liegt z. B. bei den *Orchideen* vor (Abb. 8 *a–d*), ist aber durch Wachstumserscheinungen im Nuzelluskern etwas verdeckt. Wie Abb. 8 *b* zeigt, ist die eine subepidermale Zelle der tenuinuzellaten Samenanlage in frühen Entwicklungsstadien noch mitotisch teilungsfähig. Sie baut durch fortgesetzte perikline Teilungen zuerst den Nuzelluskern auf und geht erst später in eine AMZ über, die sich durch stärkeres Wachstum und vermutlich auch durch Veränderungen im Aufbau des Protoplasten in eine Archesporzelle umwandelt (Abb. 8 *c*). Aus ihr entsteht ohne weitere Teilung die eine EMZ des Nuzellus (Abb. 8 *d*). Daß in diesem Falle kein sogenanntes „sekundäres Archespor" vorliegt, geht aus der Tatsache hervor, daß die nach innen abgegebenen Zellen sich nicht in EMZ umwandeln.

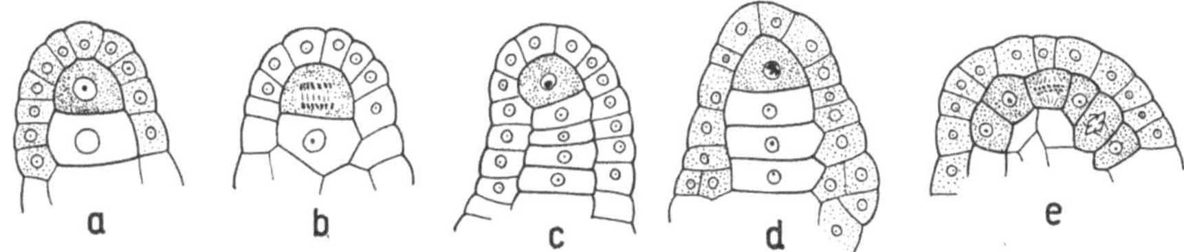

Abb. 8. Entwicklung des tenuinuzellaten Nuzellus der *Orchidaceen*. *a*, *b* Aufbau des Nuzelluskorpus. *c* Ausdifferenzierung der einen Archesporzelle (punktiert), *d* EMZ in Synapsis. *e* Nuzellus mit vielzelliger Schicht von AMZ. (Nach HEUSSER 1915, schematisiert)

Das Archespor der Blütenpflanzen kann weiter dadurch verändert werden, daß die Zahl der AMZ variiert. Bei den *Orchideen* wird z. B. pro Nuzellus nur eine AMZ ausgebildet, bei anderen Arten, besonders bei Pflanzen mit crassinuzellatem Nuzellus, entstehen oft große AMZ-Komplexe (Abb. 8 *e*). Die Zahl der Archesporzellen variiert daher sehr stark und hängt vor allem von der Zahl der AMZ und dem Ausmaß ihrer mitotischen Teilungsfähigkeit ab. Die Variationsmöglichkeiten im Aufbau der Archespore und ihrer Nebenzellen sind damit aber noch nicht erschöpft. So entwickeln z. B. manche *Kompositen*, wie *Achillea millefolium* und manche *Chrysanthemum*-Arten, mehrzellige Archespore, die den ganzen Zentralkörper des Nuzellus ausfüllen. Deckzellen können nicht nachgewiesen werden.
Schließlich werden auch Fälle beschrieben, wo sich die Deckzellen zu teilen vermögen, ohne dabei erneut Archesporzellen abzugeben. Dadurch entsteht anstelle einer einzigen Deckzelle ein ganzer Deckzellenkomplex, welcher das Archespor tiefer in die Basis des Nuzellus zurückdrängt. Es ist möglich, die Entwicklung eines Deckzellenkomplexes mit unserer oben gegebenen Darstellung der Archesporentwicklung zu verbinden und daraus abzuleiten. Wie statistische Untersuchungen über die generativen Potenzen der Archesporzellen an pseudogamen *Potentillen* verschiedener Sexualitätsgrade (Hunziker 1954) ergeben haben, findet im Archespor eine allmähliche Abnahme der meiotischen Tendenzen von unten nach oben, also von den zuerst gebildeten bis zu den terminalen Archesporzellen bzw. EMZ, statt. Der Übergang vom echten Archespor, dessen Zellen EMZ-Charakter annehmen, zu den Schichtzellen mit somatischer Tendenz erfolgt allmählich und dürfte von Art zu Art verschieden sein. Vielleicht gelingt es, auf Grund solcher Analysen und Überlegungen auch die scheinbar abweichenden Fälle des Archesporaufbaus, wie sie z. B. für *Butomus* und die *Araceen* beschrieben worden sind, von einem allgemeinen Gesichtspunkt aus zu verstehen. Verständlich wäre dann jedenfalls der für manche Arten angegebene Befund, daß der Unterschied zwischen Archesporzellen und Deckzellen verwischt ist.
Der Formenreichtum der Archespore hat Schnarf (1929) dazu veranlaßt, eine Typologie des Archespors aufzustellen, wobei sechs Typen unterschieden werden, die nach der Zahl der „primären Archesporzellen", ihrer Fähigkeit, Deckzellen auszubilden, ihrer nachträglichen Vermehrung durch perikline Teilungen und der Vermehrung der Deckzellen charakterisiert werden. Nach unserer Auffassung des Entwicklungsgeschehens im Nuzellus handelt es sich dabei nur um Grenzfälle des Archesporaufbaus, die durch die Zahl der AMZ, die Zeitdauer, während welcher sie sich mitotisch zu teilen vermögen bzw. den Zeitpunkt, in dem sie sich in Deck- oder Archesporzellen umwandeln, bestimmt werden. Die Aufstellung von Archesportypen kann daher nur durch willkürliche Festlegung von Grenzen geschehen und ist geeignet, die allgemeinen Gesetzmäßigkeiten, denen die Archesporentwicklung unterliegt, zu verwischen, weshalb eine Typologie des Archespors am besten unterbleibt. Wir halten es

für nützlicher, die Entwicklungsabläufe der Archespore zu analysieren und so zu versuchen, den allgemeinen Entwicklungstrend, der auf dieser Stufe der Sporenbildung herrscht, herauszuarbeiten. Die oben mitgeteilten Analysen der Archesporentwicklung von *Potentilla* stellen einen ersten Versuch in dieser Richtung dar.

Anstelle einer Typologie sollen daher nochmals die Entwicklungsvorgänge zusammengestellt werden, die unserer Ansicht nach das Entwicklungsgeschehen im jungen Nuzellus beherrschen:

– Aus dem zentralen Körper des Nuzellus werden eine oder mehrere subepidermale Zellen, Archespormutterzellen, ausdifferenziert, die sich durch von Art zu Art wechselnde Potenzen zu mitotisch perikliner Teilung auszeichnen. Sie können sich in zwei verschiedenen Richtungen entwickeln: Die Archespormutterzellen (AMZ) gehen entweder direkt in Archesporzellen über (Abb. 4 *b*, *c*, 8), oder sie geben durch mitotische, perikline Teilungen nach der Chalaza hin Archesporzellen ab (Abb. 7). Wenn ihr meristematischer Charakter erschöpft ist, wandeln sie sich in Schicht- oder Deckzellen um und nehmen damit den Charakter von somatischen Zellen an. In manchen Fällen, z. B. bei *Achillea millefolium* und *Chrysanthemum*, werden keine Schichtzellen ausdifferenziert; alle Teilungsprodukte der AMZ wandeln sich ausnahmslos in Archesporzellen um. Gelegentlich können aber auch die zuletzt ausgebildeten Archesporzellen somatisiert werden und sind dann ebenfalls als Schicht- oder Deckzellen aufzufassen.

– Die Archesporzellen gehen direkt in EMZ über, d. h. sie leiten die Meiose ein, wodurch sichtbar wird, daß sie generativen Charakter haben.

2. Die Sporogenese der EMZ

Die Sporogenese umfaßt die Vorgänge, die zur Ausbildung von Makrosporen führen. Während der Sporogenese werden die beiden Reduktionsteilungen (RT_{I} und RT_{II}) durchgeführt. Die Meiose wird weiter unten, bei der Besprechung der Mikrosporenentwicklung, kurz beschrieben werden. Es kann daher, soweit es sich um ihre allgemeinen Merkmale handelt, auf Kapitel II und Abb. 28 verwiesen werden. Dagegen ist hier besonders hervorzuheben, daß zwischen den Meiosen der PMZ und EMZ gelegentlich Differenzen auftreten können. Sie beruhen besonders auf Unterschieden in Frequenz und Anordnung der Chiasmata. Solche Differenzen sind schon von Darlington und La Cour (1941) für *Lilium* und *Fritillaria* gefunden und später von Fogwill (1958) für *Lilium martagon* und *Fritillaria meleagris* eingehend analysiert worden. Die Unterschiede betreffen in erster Linie die Zahl der Chiasmata (Tab. 1).

Zu den Differenzen betreffend die Chiasmafrequenzen können noch solche hinsichtlich der Lage der Chiasmata hinzukommen. Dies ist besonders für Spermato- und Oocyten von Tieren, z. B. *Triturus cristatus*, nachgewiesen worden. Die zuletzt genannte Differenz wirkt sich genetisch günstig in Richtung auf eine Erhöhung der Variabilität aus.

Tabelle 1. *Chiasmahäufigkeit in männlichen und weiblichen Meiosen von Lilium martagon und Fritillaria meleagris* (aus JOHN und LEWIS 1965, nach FOGWILL 1958)

Art	Mittlere Chiasmafrequenz und (Variationsbreite)	
	EMZ	PMZ
Lilium martagon	41,0 (40,0–42,0)	36,3 (36,0–36,5)
Fritillaria meleagris	37,8 (30,0–42,5)	24,8 (24,2–31,8)

Durch die Meiose wird in den Samenanlagen eine ganz neue Situation geschaffen. Während bis dahin nur diploide Zellen im Nuzellus existieren (die zudem genetisch identisch sind), konkurrieren nun zwei Zelltypen und bald auch zwei Gewebe miteinander, die sich im Ploidiegrad grundlegend unterscheiden. Die weitere Entwicklung der Samenanlagen ist nun also von zwei verschiedenen genetischen Systemen abhängig.

Im Anschluß an die Meiose entstehen vier haploide Zellkerne und je nach Pflanzenart 1 bis 4 Zellen. Sofern auf beide Meioseschritte je eine Cytokinese folgt, werden vier Zellen, die vier Makrosporen, ausgebildet. Ihre Anordnung hängt von der Lage der Kernspindel ab. Die Kernspindel der RT_I liegt parallel zur Längsachse der EMZ; die anschließend gebildete Querwand trennt die beiden D y a d e n zellen. Die beiden Kernspindeln der zweiten RT können in bezug auf ihre Lage fünf verschiedene Anordnungen aufweisen. Je nachdem entstehen Makrosporentetraden mit linearer, ⊤- und ⊥-förmiger Anordnung, oder sie sind isolateral oder tetraedrisch angeordnet (Abb. 9 *a–e*). Obwohl bei derselben Art oft mehrere Anordnungen der Makrosporen gefunden werden können, ist meist eine von ihnen bevorzugt.

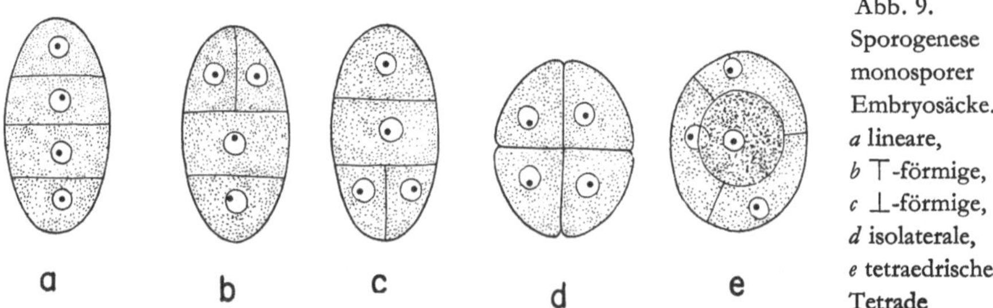

Abb. 9. Sporogenese monosporer Embryosäcke. *a* lineare, *b* ⊤-förmige, *c* ⊥-förmige, *d* isolaterale, *e* tetraedrische Tetrade

Weitere Modifikationen der Tetradenbildung kommen dadurch zustande, daß in einer der beiden Dyadenzellen die RT_{II} unterdrückt wird, und zwar meistens in der mikropylaren Dyade.

Makrospore den älteren Ausdruck „Auskeimung der Makrospore" zu benützen, der den Vorteil hat, nicht mit phylogenetischen Spekulationen belastet zu sein.

a) Auslese und Keimung der Makrosporen

Bei monosporer Embryosackentwicklung lassen sich in bezug auf die Auslese der Makrosporen drei Grenzfälle unterscheiden (Abb. 11):

– Alle vier Makrosporen wandeln sich in Embryosäcke um. Häufig wachsen dann Makrosporen seitlich aus und bilden gegen die Nuzellusspitze lange Schläuche aus. Beispiele für dieses Verhalten sind: *Potentilla heptaphylla* (Abb. 11 *a*), *Sedum sempervivum* und *Rosularia pallida*.

Wie bei *Potentilla heptaphylla* nachgewiesen werden konnte, wird in den Samen stets nur ein Embryo ausgebildet. Das bedeutet, daß zwischen den Embryosäcken, die bei *Potentilla heptaphylla* wegen des vielzelligen Archespors besonders zahlreich sind, ein Wettbewerb stattfindet, der zur Ausmerzung aller Embryosäcke bis auf einen führt.

– Nur eine Makrospore wächst zum Embryosack aus. Alle übrigen, die sogenannten Schwesterzellen, degenerieren. Die Lage der funktionellen Makrospore (EZ = Embryosackzelle) kann variieren. Zwei Fälle sind besonders weit verbreitet:

Die oder bei isolateraler Anordnung eine der chalazalen Makrosporen bildet den Embryosack (Abb. 11 *b*). Dieses Verhalten zeigen die meisten Angiospermen mit monosporen Embryosäcken.

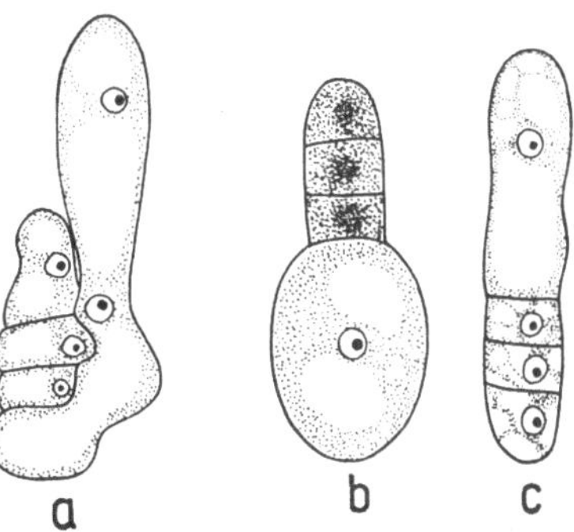

Abb. 11. Auslese der Makrosporen und Vakuolisierung monosporer Embryosäcke. *a* Auswachsen aller vier Makrosporen bei *Potentilla heptaphylla*. *b* Auslese und Vakuolisierung der chalazalen Makrospore. *c* Auslese und Vakuolisierung der mikropylaren Makrospore. (*a* nach Rutishauser 1945)

Die mikropylare Makrospore wächst zum Embryosack aus (Abb. 11 *c*). Dieser Typus der Makrosporenauslese kommt vereinzelt bei *Loranthaceen (Elytranthe)*, ferner bei *Balanophoraceen (Balanophora* und *Langsdorffia)* vor und ist charakteristisch für die Arten der Familie *Onagraceae*, wo kein anderer Typus gefunden wird (mit Ausnahme einiger komplex-heterozygoter Arten von *Oenothera*, die weiter unten besprochen werden, weil bei ihnen besondere Verhältnisse vorliegen).

Über die Ursachen für das Vorherrschen des einen dieser Typen der Makrosporenauslese, ebenso aber auch für das gehäufte oder ausschließliche Vorkommen der beiden anderen in gewissen Verwandtschaftsgruppen, stehen sich zwei Auffassungen gegenüber. Die erste sieht die Ursache für die Auslese vor allem der chalazalen Makrospore in trophischen Verhältnissen. Als Grund dafür werden z. B. die Verhältnisse bei *Aristolochia clematitis* angeführt, wo Tetraden mit linearer, T-förmiger und isolateraler Anordnung im Verhältnis 1:2,5:2,5 festgestellt wurden. Bei linearer und T-förmiger Anordnung ist es meist die chalazale Makrospore, die auswächst, bei massiger isolateraler Anordnung aber haben mehrere Makrosporen die Tendenz auszukeimen. Dieses Verhalten wird darauf zurückgeführt, daß im ersten Falle nur eine, im letzteren Falle dagegen mehrere Makrosporen eine günstige Lage zum Nahrungsstrom haben, und dieser Befund führte zu der Annahme, daß letzten Endes der Nahrungsstrom darüber entscheidet, welche Makrosporen zu Embryosackzellen auswachsen.

Gegen die Annahme trophischer Verhältnisse als ausschlaggebende Ursache für die Auslese der chalazalen Makrospore spricht der Umstand, daß bei vielen Pflanzen, in einem Fall sogar bei allen Arten einer Familie (*Onagraceae*), stets die mikropylare Makrospore auswächst. Die einzige Ausnahme, die innerhalb der *Onagraceae* gefunden wurde, nämlich *Oenothera muricata*, bestätigt die Regel und beweist, daß die Auslese der Makrospore ein genetisch fest verankertes Merkmal darstellt. *Oenothera muricata* ist eine komplex-heterozygote Art, die zwei Gametentypen, rigens und curvans, erzeugt. Rigens ist nur als weiblicher, curvans nur als männlicher Gamet lebensfähig. Merkwürdigerweise gehen aus allen Samenanlagen von *Oe. muricata* Samen hervor, obwohl wegen der bei den *Onagraceen* üblichen Auslese der mikropylaren Makrospore nur 50% aller Samenanlagen rigens-Embryosäcke ausbilden sollten. Embryologische Untersuchungen haben gezeigt, daß bei *Oe. muricata* ebensooft die chalazalen wie die mikropylaren Makrosporen zu Embryosäcken auswachsen (Abb. 12 *d*, *f*).

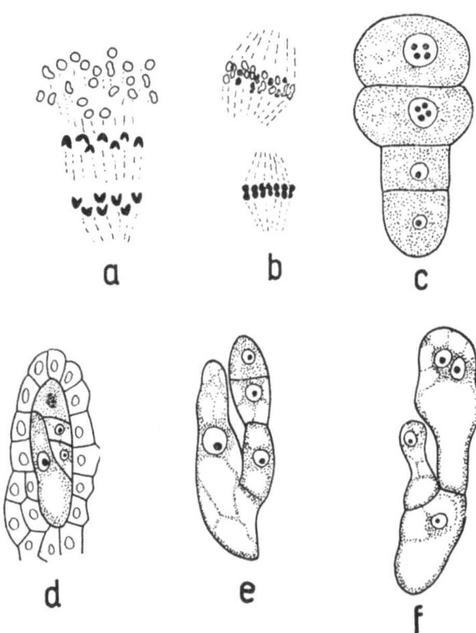

Abb. 12. Genetische Determination der Makrosporenauslese. *a–c Rosa canina* ($2n = 35 = 5x$): *a* RT_{I}, Trennung der 7 Bivalenten, Wanderung der 21 Univalenten zum mikropylaren Pol; *b* RT_{II}, mikropylarer Pol mit 28, chalazaler mit 7 Chromosomen; *c* Tetrade, zwei große, funktionsfähige, mikropylare und zwei kleine, degenerierende, chalazale Makrosporen. *d–f Oenothera muricata:* RENNER-Effekt: *d*, *e* Auswachsen der chalazalen, *f* der mikropylaren Makrosporen. (*a–c* nach DARLINGTON 1937, *d–f* nach RENNER 1921)

Diese Ausnahme, als RENNER-Effekt bezeichnet, wird von RENNER (1921) so interpretiert, daß stets nur diejenige Makrospore auszuwachsen vermag, die durch ihren Genotypus (die rigens-Makrosporen) dazu befähigt ist. Es sind somit bei *Oe. muricata* nicht trophische Faktoren, die über die Auslese der Makrosporen entscheiden. Sowohl die Bevorzugung der mikropylaren Makrospore als Embryosackzelle wie auch der RENNER-Effekt weisen eher auf eine genetische Grundlage der Makrosporenauslese hin.

Ein ähnlicher Fall liegt bei den *Rosen* der *Canina*gruppe vor. Während sowohl bei den übrigen Arten der Gattung *Rosa* wie auch bei anderen *Rosaceen* die chalazale Makrospore als Embryosackzelle

beiden Kernen des zweikernigen Embryosacks, sondern kann ganz auf den chalazalen Pol verlagert werden (Abb. 14 *d*, *e*). In diesem Falle, der z. B. bei den *Onagraceen* realisiert ist, liegen beide Kerne des zweikernigen Embryosacks in einer mikropylaren Plasmaanhäufung, der Embryosack ist monopolar im Gegensatz zum häufigeren Fall, wo der Embryosack bipolar ist (Abb. 14 *c*).

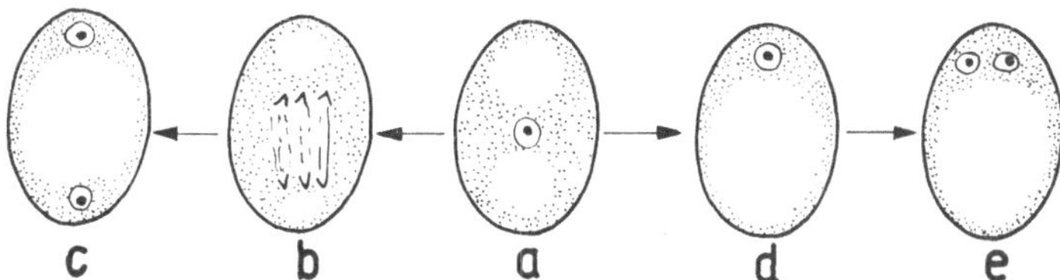

Abb. 14. Polarisierung monosporer Embryosäcke. *a* vakuolisierte Embryosackzelle monosporer Embryosäcke. *b*, *c* Entstehung bipolarer, *d*, *e* monopolarer Embryosäcke

Auch bei bisporen (S. 13) Embryosäcken tritt die zentrale Vakuole meist im Zweikernstadium des Embryosacks auf; die Vakuolisierung wird also, da hier der erste Teilungsschritt der Embryosackentwicklung mit der RT_{II} zusammenfällt, gleichsam vorverlegt. Die Ansichten darüber, wie die Teilung des Dyadenkerns bei bisporen Embryosäcken interpretiert werden soll, gehen allerdings auseinander. Nach Palm (1915) und Schnarf (1929) erfährt die Sporogenese eine Reduktion, d. h. fällt zum Teil aus und macht dem ersten Teilungsschritt der Embryosackentwicklung Platz. Unsere cytologischen Untersuchungen an *Trillium*arten mit heteromorphen Chromosomen (Kapitel IV C) machen indessen eindeutig klar, daß die Meiose in den EMZ bisporer Embryosäcke ebenso vollständig abläuft wie in den PMZ, d. h. der erste Teilungsschritt bisporer Embryosäcke entspricht der RT_{II} und ist nicht mit einer gewöhnlichen haploiden Mitose zu vergleichen. Gleicher Ansicht waren auch schon Ernst (1901), Coulter und Chamberlain (1909) und Rutgers (1923). Wir schließen uns daher der Auffassung der genannten Autoren sowie Chiarugis (1927) und Battaglias (1951) an, die den ersten Teilungsschritt der Embryosackentwicklung bisporer Embryosäcke mit der RT_{II} gleichsetzen. Als weiterer Hinweis für die Richtigkeit dieser Auffassung kann der Befund gelten, daß bei *Korthalsella dacrydii* die Polarisierung erst im Vierkernstadium der Embryosackentwicklung einsetzt (Abb. 13 *c*, *d*, 16 *a*), d. h. erst nach dem ersten eigentlichen Teilungsschritt der Embryosackentwicklung. Soweit wir unterrichtet sind, kommt bei Arten mit bisporen Embryosäcken nur Bipolarität vor. Möglicherweise bildet aber *Podostemon ceratophyllum* eine Ausnahme, indem dort Tendenzen zu Monopolarität beobachtet werden können (Hammond 1937).

Komplizierter liegen die Dinge bei Embryosäcken, die aus vierkernigen Coenomakrosporen hervorgehen (tetraspore Embryosäcke). Hier können wir nicht weniger als vier Polarisationstypen unterscheiden, drei bipolare und einen tetrapolaren.

Bei jenem bipolaren Typus tetrasporer Embryosäcke, der noch am meisten an die beschriebenen bipolaren Typen mono- und bisporer Embryosäcke anklingt, liegen nach der RT_{II} zwei Makrosporenkerne im mikropylaren und zwei im chalazalen Pol (Abb. 15 *e*). Man spricht in diesem Falle von einer 2+2-Stellung der Sporenkerne. Diese Stellung ist charakteristisch für *Adoxa moschatellina*, *Sambucus niger* usw., d. h. für den sogenannten *Adoxa*-Typus der Embryosackentwicklung.

Bei anderen Angiospermen kann die Anordnung der Makrosporenkerne insofern variiert werden, als zwar auch Bipolarität des Embryosacks resultiert, die Pole aber von einer wechselnden Anzahl von Zellkernen besetzt werden. So können die Makrosporenkerne linear zur Längsachse der Embryosackzelle in einer Reihe angeordnet und durch Vakuolen voneinander getrennt sein (Abb. 15 *a*), wobei häufig die größte Vakuole zwischen den mikropylaren und die drei chalazalen Kerne zu liegen kommt. In diesem Falle gehen die Kerne des Eiapparates aus dem einen mikropylaren Makrosporenkern hervor.

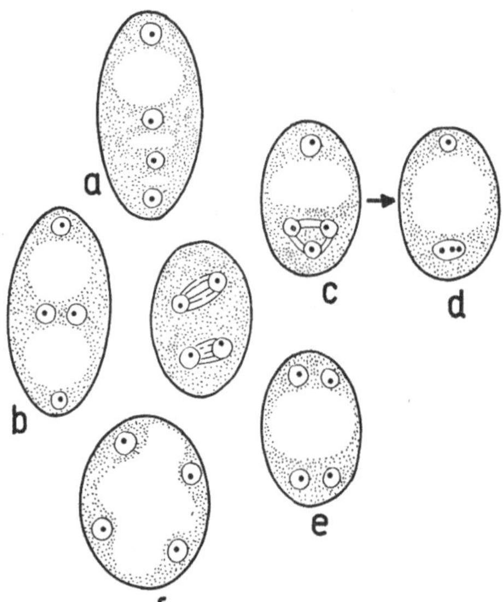

Abb. 15. Polarisierung von Coenomakrosporen mit vier Makrosporenkernen. Mitte: Tochterkerne der RT_{II}. *a* 1+1+1+1-Stellung, *b* 1+2+1-Stellung, *c* 1+3-Stellung der Makrosporenkerne. *d* CARANO-BAMBACIONI-Effekt (Verschmelzung der drei chalazalen Makrosporenkerne). *e* 2+2-Stellung, *f* tetraedrische Stellung der Makrosporenkerne

Diesem für *Chrysanthemum parthenium* (MARTINOLI 1939), *Drusa oppositifolia* (HÅKANSSON 1923) u. a. beschriebenen Polarisationstypus, der als 1+1+1+1-Typus bezeichnet werden kann, schließt sich ein 1+(2)+1-Typus an, der von MARTINOLI (1939) für *Chrysanthemum cinerariaefolium* gefunden worden ist und sich dadurch auszeichnet, daß zwei Vakuolen gebildet werden, die eine zwischen den mikropylaren und den zwei zentralen, die andere zwischen dem chalazalen und den zwei zentralen Makrosporenkernen (Abb. 15 *b*). Da oft die beiden zentralen Makrosporenkerne oder (auf dem Achtkernstadium) drei Polkerne zum sekundären Embryosackkern verschmelzen, wirkt sich diese Abweichung, wie wir später sehen werden, auf den Polyploidiegrad des Endosperms aus und muß daher als besonderer Polarisationstypus betrachtet werden. Aus ähnlichen Gründen – Veränderung des Polyploidiegrades des Endosperms – muß die 1+(3)-Verteilung der Makrosporenkerne als besonderer Polarisationstypus gewertet werden. Dieser Typus, zuerst von CARANO (1925) bei *Euphorbia dulcis* gefunden, später von BAMBACIONI und GIOMBINI (1930) für *Tulipa gesneriana* beschrieben (Abb. 15 *c*, *d*), ist dadurch charakterisiert, daß drei Makrosporenkerne zum chalazalen Pol wandern, wo sie später verschmelzen, während am mikropylaren Pol der einzelne haploide Makrosporenkern allein den Eiapparat aufbaut. Die Verschmelzung der drei chalazalen Sporenkerne (CARANO-BAMBACIONI-Effekt) hat zur Folge, daß nach dem nächsten Teilungsschritt erneut ein Vierkernstadium des Embryosacks auftritt, so daß man von einem primären und einem sekundären Vierkernstadium sprechen kann.

Außer den oben behandelten Anordnungen der Makrosporenkerne sind noch weitere beschrieben worden, wie z. B. 4+0- und 0+4-Stellung sowie 1+1+2-Stellung. Alle diese Typen, zusammen mit den oben dargestellten, können innerhalb derselben Gattung vorkommen, so z. B. bei der Gattung *Chrysanthemum*.

Als letzter Typus bleibt eine tetraedrische Verteilung der vier Makrosporenkerne, wo die vier Kerne regelmäßig über die meist kugelige Coenomakrospore verteilt sind (Abb. 15 *f*). Da in manchen Fällen jeder Kern einen, zum Teil allerdings reduzierten Eiapparat ausbildet, entsteht so ein tetrapolarer Embryosack.

In der Regel ist der Polarisationstypus charakteristisch für eine Art, was auf genetische Fixierung hinweist. Gelegentlich können aber bei derselben Art zwei oder drei Polarisationstypen gefunden werden. Das ist z. B. der Fall bei *Erythronium americanum* und *Ulmus fulva*, *racemosa* und *glabra*, wo nebeneinander 2+2- und 1+3-Verteilung der Makrosporenkerne vorkommen, ferner bei *Tamarix africana* (BATTAGLIA 1941, 1951) mit 1+3-, 1+(2)+1- und 2+2-Verteilung (Abb. 24).

Statistische Untersuchungen über die Frequenzen der verschiedenen Typen liegen für eine Reihe von Arten vor. Einige Angaben sind in Tab. 2 zusammengestellt.

Wie man sieht, ist die Polarisation bei manchen Arten, besonders der Gattung *Tamarix*, großen Schwankungen unterworfen, und es dürfte oft recht schwer halten, den dominierenden Typus (und damit auch den dominierenden Embryosacktypus) zu bestimmen. Wenn z. B. für *Ulmus pumila* *Adoxa*-Typus (2+2) der Embryosackentwicklung angegeben wird, so kann wohl nur der Wunsch, innerhalb der Gattung *Ulmus* einheitliche Verhältnisse zu schaffen, dafür maßgebend gewesen sein (für *Ulmus pumila* müßte z. B. *Drusa*-Typus angegeben werden). Für *Gyrostachis gracilis* hat PACE (1914) nicht weniger als drei Embryosacktypen, nämlich *Polygonum*-, *Scilla*- und *Lilium*-Typus angegeben (was allerdings noch einer Bestätigung bedarf).

c) Das Auswachsen des Embryosacks

Mit der Polarisation vergrößert sich das Volumen des Embryosacks beträchtlich. Das Wachstum hält oft an bis nach Abschluß der Differenzierung. Die

Tabelle 2. *Die relative Häufigkeit der Polarisationstypen (Zahlen abgeleitet aus der relativen Häufigkeit der verschiedenen Embryosacktypen)* (nach WALKER 1950 und BATTAGLIA 1941)

Art	Polarisation in Prozent			
	2+2	1+3	1+(3)	1+2+1
Ulmus americana	36	64		
– *campestris*	35	65		
– *fulva*	65	35		
– *glabra camperdowini*	45	55		
– *pumila*	13	87		
– *racemosa*	60	40		
Tamarix africana	0	10	43	47
– *gallica*	2	3	90	5
– *pentandra*	48	8	38	6
– *troupii*	14	0	73	13

Zellen des Embryosacks, besonders die Synergiden, erhalten erst dadurch ihre endgültige Form. Die Zellen des Nuzellus werden dabei zusammengedrückt und aufgelöst. Der haploide Embryosack ist also ein aggressives Gewebe. In der Regel bleibt vom Nuzellus die Epidermis erhalten. Gelegentlich kann aber das Wachstum auch weitergehen. Der Embryosack dringt dann, die Nuzellusepidermis durchstoßend, in die Mikropyle, ja oft bis weit in die Fruchtknotenhöhle hinein vor. Besonders ausgeprägt sind diese Wachstumserscheinungen bei einigen *Santalales*, z. B. *Santalum album* (Abb. 16 *e–g*) und *Korthalsella dacrydii* (Abb. 16 *a–d*).

Santalum album besitzt anatrope, hängende Samenanlagen, deren Integumente longitudinal mit dem Nuzellus verwachsen und reduziert sind. Der mikropylare Pol des Embryosacks quillt aus der Samenanlage heraus, wächst also (wegen der anatropen Lage der Samenanlage) nach unten statt wie üblich nach oben. Erst später wendet er sich dann nach oben um und wächst außerhalb der Samenanlage zwischen Karpell und Plazenta bis zur Spitze der zentralen Plazenta (Abb. 16 *e–g*). Der chalazale Pol dringt in die Plazenta vor, wobei die Antipoden umwachsen werden. Bei der tropischen *Viscoidee Korthalsella dacrydii* werden weder Samenanlagen noch Fruchtknotenhöhle ausgebildet. Dennoch wachsen die Embryosäcke (wie bei *Santalum album*) U-förmig aus und zwängen sich zwischen Plazenta und Fruchtknotengewebe durch bis zur Spitze der zentralen Plazenta (Abb. 16 *a*, *b*). Da das Wachstum der Embryosackspitze, die später den Eiapparat ausbildet, zunächst nach unten gerichtet ist, scheint der Embryosack von *Korthalsella dacrydii* umgekehrt polar zu sein. Ein Vergleich mit *Santalum album* zeigt aber, daß auch eine andere Interpretation möglich ist: Die scheinbar inverse Lage der Embryosäcke von *Korthalsella* könnte wie bei *Santalum* auf der Anatropie der Samenanlagen beruhen, deren Lage aber wegen ihrer kongenitalen Verschmelzung mit der Plazenta nicht bestimmt werden kann. Wenn das wahr ist, dann muß angenommen werden, daß die Polarität des Embryosacks ein konservatives Merkmal ist. Für diese Annahme spricht der Befund, daß auch alle näheren Verwandten von *Korthalsella dacrydii*, *K. opuntia* MERR., *Ginalloa linearis* DANS. und andere Vertreter der *Phoradendreae*, wie *Dendrophthora*, dieselben morphologischen und embryologischen Verhältnisse aufweisen. Ähnliche Zusammenhänge zwischen Reduktionserscheinungen in den Samenanlagen und der Polarität der Embryosäcke hat OEHLER (1927) aufgefunden. Er konnte zeigen, daß die „in sich anatropen“ Embryosäcke von *Leiphaimos spec.* und *Cothylanthera tenuis* auf kongenitale Verwachsungen des Nu-

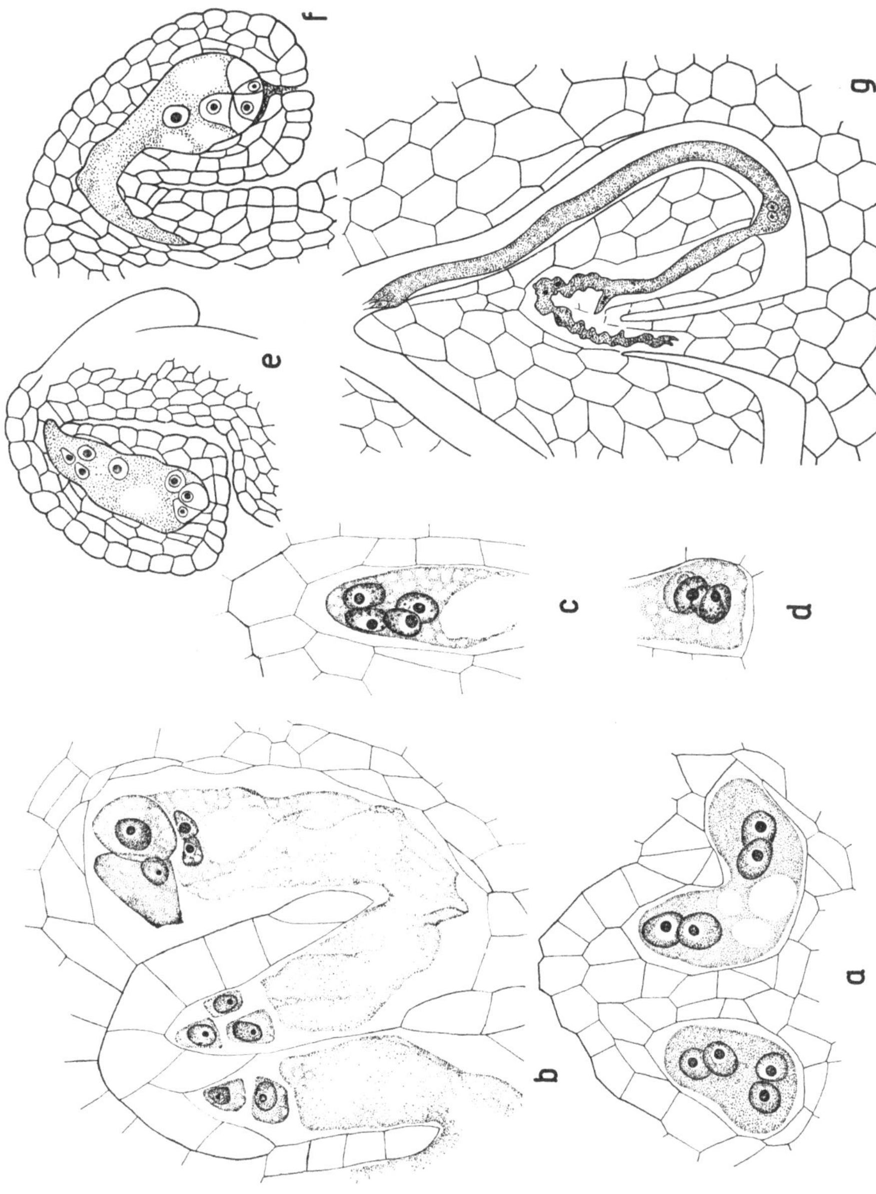

Abb. 16. Auswachsen des Embryosackes bei *Korthalsella dacrydii* (*a–d*) und bei *Santalum album* (*e–g*). (*a–d* nach Rutishauser 1935, *e–g* nach Paliwal 1956)

zellus und der Integumente mit dem Funiculus der Samenanlagen zurückzuführen sind, die Orthotropie der Samenanlagen vortäuschen. Andere verwandte Arten der *Gentianaceen* haben anatrope Samenanlagen.

Das Wachstum des Embryosacks wird in seinen späteren Stadien begleitet von weiteren Kernteilungen. Regel ist, daß die Makrospore drei postmeiotische Mitosen durchführt. Die erste erfolgt vor, die zweite und dritte nach der Polarisierung. Die letzten beiden verlaufen synchron. In der Regel führen sie, wenigstens am mikropylaren Pol, zur Ausbildung von Vierkerngruppen, die auch als Oangien bezeichnet werden (Abb. 16 *c*, *d*). Die Zahl der Kerne in den mikropylaren Oangien wird nur in wenigen Fällen reduziert. Die Vierkerngruppe am mikropylaren Pol gehört daher zu den wichtigsten gemeinsamen Charakteristika der Embryosackentwicklung. Sie ist offenbar das Ziel, das erreicht werden soll, und bestimmt damit ein anderes, früher, z. B. von Ernst (1901), Coulter und Chamberlain (1903) und Palm (1915) als wichtigstes Einteilungsprinzip für die Typologie des Embryosacks betrachtetes Merkmal der Embryosackentwicklung, die Zahl der Teilungsschritte, die von der EMZ bis zum fertig ausgebildeten Embryosack durchgeführt werden. Sie beträgt z. B. bei monosporen, bipolaren Embryosäcken fünf, bei monosporen, monopolaren Embryosäcken vier. Damit vermindert sich die Zahl der Zellkerne (früher ebenfalls zur Einteilung der Embryosacktypen benützt) des fertig ausgebildeten Embryosacks von acht bei monosporen, bipolaren auf vier bei monosporen, monopolaren Embryosäcken.

Beim bisporen und bipolaren Embryosack beträgt die Zahl der Teilungsschritte nur vier, da die RT_{II} gewissermaßen in die Keimung der Makrospore mit einbezogen wird.

Die tetrasporen Embryosäcke zeigen in bezug auf die Oangien nicht selten insofern Abweichungen, als neben Embryosäcken mit Vierkerngruppen auch solche mit Zweikerngruppen ausgebildet werden, wovon je einer als Polkern funktioniert (Abb. 18).

Die Bedeutung der Vierkerngruppen wird vor allem durch solche Fälle unterstrichen, wo bei derselben Art Coenomakrosporen mit 1+3- und 2+2-Stellung der Kerne vorkommen, wie z. B. bei *Erythronium americanum* (Haque 1951). Hier wird stets eine Vierkerngruppe ausgebildet, d. h. bei 1+3-Stellung sind zwei, bei 2+2-Stellung hingegen nur ein Teilungsschritt zur Ausbildung des Embryosacks notwendig. Über einen ähnlichen Fall berichtete Battaglia (1941, 1951). Bei *Tamarix africana* lassen sich drei Polarisationstypen feststellen: 1+3, 1+(2)+1 und 2+2. Der 1+3-Typus braucht zwei Teilungsschritte zur Ausbildung einer mikropylaren Vierkerngruppe [1+3 wird wegen des Carano-Bambacioni-Effektes zuerst zu 1+(3) und führt zu 2+2 (3) und schließlich zu 4+4 (3)]; es entstehen achtkernige Embryosäcke (Abb. 24 *a–g*). Auch im 1+(2)+1-Typus werden zwei Mitosen durchgeführt; da aber die beiden zentralen Makrosporenkerne oft verschmelzen, werden zwölfkernige Embryosäcke entwickelt [1+(2)+1 führt zu 2+2 (2)+2 und dann zu 4+4 (2)+4,

Abb. 24 *h–k*]. Die 2+2-Verteilung hingegen ergibt schon nach einer Mitose achtkernige Embryosäcke mit je einer Vierergruppe am mikropylaren und am chalazalen Pol (Abb. 24 *l*, *m*). Entsprechende Beispiele finden sich auch in der Arbeit von HARLING (1950/51).

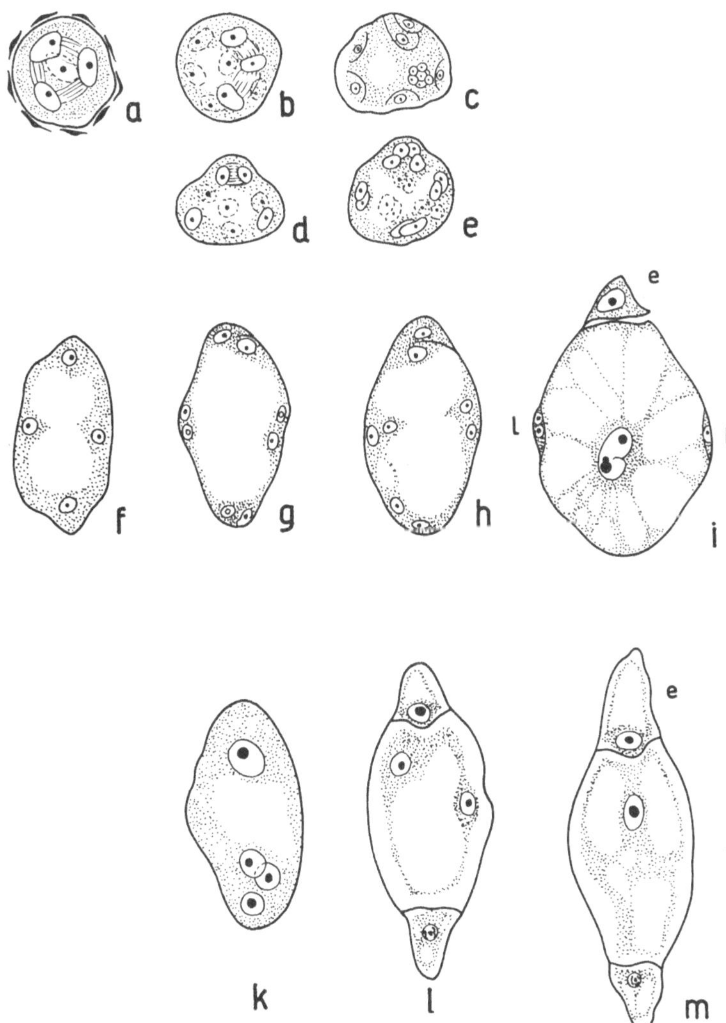

Abb. 17. Abweichungen im Bau der Eiapparate tetrasporer Embryosäcke von *Peperomia* (*a–e*), *Plumbago* (*f–i*) und *Plumbagella* (*k–m*). *b*, *c* Embryosack kugelig, Eiapparat zweizellig. *d*, *e* Embryosack birnenförmig, Vierkerngruppe in der Ausbuchtung (*e*). *f* Makrosporenkerne tetraedrisch angeordnet. *g*, *h* vier Zweikerngruppen. *i* fertig entwickelter Embryosack: e Eizelle, l Lateralzellen. *k* 1 + 3-Stellung der Makrosporenkerne. *l*, *m* fertig entwickelter Embryosack. (*a–e* nach FAGERLIND 1939, *f–i* nach BOYES und BATTAGLIA 1951, *k–m* nach FAGERLIND 1938)

Die Anzahl der Teilungsschritte und damit die Zahl der Kerne eines Embryosacks hängen also sowohl vom Polarisationstypus als auch von der Zahl der Makrosporenkerne ab, die den Embryosack aufbauen. Abweichungen von der

Regel, daß wenigstens im mikropylaren Pol Vierergruppen aufgebaut werden, kommen vor allem bei tetrapolaren Embryosäcken vor, indem anstelle von vierkernigen Oangien Zweikerngruppen ausgebildet werden können (Abb. 17). Der „Eiapparat" der mikropylaren Zweiergruppe besteht dann nur aus der

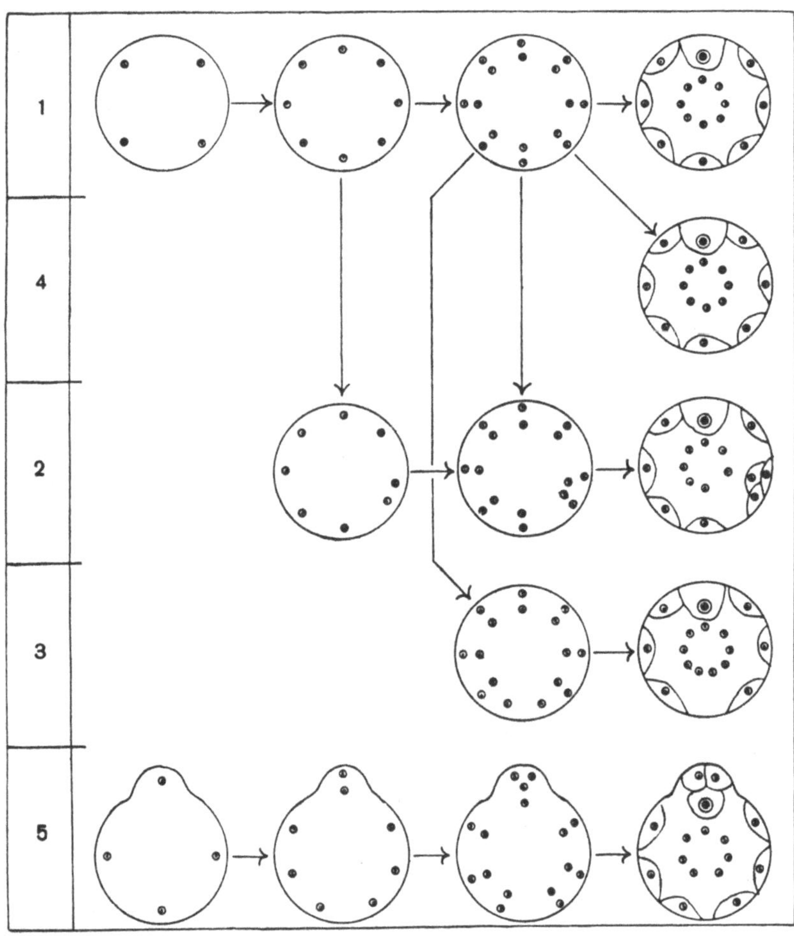

Abb. 18. Beziehungen zwischen Form des Embryosacks und Bau des Eiapparates bei *Peperomia pellucida*. (Nach FAGERLIND 1939)

Eizelle (e): Synergiden werden nicht ausgebildet; der zweite Kern funktioniert als Polkern. Die restlichen Zweiergruppen geben ebenfalls Polkerne ab; die übrigbleibenden Kerne bilden mit der zugehörigen Plasmamasse je eine sogenannte Lateralzelle (l) (Abb. 17 *c*, *i*).

Oft weisen Embryosäcke dieses Typs variable Verhältnisse auf. FAGERLIND (1939), der die Embryosackentwicklung von *Peperomia pellucida* einer genauen statistischen Analyse unterworfen hat, wies einen Zusammenhang zwischen Form des Embryosacks und Bau des Eiapparates nach (Abb. 18). Tab. 3 gibt

Auszählungen FAGERLINDS an 18 Embryosäcken wieder, in denen jeweils die Zahl der Eizellen, Polkerne, Synergiden und Lateralzellen festgestellt wurde.

Tabelle 3. *Variationen in der Ausbildung des Embryosacks von Peperomia pellucida* (nach FAGERLIND 1939)

Fall Nr.	Anzahl Kerne, die beteiligt sind am Aufbau von				Total Kerne	Anzahl Fälle
	Eizellen	Synergiden	Polkernen	Lateralzellen		
1	1	1	8	6	16	9
2	1	1	7	7	16	1
3	1	2	9	4	16	1
4	1	2	8	5	16	2
5	1	2	7	6	16	5

Diese Auszählungen ergeben zwei Maxima, das eine bei Fall 5, das zweite bei Fall 1. Diese beiden Fälle unterscheiden sich vor allem dadurch, daß der Eiapparat das eine Mal drei-, das andere Mal zweizellig ist. Mit dieser Differenz fällt eine weitere zusammen, indem bei Fall 5 der Embryosack Birnenform besitzt (Abb. 17 *d*, *e*), wobei der Eiapparat in die Ausbuchtung zu liegen kommt, während bei Fall 1 der kugelförmige Eiapparat keine Ausbuchtungen bildet (Abb. 17 *b*, *c*). Offenbar kommt also die große Variabilität in der zellulären Ausdifferenzierung des Embryosacks von Wachstumsunterschieden her.

Bei anderen Arten, z. B. *Plumbago* und *Plumbagella*, scheint die Reduktion des Eiapparates weitergegangen und dann fixiert worden zu sein. Der Eiapparat liegt mikropylar und besteht nach Abwanderung des Polkerns nur noch aus der Eizelle (Abb. 17 *i*, *l*, *m*).

Die größere Variabilität in der Ausgestaltung des fertig ausgebildeten Embryosacks von *Peperomia* und damit die veränderliche Anzahl von Polkernen, die den Polyploidiegrad des Endosperms bestimmt, könnte, was bis jetzt wenig beachtet wurde, auf die Samenfertilität der betreffenden Arten einen entscheidenden Einfluß haben.

d) Der Bau des ausgewachsenen Embryosacks

Von besonderer Bedeutung für die Architektur des Embryosacks und vor allem für die Gametenbildung ist der letzte Teilungsschritt der Embryosackentwicklung. Die Stellung der beiden Teilungsspindeln in der mikropylaren Region prädestiniert die gegenseitige Lage der Zellen des Eiapparates. Gewöhnlich stehen die beiden Kernspindeln senkrecht zueinander, wobei die obere, mehr mikropylar gelegene quer zur Längsachse des Embryosacks gerichtet ist. Aus den meisten Analysen geht hervor, daß das obere Kernpaar mit den zugehörenden Plasmaportionen die beiden Synergiden ausbildet, das senkrecht dazu angeordnete Kernpaar den Ei- und den oberen Polkern, die somit als Schwesterkerne genetisch identisch sind.

Wie aus dem vorangegangenen Abschnitt (B. 2.) hervorgeht, sind am Aufbau des Eiapparates ein oder zwei Makrosporenkerne beteiligt – zwei bei tetrasporen Embryosäcken mit 2+2-Verteilung der Makrosporenkerne (*Adoxa*-Typus). Wir können also zwischen mono- und bisporialen Eiapparaten unterscheiden. Beim monosporialen Eiapparat sind alle Kerne des Oangiums genetisch identisch, im bisporialen können unter Umständen genetische Differenzen zwischen den Synergidenkernen einerseits und dem Ei- bzw. Polkern andererseits auftreten.

Auf den eben beschriebenen letzten Teilungsschritt der Embryosackentwicklung folgt die zelluläre Ausdifferenzierung des Embryosacks (Eiapparat, Antipoden).

Der Eiapparat. Der Eiapparat besteht in der Regel aus drei Zellen: der Eizelle und den beiden Gehilfinnen oder Synergiden (Abb. 19 *a*, *b*). Die beiden Zelltypen unterscheiden sich im Bau und in der Lage voneinander. Die Synergiden sind meist mit spitzem Ende am Scheitel des Embryosacks inseriert; die Ansatzstelle der Eizelle ist etwas mehr nach unten verlagert. Die Ansatzstelle der Synergiden weist oft eine besondere streifenförmige Struktur auf, den sogenannten Fadenapparat, der nach den meisten Angaben aus Zellulose bestehen soll und dessen Bedeutung noch unklar ist. Der Zellkern der Synergide liegt unterhalb des Fadenapparates in einer Plasmamasse, die durch ihre feinkörnige Struktur auffällt. Er unterscheidet sich vom Eikern durch geringere Größe und bessere Färbbarkeit. Die Synergide ist an ihrer Basis (chalazawärts) oft vakuolisiert und kann an diesem Merkmal, in welchem sie sich von der Eizelle deutlich unterscheidet, leicht erkannt werden. Die Plasmamasse, in welche der Eikern eingebettet ist, liegt hingegen am untersten Ende der Eizelle; im Gegensatz zur Synergide wird also die Vakuole über dem Eikern (mikropylar) ausgebildet (Abb. 19 *b*). Während der Differenzierung des Eiapparates läßt sich eine charakteristische Änderung des färberischen Verhaltens des Eikerns und der Polkerne konstatieren: Während die Zellkerne der vier- bis achtkernigen Embryosäcke nach Feulgen noch gut färbbar sind, erfolgt in Ei- und Polkernen ein Reaktionswechsel. Beide Kerne machen eine Wachstumsphase durch, die beim Polkern stärker ausgeprägt ist als beim Eikern. Parallel dazu geht eine immer auffälliger werdende Abschwächung der Färbbarkeit mit dem Feulgenreagens, eine Erscheinung, die als Anuklealität, Oligonuklealität oder Achromasie bezeichnet wird. Die Achromasie des Eikerns und der Polkerne ist auf verschiedene Weise erklärt worden. Schnarf (1941) nimmt an, daß der Gehalt an DNS konstant bleibt, aber wegen des Wachstums der Kerne durch Wasseraufnahme immer mehr verdünnt wird, bis er unter den Schwellenwert des Feulgennachweises sinkt. Messungen des DNS-Gehaltes bei den Eizellen der Maus, deren Kerne ebenfalls Achromasie zeigen, bestätigen diese Ansicht (Vendrely 1956). Vazart (1955, 1958) hingegen glaubt, für die Eizellen einiger (nicht aller) Angiospermen eine Abnahme des DNS-Gehaltes bis zur Befruchtung nachgewiesen zu haben. Gleichzeitig findet er eine starke Anreicherung an RNS und parallel dazu eine Vergrößerung des Nukleolus, verbunden mit Vakuolenbildung im Ei- und noch mehr im sekundären Embryosackkern. Weitere Untersuchungen über die Ursachen der Achromasie im Ei- und Polkern sind angesichts der stark abweichenden Versuchsergebnisse und Auffassungen dringend erwünscht. Doch dürfte wegen der Bedeutung der DNS als Erbsubstanz und als Matrize für die Bildung neuer DNS feststehen, daß auch Ei- und Polkern noch eine gewisse Menge DNS enthalten müssen. Ferner ist dem Befund Rechnung zu tragen, daß in Eizellen auch im Cytoplasma DNS erscheint (KIHLMAN 1966).

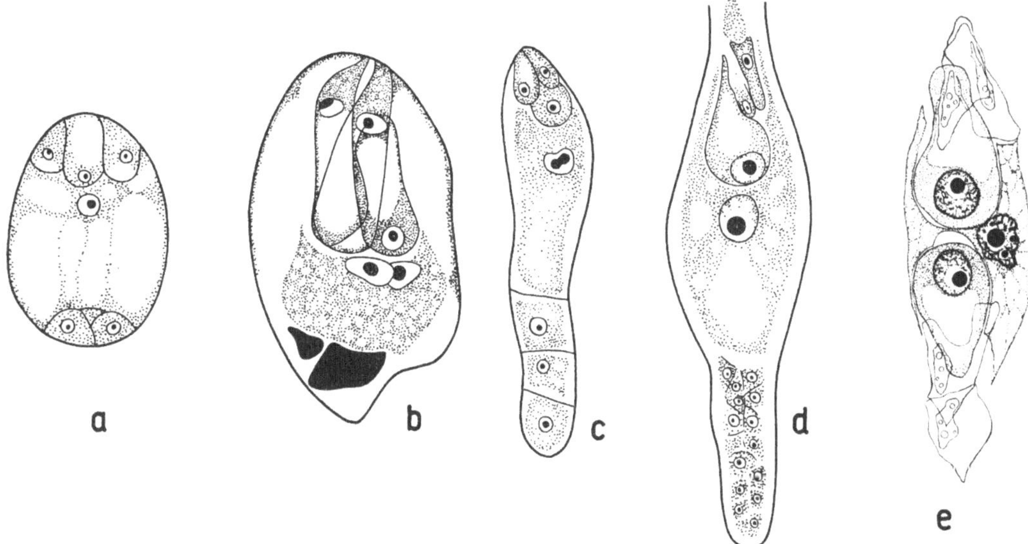

Abb. 19. Bau des Eiapparates und der Antipoden. *a* bei *Ranunculus auricomus*. *b* bei *Luffa acutangula*. *c* Bau des Embryosackes bei *Bellidiastrum michelii*, drei Antipodenzellen, bei *d* nachträgliche Vermehrung der Antipodenzellen. *e* Antipodialeier bei *Rudbeckia flava*. (*a* nach RUTISHAUSER 1953, *b* nach KIRKWOOD 1905, *c*, *d* nach CHIARUGI 1927, *e* nach BATTAGLIA 1947)

Die Antipoden. Im Gegensatz zum mikropylaren Pol des Embryosacks erweist sich der chalazale Pol, was die Zahl der Kerne betrifft, als variabel. Die Norm ist, daß drei Antipoden- und ein Polkern ausgebildet werden (Abb. 19 *a*), d. h. also, daß am chalazalen wie am mikropylaren Pol die Entwicklung zu einer Vierkerngruppe führt. Dieser Bautyp erfährt aber oft nach zwei Richtungen Veränderungen:

1. kommt es dadurch zu Reduktionen der Kernzahl, daß einzelne oder alle chalazalen Kerne des zwei- oder vierkernigen Embryosacks keine weiteren Mitosen mehr durchführen. Je nachdem liegen in der Antipodialregion statt vier nur drei, zwei, ein oder gar keine Antipodenkerne mehr, letzteres dann, wenn der einzige chalazale Kern des zweikernigen Embryosacks direkt zum Polkern wird. So haben viele *Orchidaceen* überhaupt keine Antipoden.

2. Umgekehrt kann eine Vermehrung der Antipodenkerne zustande kommen:

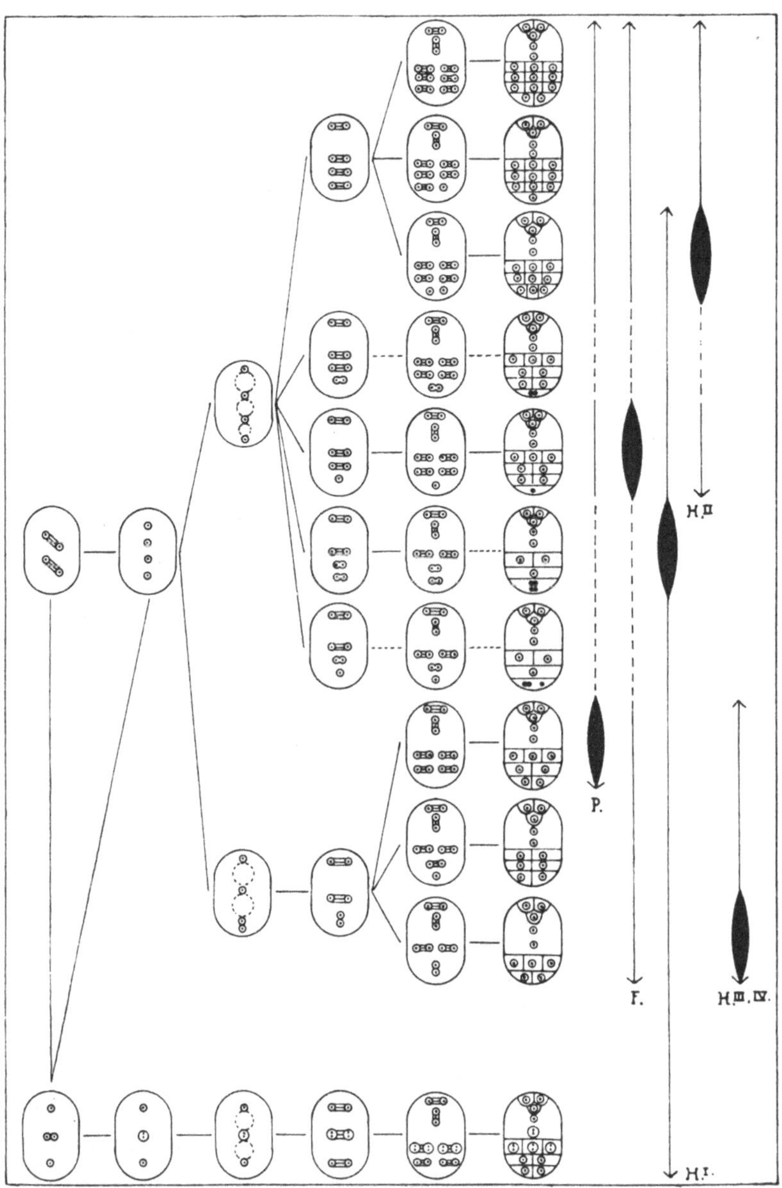

Abb. 20. Reduktion der Antipodenzahl durch Teilungsstreik der chalazalen Kerne bei *Chrysanthemum vulgare*. (Nach HARLING 1951)

a) durch Vermehrung der chalazalen Makrosporenkerne bei tetrasporen Embryosäcken infolge unregelmäßiger Verteilung der Makrosporenkerne im Verlauf der Polarisierung. Das ist z. B. der Fall bei 1+1+1+1-Stellung bipolarer, tetrasporer Embryosäcke, wie z. B. bei *Chrysanthemum vulgare* (Abb. 20), wo 16-kernige Embryosäcke ausgebildet werden, wobei 11 Kerne als Antipodenkerne funktionieren (*Drusa*-Typus). Die hohe Anzahl von Antipoden ist in diesen Fällen eine Folge der Polarisation, verbunden mit der Tendenz zur Vierkernbildung in der mikropylaren Region, welche nach der Polarisation noch zwei weitere Teilungsschritte erfordert. Durch Teilungsstreik findet auch bei Embryosäcken mit *Drusa*-Typus eine Reduktion der Antipoden statt (Abb. 20).

b) Eine weitere Möglichkeit der Vermehrung der Antipodenkerne ist vor allem bei *Gramineen* und *Kompositen* realisiert. Sie besteht in einer nachträglichen Erhöhung der Zahl der Antipoden durch Teilungen, die nach Bildung des achtkernigen Embryosacks, oft sogar nach der Befruchtung noch weiter andauern (Abb. 19 *d*). Auf diese Weise kann die Zahl der Antipodenkerne und auch der Antipodialzellen sehr stark, bei *Molinia coerulea* auf 11 bis 43, bei der *Bambus*-art *Sasa paniculata* sogar auf 300, erhöht werden. Die Bedeutung dieser nachträglichen Antipodenvermehrung ist meist unbekannt. Wir werden aber später sehen, daß den Antipoden unter Umständen für die Ausbildung des Samens eine ausschlaggebende Bedeutung zukommt.

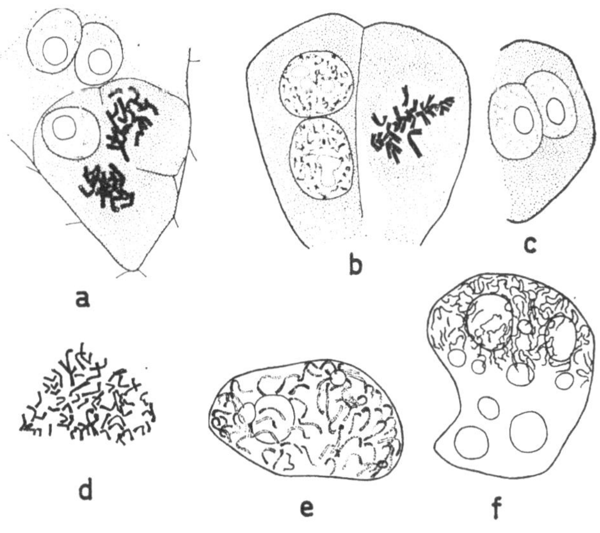

Abb. 21. Das Wachstum der Antipodenkerne bei *Caltha palustris*. *a* Kernteilungen in den jungen Antipoden, n = 16. *b* zweite Teilungsperiode mit 2n = 32 Chromosomen (nicht alle Chromosomen eingezeichnet); *c* gehört als dritte Antipodenzelle zu *b*. *d* 4n-Metaphaseplatte. *e* 4 n-Prophase (64 Chromosomen). *f* wahrscheinlich 8n-Kern in früher Prophase. (Nach Grafl 1941)

Was den Bau der Antipodenzellen betrifft, so sind sie, im Gegensatz zu den Zellen des Eiapparates, unter sich meist völlig gleich. Ihre Cytologie, besonders jene des Antipodenkerns, ist in den letzten Jahren genauen Analysen unterzogen worden. Daraus ergab sich, daß die karyologischen Verhältnisse in den Antipoden sehr variabel sein können. Antipodenzellen mit mehreren Kernen, bei *Gerbera jamesonii* z. B. mit 2 bis 12, sind nicht selten. Bei anderen Arten wachsen sie sehr stark heran und führen oft Endomitosen durch, aus denen hochpolyploide Chromosomenzahlen resultieren, wie bei *Caltha palustris*, wo die Chromosomenzahl der Antipoden von $n = 16$ (Abb. 21 *a*) auf die oktoploide Stufe (Abb. 21 *f*) emporgehoben werden kann.

Abweichende karyologische Merkmale der Antipodenkerne können aber auch daher rühren, daß der Bildung der chalazalen Vierkerngruppe eine Verschmelzung von Makrosporenkernen vorausgeht (CARANO-BAMBACIONI-Effekt). Das ist bei allen Embryosäcken des sogenannten *Fritillaria-* und *Plumbagella-*Typus der Fall, wo die drei chalazalen Makrosporenkerne bzw. die Kernspindeln dieser Kerne zu triploiden Zellkernen verschmelzen. Die Antipodenkerne, ebenso wie der chalazale Polkern, sind dann von Anfang an triploid. Dieser Vorgang ist besonders eingehend von BAMBACIONI (1928 a) für *Fritillaria persica* L. und von BATTAGLIA (1947) für *Rudbeckia flava* GREENE untersucht worden.

Antipodialeier. Von der oben besprochenen Regel, daß die Antipoden unter sich gleich gebaut sind, existiert eine Reihe von Ausnahmen. Die interessanteste besteht darin, daß auch im Antipodialapparat eizellähnliche Zellen, sogenannte Antipodialeier, gebildet werden. Dies ist selbst bei solchen Arten wie *Rudbeckia flava* (Abb. 19 *e*) der Fall, wo die Antipoden wegen des CARANO-BAMBACIONI-Effektes triploid sind. In ihrem Bau unterscheiden sie sich nicht von den legitimen Eizellen des Eiapparates. Bei *Rudbeckia flava* wird die Ähnlichkeit der Antipodialregion mit dem Eiapparat noch dadurch unterstrichen, daß die beiden Begleitzellen des Antipodialeies strukturell den Synergiden gleichen. Ausnahmen dieser Art sind früher häufig für phylogenetische Spekulationen und als Beweis für die Auffassung benützt worden, daß der Antipodialapparat dem Eiapparat homolog sei (PORSCH 1907). Wir sind, besonders im Hinblick auf die große Mannigfaltigkeit der Verteilung und Verwendung der Kerne des Embryosacks – denken wir nur an die Synergidenembryonen und die großen Variationen im Aufbau der Embryosäcke bei *Peperomia pellucida* (S. 26 f.) –, dagegen eher der Meinung, daß die Entwicklung des Embryosacks und die Verwendung seiner Kerne noch nicht völlig fixiert sind, sondern daß eine gewisse Freizügigkeit herrscht (SCHNARF 1929, S. 560), die unter anderem einen Einfluß der Embryosackform auf die Verwendung der Embryosackkerne zuläßt. Interessant ist ferner, daß Antipodialeier oft bei bi- und tetrasporen Embryosäcken gefunden wurden. Vielleicht hängt ihr Vorkommen auch damit zusammen.

Während bei manchen Arten mit Antipodialeiern keine Entwicklung von Antipodialembryonen gefunden wurde, wie z. B. bei *Rudbeckia flava*, können solche bei anderen Arten gelegentlich nachgewiesen werden, so z. B. bei *Ulmus glabra*. Tab. 4 enthält darüber eine von EKDAHL (1941) stammende Statistik.

Obwohl die mitgeteilten Zahlen nicht gerade repräsentativ sind, kann doch festgestellt werden, daß wenigstens gelegentlich mehrzellige Antipodialembryonen vorkommen (in 2,1% aller Samenanlagen). Ob die Antipoden, aus denen sie hervorgingen, befruchtet worden sind, ist damit allerdings nicht bewiesen. Es ist zumindest denkbar, daß sich die Antipodialeier unter dem entwicklungserregenden Einfluß des Endosperms geteilt haben. Keimfähige Antipodialembryonen sind bisher noch nicht nachgewiesen worden.

Tabelle 4. *Entwicklung von Antipodialembryonen bei Ulmus glabra nach Bestäubung am 1. Mai* (nach Ekdahl 1941)

Fixierung	Anzahl untersuchter Samenanlagen	Samenanlagen		
		mit einzelligem Antipodialei	mit mehrzelligen Embryonen	ohne Antipodialei
3. Mai	39	19	0	20
6. Mai	60	30	1	29
10. Mai	134	45	4	85

Die Polkerne. Im stark vakuolisierten zentralen Teil des reifen Embryosacks („Zentralzelle", Endospermanlage [Nawaschin]) zwischen Eiapparat und Antipoden liegen in einer Plasmaanhäufung eine wechselnde Anzahl von Kernen, die sogenannten Polkerne. In den meisten Fällen sind es zwei; gelegentlich, z. B. bei monosporen, monopolaren Embryosäcken, wird aber auch nur einer ausgebildet. Bei gewissen tetrasporen Embryosäcken können 4 bis 8 und mehr Polkerne vorkommen. Dieser außerordentlich großen Variation ist früher wenig Bedeutung beigemessen worden, ebenso dem Umstand, daß bei tetrasporen Embryosäcken mit Carano-Bambacioni-Effekt der chalazale Polkern triploid ist. Wir werden auf die möglichen Konsequenzen dieser großen Variabilität, die sich im wechselnden Polyploidiegrad des Endosperms äußert, später zurückkommen (Kap. IV A, S. 68).

Die Polkerne, besonders jene von Embryosäcken des *Polygonum*-Typus mit starkem Wachstum, sind zunächst durch große Vakuolen voneinander getrennt. Früher oder später wandern sie aber einander entgegen, wobei sich bei den meisten Arten der chalazale gegen den mikropylaren, bei anderen Arten der mikropylare gegen den chalazalen zu bewegt, bis sie in eine gemeinsame Plasmaanhäufung zu liegen kommen. Gerassimova-Navashina (1957) ist der Meinung, daß diese Bewegung der Polkerne von einem dynamischen Zentrum aus gesteuert wird.

Wenn sich die Polkerne in der gemeinsamen Plasmaanhäufung getroffen haben, verschmelzen sie oft vor der Befruchtung zum sekundären Embryosackkern. Die Verschmelzung der Polkerne kann gleichzeitig mit oder aber auch erst nach der Befruchtung stattfinden und führt dann direkt zum primären Endospermkern.

Der Zeitpunkt der Verschmelzung der Polkerne variiert je nach der Art, scheint aber nach Vazart (1958) auch von äußeren Bedingungen abzuhängen. Dort, wo die Verschmelzung erst mit oder nach der Befruchtung erfolgt, scheint das Eindringen des Spermakerns in die Zentralzelle als anregendes Moment zu wirken. Bei *Coffea arabica* z. B. verschmelzen die Polkerne nach dem Eindringen des Spermakerns in den Embryosack, aber vor der Befruchtung. Unbefruchtete Embryosäcke enthalten bis 13 Tage nach der Anthese unverschmolzene Polkerne.

Haustorienbildungen des Embryosacks. Zum Schluß dieser Besprechungen über den Bau des Embryosacks sexueller Pflanzen muß noch kurz auf Strukturen des Embryosacks hingewiesen werden, deren Bedeutung noch nicht klar ist und die eventuell trophische Funktionen haben könnten. Es kommt in manchen Fällen vor, daß der chalazale Teil des Embryosacks beträchtlich auswächst und tief in die Plazenta eindringt, wobei die Antipoden oft in seitlicher Stellung liegengelassen werden. Das ist z. B. der Fall bei vielen *Santalales*, wie *Santalum album*, ferner bei *Digera arvensis* und anderen Arten. Haustorielle Bildungen können auch von Antipoden oder von den Synergiden aus gebildet werden.

4. Die Typologie des Embryosacks

In den vorangegangenen Abschnitten dieses Kapitels sind die Entwicklungsschritte, die zum Aufbau eines Embryosacks führen, getrennt dargestellt worden. Es hat sich dabei gezeigt, daß fast in jeder Phase der Embryosackentwicklung eine große Mannigfaltigkeit herrscht, und es ist daher nicht erstaunlich, daß die ausgewachsenen Embryosäcke sich in vielen Eigenschaften voneinander unterscheiden können. Eine Typologie drängt sich daher auf, nicht zuletzt auch deshalb, weil sich aus der Differenz der verschiedenen Embryosacktypen Konsequenzen hinsichtlich der Samenentwicklung und des Samenbaues ergeben. Als Ordnungsprinzipien kommen vor allem die Unterschiede in Betracht, die sich im Laufe der Embryosackentwicklung einstellen.

Über den Embryosacktypus entscheiden:

1. Die Zahl der am Aufbau des Embryosacks beteiligten Makrosporenkerne:

monospore Embryosäcke: Embryosackzelle mit 1 Makrosporenkern,
bispore Embryosäcke: Embryosackzelle mit 2 Makrosporenkernen,
tetraspore Embryosäcke: Embryosackzelle mit allen 4 Makrosporenkernen.

2. Die Polarisierung der Embryosackzelle:

monopolare Embryosäcke,
bipolare Embryosäcke,
tetrapolare Embryosäcke.

Bei tetrasporen Embryosäcken können je nach der Stellung der Makrosporenkerne fünf Gruppen unterschieden werden:
2+2-Stellung: bipolar;
1+1+1+1-Stellung (1+3-Stellung ohne Verschmelzung der chalazalen Kerne): bipolar;
1+(3)-Stellung mit Verschmelzung der chalazalen Kerne: bipolar;
1+2+1-Stellung oder 1+(2)+1-Stellung: bipolar;
tetraedrische Stellung: tetrapolarer Embryosack.

3. Die Tendenz, Vierkerngruppen aufzubauen, und ihre Variation bestimmen die Anzahl der Kernteilungsschritte, die nach der Polarisation noch durchgeführt werden müssen, und damit auch die Gesamtzahl der Kerne pro Embryosack. Im Gegensatz zu früheren Auffassungen (Ernst 1901, Coulter und Chamberlain 1903, Palm 1915) wird also der Zahl der Teilungsschritte und

der Anzahl Kerne pro Embryosack keine entscheidende Bedeutung beigemessen. Sie ergeben sich aus der Zahl der Makrosporenkerne, ihrer Polarisation und allfälliger Teilungsstreiks einzelner Kerne während der Gametogenese, müssen also als abhängige Merkmale aufgefaßt werden.

4. Vorkommen und Fehlen des CARANO-BAMBACIONI-Effektes (Verschmelzung der drei chalazalen Makrosporenkerne).

Auf Grund dieser vier Einteilungsprinzipien gelangen wir zu einer Typologie des Embryosacks, die mit jener von BATTAGLIA (1951) und MAHESHWARI (1950) in den großen Zügen übereinstimmt, an mehreren Stellen aber wegen der stärkeren Betonung des unter Punkt 3 aufgeführten Prinzips der Bildung von Vierkerngruppen abweicht.

Da der Polarisationstyp 1+2+1 oder 1+(2)+1, von MARTINOLI bei *Chrysanthemum cinerariaefolium* gefunden, einen großen Einfluß auf den Polyploidiegrad des Endosperms hat, wird dieser Typus der Embryosackentwicklung als besonderer (*Drusa II*-)Typus aufgeführt. Der *Chrysanthemum-parthenium*-Typus BATTAGLIAS wird in Übereinstimmung mit MAHESHWARI als *Drusa*-Typus *I* bezeichnet.

Es bleibt uns noch die Aufgabe, die einzelnen Embryosacktypen der Angiospermen zu definieren, soweit das nicht aus den Abb. 22 und 23 ersichtlich ist, und die Modifikationen dieser Typen, die sich z. B. aus Teilungsstreiks der chalazalen (antipodialen) Kerne ergeben, kurz zu diskutieren.

Anstelle einer in Worte gefaßten Definition der elf Haupttypen seien in Tab. 5 die charakteristischen Merkmale ihrer Entwicklungsgeschichte und ihres Aufbaus zusammengestellt.

a) Der Polygonum- oder Normaltypus

Nachdem dieser Typus der Embryosackentwicklung lange Zeit wegen seiner weiten Verbreitung als Normaltypus bezeichnet wurde, ist er später von MAHESHWARI (1950) als *Polygonum*-Typus benannt worden, da er zuerst von STRASBURGER (1879) für *Polygonum divaricatum* beschrieben worden ist. Da alle übrigen Typen in der Regel nach der ersten Pflanze benannt werden, bei welcher sie gefunden wurden, behalten wir diesen neuen Ausdruck bei.

Der *Polygonum*-Typus kommt sowohl bei den Mono- wie bei den Dicotyledonen vor und ist innerhalb dieser Klassen über fast alle Reihen und Familien, ursprünglichen wie abgeleiteten, verbreitet.

Modifikationen des *Polygonum*-Typus sind nicht selten und betreffen vor allem die Chalazaregion. Ursache ist gewöhnlich ein Teilungsstreik der chalazalen Kerne während eines der drei Teilungsschritte des bipolaren, monosporen Embryosacks. Derartige Abweichungen kommen besonders häufig bei Arten der Familie *Orchidaceae* vor. Sie sind außer bei *Paphiopedilum insigne* und *Orchis morio* z. B. bei *Listera ovata* gefunden worden (MEILI 1965). Sechskernige Embryosäcke entstehen hier durch Teilungsstreiks der beiden chalazalen Kerne des vierkernigen Embryosacks. Wird die Teilung in einem oder in beiden chalazalen Kernen durchgeführt, entstehen sieben- oder achtkernige Embryosäcke. Schließlich wurden auch Embryosäcke gesehen mit einem aus 4 bis 5 Kernen aufgebauten Antipodenkern, zwei Synergiden und einer Eizelle. Polkerne wurden keine gesehen. Sechskernige Embryosäcke können bei *Paphiopedilum insigne* auch dadurch zustande kommen, daß die chalazalen Teilungsspindeln des zweiten Teilungsschrittes verschmelzen, so daß dann statt vier haploiden zwei diploide chalazale Kerne entstehen, ein Vorgang, der bei den *Orchideen* aber nur

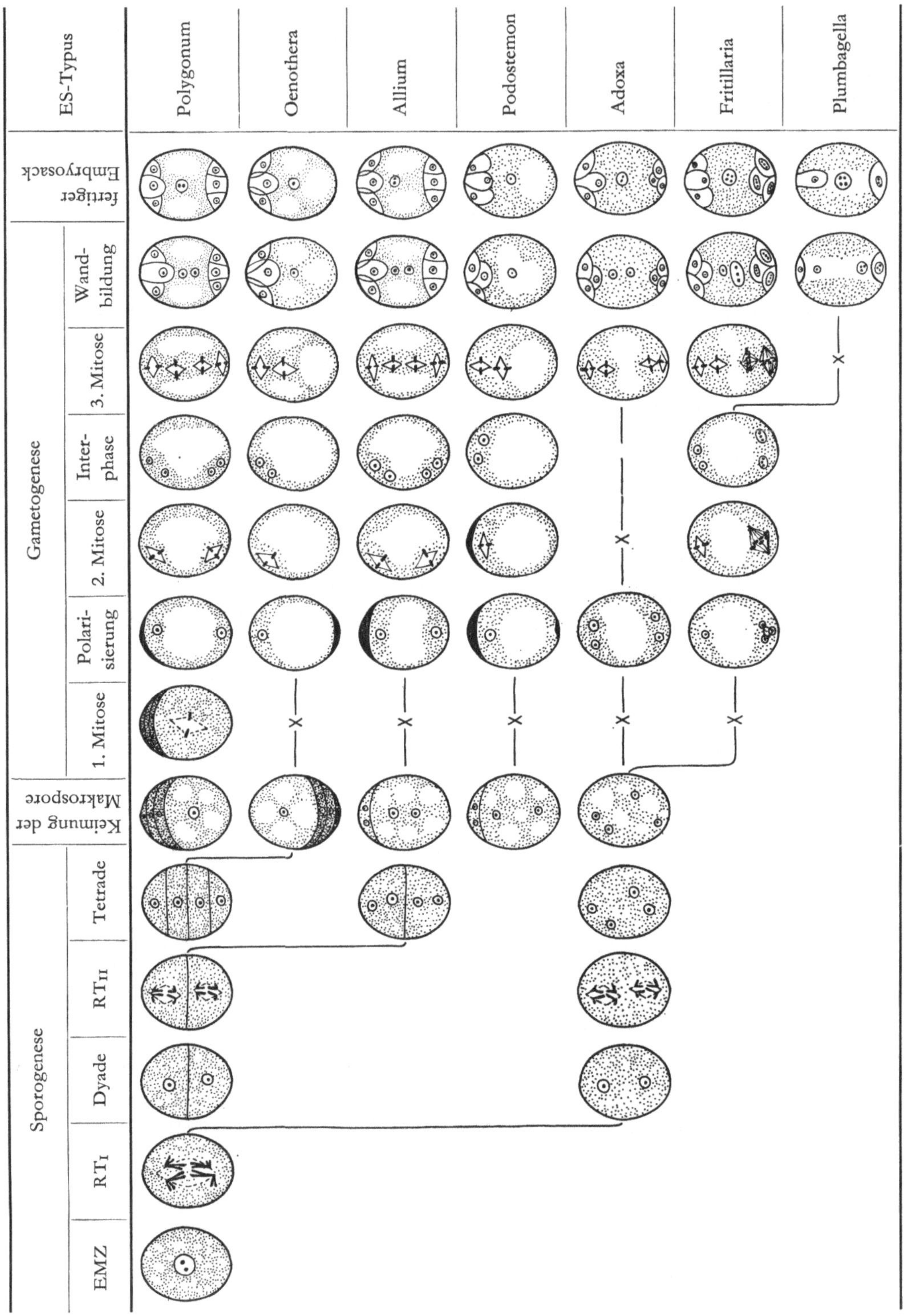

Sporogenese: EMZ, RT_I, Dyade, RT_{II}, Tetrade

Keimung der Makrospore

Gametogenese: 1. Mitose, Polarisierung, 2. Mitose, Interphase, 3. Mitose, Wandbildung

fertiger Embryosack

ES-Typus: Polygonum, Oenothera, Allium, Podostemon, Adoxa, Fritillaria, Plumbagella

Abb. 22. Typologie des Embryosacks I

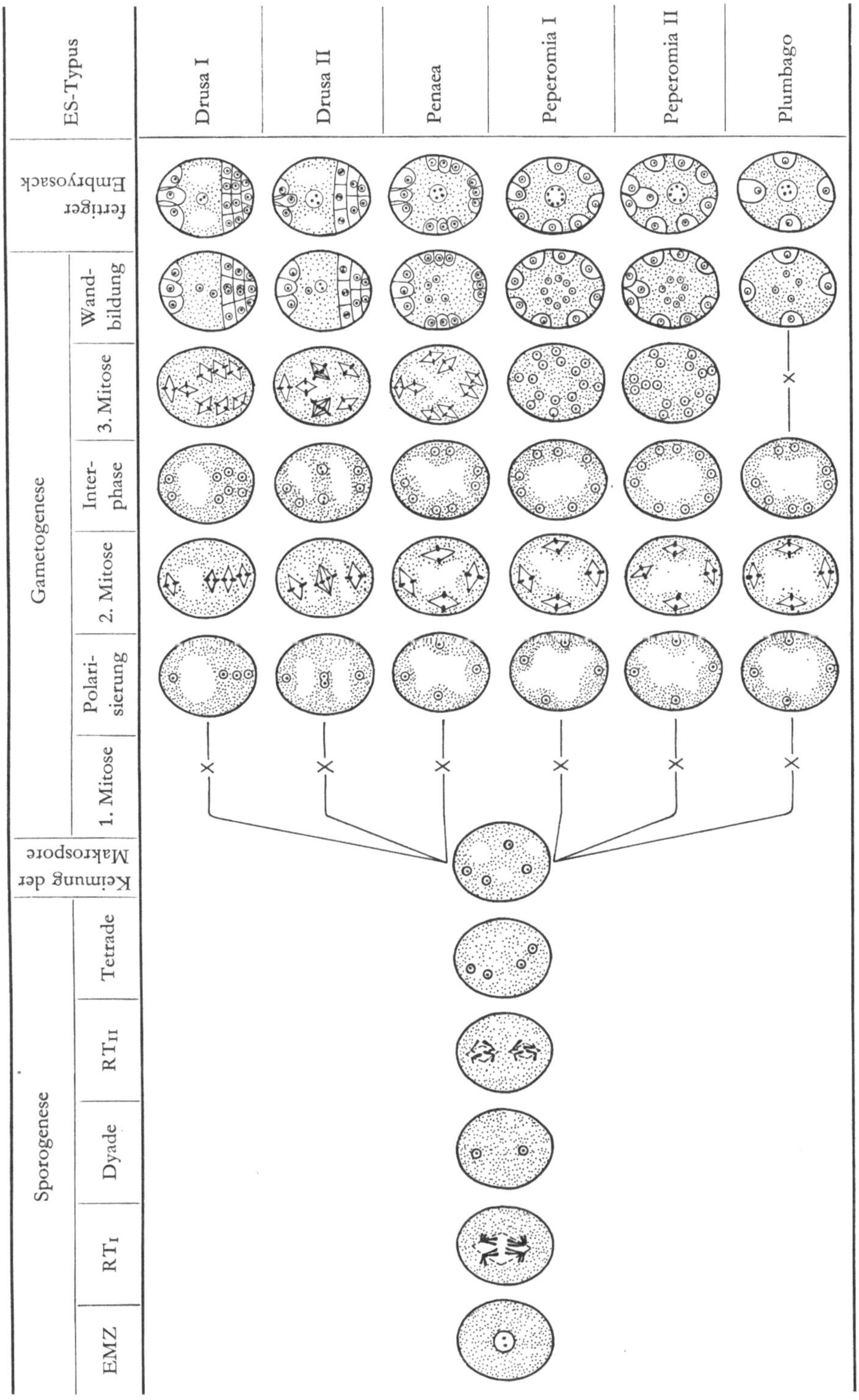

Sporogenese: EMZ, RT_I, Dyade, RT_{II}, Tetrade

Keimung der Makrospore

Gametogenese: 1. Mitose, Polarisierung, 2. Mitose, Interphase, 3. Mitose, Wandbildung

fertiger Embryosack

ES-Typus: Drusa I, Drusa II, Penaea, Peperomia I, Peperomia II, Plumbago

Abb. 23. Typologie des Embryosacks II

Tabelle 5. *Definition der Embryosacktypen der Angiospermen*

Embryosacktypus	Anzahl der Makrosporenkerne	Polarisation	Zahl der Kerne in der mikropylaren Region	CARANO-BAMBACIONI-Effekt	Abhängige Merkmale	
					Zahl der Kernteilungsschritte	Zahl der Kerne pro Embryosack
Polygonum	1 (monospor)	bipolar	4	–	5	8
Oenothera		monopolar	4	–	4	4
Allium	2 (bispor)	bipolar	4	–	4	8
(Podostemon)		(monopolar)	4	–	4	4 (–5)
	4 (tetraspor)	bipolar:				
Drusa I		1+1+1+1	4	–	4	16
Fritillaria		1+(3)	4	+	4	8
Plumbagella		1+(3)	2	+	3	4
Drusa II		1+(2)+1	4	–	4	12
Adoxa		2+2	4	–	3	8
		tetrapolar:				
Penaea		tetraedrisch	4	–	4	16
Peperomia		tetraedrisch	4 (2)	–	4 (3)	16
Plumbago		tetraedrisch	2	–	3	8

wenig Bedeutung haben kann, weil hier in der Regel kein Endosperm ausgebildet wird. Es ist daher gleichgültig, ob der chalazale Polkern diploid oder haploid ist. Ein analoges Verhalten ist von BROWN und SHARP (1911) für *Epipactis pubescens* angegeben und kürzlich von MEILI (1965) durch Chromosomenanalyse des chalazalen Polkerns für *Epipactis purpurea* bestätigt worden.

b) Der Oenothera-Typus

Dieser Typus erscheint, nachdem die Gattung *Trapa* aus embryologischen und morphologischen Gründen aus der Familie ausgeschlossen wurde, bei allen *Oenotheraceae* und ist dort für 16 Gattungen nachgewiesen worden.

Es ist oben darauf hingewiesen worden, daß eines der charakteristischen Merkmale des *Oenothera*-Typus, die Auslese der mikropylaren Makrospore, bei komplex-heterozygoten *Oenotheren* vom Typus *Oenothera muricata* aufgehoben werden kann (vgl. S. 16f.). Abweichungen vom normalen *Oenothera*-Typus der Embryosackentwicklung sind gelegentlich beobachtet worden, dürften aber auf die weitere Entwicklung der Samenanlagen keinen Einfluß haben.

c) Der Allium-Typus

Der *Allium*-Typus ist erstmals von STRASBURGER (1879) beschrieben worden. Kurz darauf wurde eine abweichende Form von TREUB und MELLINK (1880) auch bei *Scilla hispanica* gefunden und ist später für andere *Scilla*-Arten bestätigt worden. Deshalb wurde der *Allium*-Typus in manchen früheren Arbeiten und noch von BATTAGLIA (1951) als *Scilla*-Typus bezeichnet. Aus Prioritätsgründen verwenden wir den auch von MAHESHWARI (1950) benützten Ausdruck *Allium*-Typus. Der Typus ist weit verbreitet und tritt sowohl bei Mono- wie Dicotyledonen auf. Auf den Befund, daß die Polarisierung im Zwei- oder erst im Vierkernstadium stattfinden kann, ist weiter oben hingewiesen worden (S. 19).

Als Modifikationen des *Allium*-Typus können die Embryosäcke der *Podostemonaceen* und einiger *Orchidaceen* betrachtet werden. Es ist auffällig, daß die betreffenden Arten nur rudimentäre oder überhaupt keine Endosperme mehr ausbilden, weshalb die Polkerne und damit die Zentralzelle wesentlich an Bedeutung eingebüßt haben. Manche der bei den *Podostemonaceen* und *Orchidaceen* gefundenen Abweichungen vom *Allium*-Typus sind früher (vgl. SCHNARF 1929) als besondere Typen gewertet worden. Der eine, von SCHNARF auf Grund einer Arbeit von PACE (1907) als *Cypripedium*-Typus aufgefaßte Entwicklungsgang hat sich in Nachuntersuchungen als Modifikation erwiesen, die durch Teilungsstreik am chalazalen Pol, oft verbunden mit Verschmelzung chalazaler Kerne, zustande kommt. Er hat einige Verwandtschaft mit den bei *Epipactis purpurea* gefundenen Vorgängen.

Mehr Gewicht kommt den Abweichungen zu, die von MAGNUS (1913) und HAMMOND (1937) bei einigen *Podostemonaceen*, z. B. *Podostemon ceratophyllum*, gefunden worden sind. Sie stellen, wie schon SCHNARF (1929) festgestellt hat, eine Parallele zum *Oenothera*-Typus dar: *Podostemon ceratophyllum* (HAMMOND 1937) bildet zunächst eine Dyade aus, von der die chalazale Zelle sich allein weiterentwickelt. Sie führt die RT_{II} durch, worauf ein größerer mikropylarer und ein kleiner chalazaler Makrosporenkern entsteht, der degeneriert. Der Embryosack, der nur aus einem Eiapparat und einer Zentralzelle mit einem einzigen reduzierten Polkern besteht, zeigt Ähnlichkeiten mit dem Embryosack der *Oenotheraceen*. Auch im Verlauf der Gametogenese treten Anklänge an die *Oenotheraceen* auf: schon die geringe Größe des chalazalen Makrosporenkernes und seine Degeneration weisen auf eine Differenz zwischen den beiden Polen der Embryosackzelle hin. Dazu kommt in Abhängigkeit davon die basale Lage der Vakuole, die den Eindruck der Monopolarität noch verstärkt. Effektiv gehen alle funktionierenden Kerne des Embryosacks von *Podostemon ceratophyllum* vom mikropylaren Makrosporenkern der chalazalen Dyade aus. Wenn man diesen Aspekt der Embryosackentwicklung von *Podostemon* hervorhebt, liegt der Gedanke nahe, für diese und verwandte Arten einen besonderen Embryosacktypus, den *Podostemon*-Typus, zu schaffen, der definiert wäre durch Bisporie und Monopolarität und sich zum *Allium*-Typus ähnlich verhalten würde wie der *Oenothera*-Typus zum *Polygonum* Typus.

Die Embryosackentwicklungen anderer Arten der *Podostemonaceae* weichen beträchtlich von dem bei *P. ceratophyllum* gefundenen Entwicklungsgang ab (MUKKADA in MAHESHWARI 1962). Sie lassen sich keinem Embryosacktypus zuordnen. Weitere Analysen werden zeigen müssen, ob dafür noch andere, neue Embryosacktypen aufgestellt werden sollten.

d) Der Drusa-Typus I

Dieser Typus ist bei Arten der Familien *Umbelliferae (Drusa oppositifolia)*, *Liliaceae (Majanthemum bifolium* und *canadense)*, *Ulmaceae* (verschiedene *Ulmus*arten) und besonders häufig bei den *Kompositen* nachgewiesen worden. In neuerer Zeit sind die *Kompositen* in zahlreichen Arten von HARLING (1950, 1951) untersucht worden. Es zeigte sich dabei, wie schon in früheren Untersuchungen, daß der *Drusa*-Typus in vielen Modifikationen existiert, die darauf zurückgehen, daß in der chalazalen Region des Embryosacks Teilungsstreiks häufig sind, so daß die Zahl der Kerne pro Embryosack von ursprünglich 16 auf 14, 12, 10 und gelegentlich auf 4 herabgesetzt werden kann (Abb. 20). Teilungsstreiks kommen in den verschiedensten Entwicklungsstufen vor und erfassen eine variable Anzahl von Kernen. Modifikationen ergeben sich auch dadurch, daß die Zahl der Antipodenzellen nicht der Anzahl der Antipodenkerne zu entsprechen braucht, da neben einkernigen auch zwei- bis vielkernige Antipoden vorkommen können.

e) Der Fritillaria-Typus

Ursprünglich wurden die meisten Arten mit *Fritillaria*-Typus dem sogenannten *Lilium*- (heute *Adoxa*-) Typus zugerechnet. Die erste Arbeit über Embryosackentwicklung nach dem *Fritillaria*-Typus stammt von CARANO (1925) und ist nicht an *Fritillaria*, sondern an *Euphorbia dulcis* ausgeführt worden. Wenn man das Prioritätsprinzip aufrechterhalten will, müßte man also von einem *Euphorbia*-Typus sprechen. Da sich aber der Ausdruck *Fritillaria*-Typus eingebürgert hat, behalten wir ihn bei. Dieser Typus ist von BAMBACIONI für *Fritillaria* (1928 *a*) und *Lilium* (1928 *b*) und von BAMBACIONI und GIOMBINI (1930) für *Tulipa gesneriana* beschrieben worden. Während die Arbeiten über *Fritillaria* und *Lilium* später durch embryologische Untersuchungen anderer Arten (COOPER 1935) und indirekt durch die

Bestimmung des Polyploidiegrades des Endosperms (RUTISHAUSER und HUNZIKER 1950) bestätigt wurden, sind die Untersuchungsresultate über *Tulipa*, die von den früheren Ergebnissen von ERNST (1901) erheblich abweichen, von SIMONI (1937) widerlegt worden. SIMONI bestätigt zwar die Angaben über das Verhalten der Makrosporenkerne – 1+3-Stellung und CARANO-BAMBACIONI-Effekt –, glaubt aber nachweisen zu können, daß später eine Sonderung der verschmolzenen Genome stattfindet, welche den CARANO-BAMBACIONI-Effekt wieder aufhebt. Ferner sind an verschiedenen *Tulipa*-Arten Ergebnisse erzielt worden, die mit keinem der bekannten Entwicklungstypen des Embryosacks in Übereinstimmung stehen. Dies gilt z. B. für *T. tetraphylla*, wo die vier Makrosporenkerne 3+1- statt 1+3-Stellung einnehmen, d. h. wo der mikropylare Pol drei Kerne enthält. Da alle vier Kerne sich nochmals teilen, liegt in der mikropylaren Region schließlich eine Gruppe von sechs Kernen, in der chalazalen eine solche von zwei Kernen. In der Mikropylarregion entstehen fünf Zellen (eine Eizelle und vier Synergiden) und ein Polkern. In der chalazalen Region werden eine Antipodenzelle und ein Polkern ausgebildet.

Die in meinem Laboratorium ausgeführten cytologischen Untersuchungen des Endosperms verschiedener Gartenvarietäten von *Tulipa gesneriana*, von *Tulipa silvestris*, *dasystemon*, *chrysantha*, *clusiana* u. a. haben nun aber Resultate gezeitigt, die mit keinem der oben besprochenen Typen der Embryosackentwicklung übereinstimmen: die Chromosomenzahl der Endosperme aller untersuchten Arten stimmt mit der somatischen Chromosomenzahl überein; sie ist in den meisten Endospermkernen diploid bei diploiden und tetraploid bei tetraploiden Arten. Es ist vorläufig noch nicht klar, wie diese Chromosomenzahlen zustande kommen, doch scheint *Fritillaria*-Typus bei den *Tulpen* völlig ausgeschlossen zu sein (die Endosperme müßten dann pentaploid sein, wie dies z. B. für *Fritillaria meleagris* und *F. imperialis* zutrifft, ebenso für die *Lilium*-Arten). Es könnte allerdings angenommen werden, daß nur der mikropylare, haploide Polkern mit einem Spermakern verschmilzt, während der andere, der chalazale, triploide Kern am Aufbau der Endospermkerne keinen Anteil hat. Dann könnte der Embryosack von *Tulipa*, um Endosperm des gleichen Polyploidiegrades zu ergeben, sowohl nach dem *Fritillaria*- wie auch nach irgendeinem anderen tetrasporen Embryosacktypus aufgebaut sein. Eine erneute Nachuntersuchung der Gattung *Tulipa* ist aber unter allen Umständen erwünscht.

Daß das Endosperm der *Tulipa*-Arten von nur einem befruchteten Polkern herrührt, wird wahrscheinlich gemacht durch Beobachtungen an *Tulipa maximovicii* (ROMANOV 1939), wo die Telophasekerne der drei chalazalen Makrosporen nach einer abnormen Teilung in eine gemeinsame Membran eingeschlossen werden und keinen Polkern ausbilden. Der Embryosack ist in diesem Falle fünfkernig.

Bei *Clintonia uniflora* (F. H. SMITH 1943, WALKER 1944) sind die drei chalazalen Makrosporenkerne schon von Anfang an kleiner und verschmelzen miteinander zu einem Kern, ohne sich nochmals zu teilen. Es ist möglich, daß auch hier nur der mikropylare, haploide Polkern befruchtet und deshalb ein diploides Endosperm gebildet wird. Eine cytologische Untersuchung des Endosperms könnte darüber Klarheit schaffen.

f) Der Drusa-Typus II

Als erster hat MARTINOLI (1939) bei *Chrysanthemum cinerariaefolium* einen Polarisierungstypus 1+2+1 gefunden, der später eine Entwicklung nach zwei Richtungen offenläßt:

– Die beiden zentralen Makrosporenkerne verschmelzen zu einem diploiden Kern und liefern durch Teilung einen diploiden Polkern sowie mehrere diploide Antipodenkerne. Da der obere Polkern haploid ist, entsteht nach Verschmelzung der Polkerne ein triploider sekundärer Embryosackkern. Die Antipoden sind zum Teil diploid, zum Teil haploid.

– Die beiden zentralen Kerne verschmelzen nicht, sondern bleiben, ohne sich weiter zu teilen, miteinander in Kontakt. Zusammen mit dem oberen haploiden Polkern bilden sie dann ebenfalls einen triploiden sekundären Embryosackkern. Die Antipoden sind dagegen alle haploid und werden nicht durch diploide Zellen vermehrt.

In beiden Fällen bildet der mikropylare Makrosporenkern eine Vierkerngruppe, die einen vollständigen Eiapparat und oberen Polkern aufbaut. Der chalazale Makrosporenkern bildet eine Vierkerngruppe aus, sofern nicht Teilungsstreik diese Zahl herabsetzt. Auch die diploiden zentralen Kerne zeigen gelegentlich die Erscheinung des Teilungsstreiks. Die Zahl der Antipoden ist daher bei *Chrysanthemum cinerariaefolium* sehr variabel.

Aus der oben gegebenen Beschreibung folgt, daß der Bau des Embryosacks nicht fixiert ist wie bei vielen anderen Typen. Das gilt nach BATTAGLIA (1941) auch für die 1+(2)+1-Polarisierung bei *Tamarix africana*, wo Polarisierung nach den drei Typen 1+3, 1+(2)+1 und 2+2 erfolgen kann (Abb. 24).

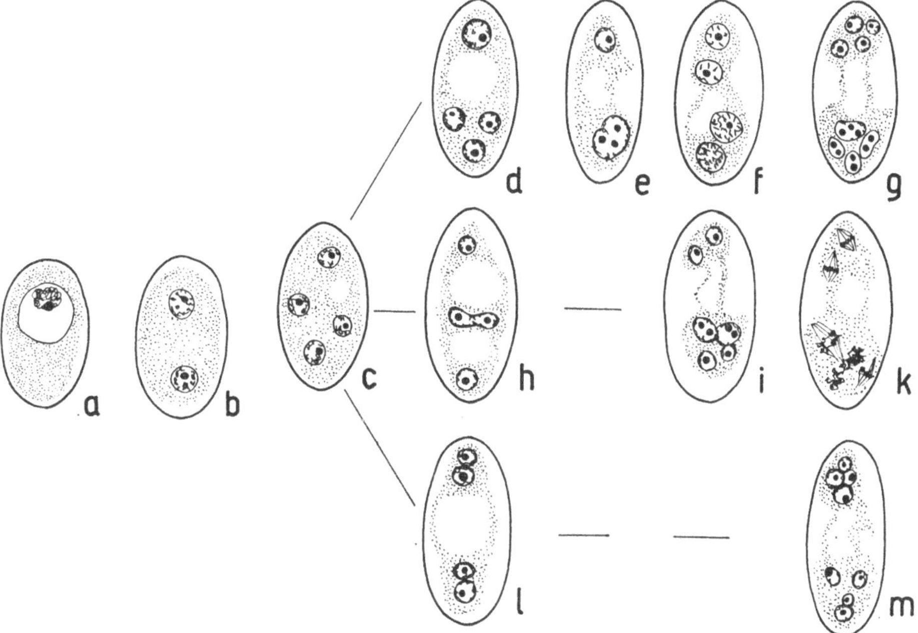

Abb. 24. Ausbildung von Vierkerngruppen und Polarisationstypus bei *Tamarix africana*. *a* EMZ. *b* Dyadenstadium. *c* Coenomakrospore mit vier Makrosporenkernen. *d–g* 1 + 3-Stellung der Makrosporenkerne (und *Fritillaria*-Typus der Embryosackentwicklung). *h–k* 1+(2)+1-Stellung der Makrosporenkerne (und *Drusa*-II-Typus). *l, m* 2 + 2-Stellung der Makrosporenkerne (und *Adoxa*-Typus der Embryosackentwicklung). (Nach BATTAGLIA 1941, 1951)

g) Der *Adoxa*-Typus

Nachdem sich herausgestellt hat, daß bei *Fritillaria*, *Lilium* und eventuell auch *Tulipa* *Fritillaria*-Typus vorkommt, beschränkt sich das Vorkommen des früher als *Lilium*-Typus bezeichneten *Adoxa*-Typus nur auf wenige Gattungen und Arten, z. B. *Adoxa moschatellina*, *Sambucus racemosa*, *Erythronium americanum* und *Ulmus fulva*, *racemosa* und *glabra*, wobei bei den letztgenannten zwei Gattungen *Adoxa*- mit *Fritillaria*-Typus abwechselt. MAHESHWARI (1950) rechnet auch einige *Tulipa*-Arten, wie *T. silvestris* und *T. tetraphylla*, dazu. Wie erwähnt, kann die Embryosackentwicklung von *T. tetraphylla* weder dem *Fritillaria*- noch dem *Adoxa*-Typus zugerechnet werden. Das gleiche dürfte auch für *T. silvestris* gelten, da hier alle vier Makrosporenkerne in der mikropylaren Region versammelt sind. Beide Arten stellen Abweichungen vom *Adoxa*-Typus dar, die sie als Sonderfälle kennzeichnen, welche zu keinem von CHIARUGI (1927), BATTAGLIA (1951) und MAHESHWARI (1950) aufgestellten

Embryosacktypus passen. Ihre Existenz zeigt, daß die Embryosacktypen nur Grenzfälle darstellen, die zwar besonders oft realisiert sind, aber niemals beanspruchen können, das gesamte Variationsmuster der Embryosackentwicklung zu umfassen. Am besten werden die beiden *Tulipa*-Arten als Beispiele für weitere Möglichkeiten der Polarisierung von Coenomakrosporen aufgefaßt, die etwa als 3+1- bzw. 4+0-Stellung bezeichnet werden können. Alle übrigen Besonderheiten ergeben sich dann aus der abweichenden Polarisation.

Daß der *Adoxa*-Typus, mindestens was die Polarisation anbetrifft, sehr variabel ist, geht unter anderem aus der Statistik der Polarisationstypen hervor, die WALKER (1950) aufgestellt hat (Tab. 2). Danach zeigen die sechs untersuchten *Ulmus*-Arten nur zum Teil vorwiegend 2+2-Stellung der Makrosporenkerne (60 bzw. 65%); vier von sechs Arten weisen häufiger 1+1+1+1-Stellung auf, gehören also dem *Drusa*-Typus I an. Die Polarisierung scheint bei tetrasporen Embryosäcken somit noch variabler zu sein als bei bisporen.

h) Der Penaea-Typus

Von STEPHENS (1909) ist bei den Gattungen *Penaea, Brachysiphon* und *Sarcocolla* der Familie *Penaeaceae* ein Typus eines tetrasporen Embryosacks beschrieben worden, der durch die regelmäßige Ausbildung von vier Vierkerngruppen ausgezeichnet ist, die sich je zu einer Dreiergruppe von Zellen und einem Polkern differenzieren, so daß es aussieht, als ob in diesem Falle ein Embryosack mit vier Eiapparaten ausgebildet würde. Funktionsfähig ist stets die Gruppe, die scheitelständig ist, also am mikropylaren Pol des Embryosacks liegt.

Der *Penaea*-Typus zeigt in manchen Arten, so *Acalypha indica* (MAHESHWARI 1950), Modifikationen, die ihn unserer Ansicht nach mit dem *Peperomia*-Typus verbinden. Obwohl bei *Acalypha indica* auch vier Vierkerngruppen ausgebildet werden, erwecken die Darstellungen von MAHESHWARI (1950) den Eindruck, daß die Oangien später in Zweiergruppen aufgeteilt werden. Dafür spricht

a) der Befund, daß acht statt vier Polkerne ausgebildet werden;

b) der übereinstimmende Bau der seitlichen Zellen, die den Lateralzellen von *Peperomia* gleichen.

Mit *Peperomia* hat *Acalypha* ferner die Tendenz gemein, am mikropylaren Pol gelegentlich Eiapparate mit drei Zellen aufzubauen und damit die Zahl der Polkerne auf sieben zu vermindern. Überhaupt scheint auch *Acalypha* durch eine auffallende Variabilität im Aufbau des Embryosacks ausgezeichnet zu sein; so kann die Zahl der Polkerne zwischen sieben und zehn variieren.

Ähnlich wie *Acalypha indica* scheinen sich *A. fallax* und *A. ciliata* zu verhalten. Dagegen zeigt der Embryosack von *A. brachystachya* unveränderten *Penaea*-Typus. Die Bevorzugung des mikropylaren Eiapparates ist dort besonders deutlich: die übrigen Zellgruppen degenerieren schon vor der Befruchtung. Das Endosperm wird als pentaploid angenommen; ein cytologischer Nachweis für diese Behauptung wird aber (wie bei allen übrigen Arten dieses Embryosacktypus) nicht geleistet.

i) Der Peperomia-Typus

Der *Peperomia*-Typus, zuerst von CAMPBELL (1899), dann von JOHNSON (1900) beschrieben, hat seine beste Bearbeitung durch FAGERLIND (1939) erfahren. Auf die Resultate sind wir weiter oben (S. 26f.) schon eingegangen. Hier sei nur nochmals festgehalten, daß nach Bildung der vierkernigen Coenomakrospore und der darauffolgenden Teilung der vier Makrosporenkerne die acht Kerne mehr oder weniger regelmäßig über die Wand des kugeligen Embryosacks verteilt werden. Bei mehr birnförmigen Embryosäcken werden zwei Kerne in die mikropylare Ausbuchtung des Embryosacks eingeschoben, so daß an dieser Stelle als Folge der letzten Teilung eine Vierkerngruppe ausgebildet wird. Alle übrigen Kerne bauen nur Zweikerngruppen auf. Je einer der Kerne der Zwei- und Vierkerngruppen, bei birnenförmigen Embryosäcken insgesamt sieben, bei kugeligen Embryosäcken ohne Vierkerngruppe acht Kerne, werden zu Polkernen und verschmelzen im Zentrum des Embryosacks. Der Eiapparat liegt mikropylar und ist einkernig (nur aus der Eizelle bestehend) bei kugeligen Embryosäcken, dreikernig (die Eizelle und zwei Synergiden umfassend) bei birnenförmigen Embryosäcken. Die restlichen Kerne der Zweiergruppen werden zu sogenannten Lateralzellen (l in Abb. 17 *i*).

Mit diesen Analysen hat FAGERLIND nicht nur die Differenzen in der Beurteilung des *Peperomia*-Typus von CAMPBELL und JOHNSON erklärt – der eine sah nur eine Synergide, der andere deren zwei –, sondern auch auf die Beziehungen zwischen Form des Embryosacks und Bau des Eiapparates hingewiesen. Damit ist erneut gezeigt, daß die Entwicklungstypen der Embryosäcke nur besonders häufig auftretende Konstellationen darstellen, die auch durch äußere Faktoren verändert werden können. Daß ähnlich wie zum *Peneaea*-Typus auch Übergänge zwischen dem *Peperomia*-Typus und anderen Typen, und zwar dem *Drusa*-Typus, vorkommen können, geht aus embryologischen Untersuchungen an *Peperomia hispidula* hervor. Auf dem Achtkernstadium ist der Embryosack so polarisiert, daß zwei Kerne an den mikropylaren und sechs an den chalazalen Pol zu liegen kommen. Die nächste Teilung führt zu einer mikropylaren Vierkerngruppe, aus der eine Eizelle, eine Synergide und zwei Polkerne ausdifferenziert werden, und zu zwölf Kernen am chalazalen Pol, die alle zu Polkernen werden. Insgesamt verschmelzen also 14 Kerne zum sekundären Embryosackkern! Ähnlich verhalten sich *Gumnera macrophylla* und *G. indica*. Zum Unterschied von *Peperomia hispidula* entstehen aber ein dreizelliger Eiapparat und sechs Antipoden; die Zahl der Polkerne beträgt somit nur sieben.

k) Der Plumbago-Typus

Dieser Typus, zuerst von HAUPT (1934) für *Plumbago capensis* beschrieben, kommt nur bei einigen Arten innerhalb der *Plumbaginaceae* vor. Er zeigt insofern Anklänge an den *Peperomia*-Typus, als der Embryosack tetraspor ist und tetraedrische Stellung der Makrosporenkerne aufweist. Dann aber zeigen sich Unterschiede: die Makrosporenkerne teilen sich nur noch einmal, so daß nur Zweikerngruppen gebildet werden. Ferner kehrt der Embryosack oft nachträglich zur Bipolarität zurück, indem nur am mikropylaren Pol eine Zelle, die Eizelle, abgegliedert wird. Häufig bilden aber die übrigen Zweikerngruppen je eine Lateralzelle aus. Alle übrigen Kerne, in der Regel vier, sind Polkerne und sammeln sich im Zentrum des Embryosacks, wo sie zum sekundären Embryosackkern verschmelzen.

l) Der Plumbagella-Typus

Der *Plumbagella*-Typus kommt nur bei *Plumbagella micrantha* (FAGERLIND 1938 und BOYES 1939) vor und schließt eng an den *Fritillaria*-Typus an (1+3-Stellung der Makrosporenkerne mit CARANO-BAMBACIONI-Effekt). Er unterscheidet sich von ihm dadurch, daß die 3. Teilung ausfällt, so daß in der Mikropylarregion eine Zweikerngruppe ausgebildet wird. Der Eiapparat besteht daher nur aus der Eizelle. Der sekundäre Embryosackkern ist wie bei *Fritillaria* tetraploid, da er aus der Verschmelzung eines haploiden und eines triploiden Polkerns resultiert. Am chalazalen Pol wird nur ein triploider Antipodenkern gebildet.

m) Zusammenfassung

Bei der Beschreibung der elf Embryosacktypen mußte immer wieder auf die Existenz von Modifikationen und besonders auf den Umstand hingewiesen werden, daß bei derselben Art oft zwei bis drei verschiedene Embryosacktypen vorkommen können. Die verschiedenen Typen, besonders die tetrasporen, scheinen somit nicht völlig fixiert zu sein, und es erhebt sich daraus die Forderung, embryologische Untersuchungen auf einer mehr statistischen Basis durchzuführen, als dies bis jetzt geschehen ist. Die Aussage, eine Art weise z. B. *Drusa*-Typus der Embryosackentwicklung auf, bedeutet vermutlich in vielen Fällen nur, daß dieser Typus am häufigsten gefunden worden ist, und Differenzen zwischen Angaben verschiedener Embryologen über den Embryosacktypus einer Art dürften manchmal nur auf Unterschieden im Umfang des untersuchten Materials beruhen. Aus dem gleichen Grunde kann die Beiziehung embryologischer Untersuchungsresultate für die Lösung systematischer Fragen, so wie es heute geübt wird, u. U. zu trügerischen Schlüssen führen.

Einen schlagenden Beweis für die Richtigkeit dieser Auffassung liefern die Analysen von HARLING (1951) u. a. an verschiedenen *Chrysanthemum*-Arten, z. B. *Chr. vulgare*. Wie das Schema Abb. 20 zeigt, konnten am gleichen Material viele Polarisationstypen, z. B. 1+1+1+1, 1+(2)+1, 1+1+2 usw., gefunden werden, ferner Teilungsstreiks in allen Stadien der Embryosackentwicklung, so daß sich insgesamt elf Modifikationen nachweisen ließen. Von besonderem Interesse ist die Feststellung, daß die drei Bearbeiter der Art, PALM (P), FAGERLIND (F) und HARLING (H), Maxima bei vier verschiedenen Modifikationen gefunden haben (im Schema Abb. 20 durch Verdickung der Geraden angegeben, welche die gefundenen Modifikationen umfaßt).

Während manche Aussagen über die Embryologie einer Angiospermenart wegen der geringen Schwankungen des betreffenden Merkmals kongruieren – dazu gehört unseres Erachtens z. B. die Zahl der Makrosporenkerne, die am Aufbau des Embryosacks teilhaben –, müssen andere als unsicher betrachtet werden. Zu den letzteren gehören unserer Ansicht nach vor allem jene über die Polarisierung der Makrosporen tetrasporer Embryosäcke. Wir haben im vorstehenden mehrmals auf die große Variabilität dieses Merkmals hingewiesen. Erinnert sei in diesem Zusammenhang z. B. an *Tamarix africana* mit 1+3-, 1+(2)+1- und 2+2-Stellung der Makrosporenkerne. Da aber die Polarisierung ein entscheidendes Element zur Bestimmung der Embryosacktypen darstellt, ist es wohl auch nicht überall zu empfehlen, die Embryosacktypen als diagnostisch wertvolles Material zu benützen. Viel besser wäre es, zu diesem Zwecke die Vorstufen der Embryosackentwicklung zu verwenden, die sich als konstant erwiesen haben. Dann wäre z. B. für die *Piperaceen* Tetrasporie typisch; da neben 2+2-Stellung auch tetraedrische Anordnung der Makrosporenkerne vorkommt, ergibt sich für die einen Arten (z. B. der Gattungen *Piper* und *Heckeria*) *Adoxa*-Typus, für andere *(Peperomia) Peperomia*-Typus der Embryosackentwicklung. Das gleiche gilt für die Gattung *Ulmus*, deren Embryosäcke durchwegs tetraspor sind, wo aber wegen der 2+2- und 1+1+1+1-Stellung der Makrosporenkerne teils vorwiegend *Adoxa*-, teils vorwiegend *Drusa*-Typus vorkommt.

II. Die Entwicklung der Antheren und des männlichen Gametophyten

Die Antheren, der Bildungsort der männlichen Gametophyten, sind im Querschnitt rechteckig, räumlich gesehen mehr oder weniger prismatisch und in ihren vier Kanten von je einem Pollensack durchzogen. Die ersten Differenzierungen der jungen Antheren führen zu einem zentral gelegenen Prokambiumstrang (Abb. 25 *a*), aus dem sich später ein Leitbündel entwickelt. Das generative Gewebe, das männliche Archespor, entsteht in den vier Kanten der Anthere. Seine Entwicklung scheint noch nicht in allen Details abgeklärt zu sein.

1. Die Entwicklung des männlichen Archespors

Die heute gültige Auffassung der Archesporbildung geht auf Untersuchungen von Warming (1873) zurück. Nach Warmings sehr sorgfältigen und an einem großen Material durchgeführten Analysen werden zunächst in den vier Kanten der Anthere subepidermale Zellen ausdifferenziert, die als Meristemzellen – Warming bezeichnet die Zellschicht als Periblem – aufzufassen sind (Abb. 25 *a*). Sie teilen sich vornehmlich tangential (periklin), zum Teil auch antiklin. Die erste perikline Teilung führt zur Bildung von zwei übereinanderliegenden Zellschichten (Abb. 25 *a*, *b*). Es entstehen:

a) eine äußere Zellschicht, deren Zellen sich noch weiter periklin, zum Teil auch antiklin teilen (Abb. 25 *c*). Sie liefert zusammen mit der Epidermis die Außenwand des Pollensackes. Aus ihr entstehen die sogenannten mittleren Zellschichten, nach außen zu die fibröse Schicht, die beim Öffnungsmechanismus des Pollensackes eine Rolle spielt, weiter nach innen das Tapetum der Außenseite des Pollensackes (Abb. 25 *e*). Das Tapetum der Pollensack*innen*seite wird von den an das Archespor anstoßenden Zellen der Anthere, also nicht von dem subepidermalen Periblem aus gebildet.

b) Die innere Zellschicht der 1. periklinen Teilung wird von Warming als Pollenurmutterzellschicht bezeichnet. Sie verhält sich in bezug auf die Zellzahl und ihre Fähigkeit zu weiterer mitotischer Teilung je nach Art verschieden. Bei den einen Arten, wie z. B. bei *Datura stramonium* (Abb. 25 *e*), gehen diese Zellen meist direkt in Pollenmutterzellen (PMZ) über, d. h. sie führen später die Meiose durch. Bei anderen Arten, z. B. *Symphytum orientale* (Abb. 26 *a–c*) und *Scrophularia nodosa* (Abb. 26 *d*, *e*), wird die Zahl der PMZ zuerst vermehrt, wobei aber WARMING keine genauen Angaben über die Teilungsabfolge machen kann. Indessen weist er immer wieder darauf hin, daß im Anschluß an diese Teilungen Zellreihen entstehen (Abb. 26 *c–e*). Eine gewisse Ähnlichkeit mit dem weiblichen Archespor z. B. der *Rosaceen* ist dabei unverkennbar.

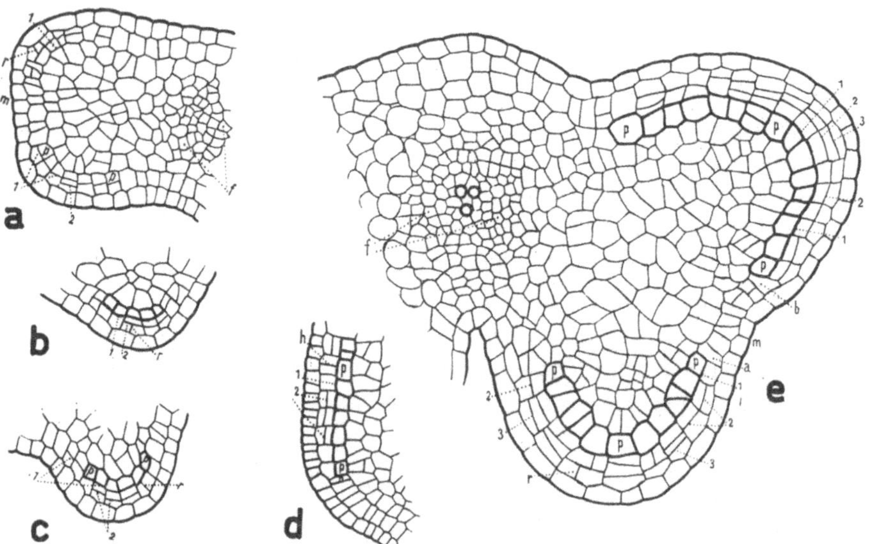

Abb. 25. Die Entwicklung der Antheren und des männlichen Archespors bei *Datura stramonium*. *a–c*, *e* Querschnitte, *d* Längsschnitt durch junge Antheren. 1, 2, 3 perikline Wände nach ihrer Entstehungsfolge, f Prokambium des Leitbündels im Konnektiv, h perikline Wände, r antikline Wände, p Pollenurmutter- oder -mutterzellen, t Tapetum. (Nach WARMING 1873)

Diese Resultate WARMINGS wurden später von allen Embryologen übernommen, zum Teil aber, z. B. von SCHNARF (1929) und MAHESHWARI (1950), anders interpretiert. Die subepidermale meristematische Zellschicht, von WARMING als Periblemschicht aufgefaßt, wurde als primäres Archespor bezeichnet, die davon abstammenden inneren Zellen (die Pollenurmutterzellen WARMINGS) als sekundäre Archesporzellen. Nach dieser Auffassung würde also das primäre Archespor sowohl die Außenwand des Pollensackes liefern als auch die generativen Zellen, aus denen später die PMZ entstehen. Verwendet man den Begriff „Archespor“ in dem oben (S. 6ff.) für das weibliche Archespor vorgeschlagenen Sinne, dann ist diese Interpretation völlig verfehlt, da die äußere Zellschicht des sogenannten primären Archespors eine rein meristematische Funktion hat und nie direkt zur Bildung von PMZ übergeht. Sie kann, wie WARMING richtig betont, am ehesten als sekundäres Meristem aufgefaßt werden.

Meiner Ansicht nach dürfen nicht einmal die Pollenurmutterzellen WARMINGS stets als Archesporzellen bezeichnet werden. Dies ist nur dann zulässig, wenn sie direkt zu PMZ werden, wie das z. B. bei *Datura stramonium* der Fall zu sein scheint. In vielen Fällen gehen die „Pollenurmutterzellen“ nicht direkt in PMZ über, sondern teilen sich vorher noch mehrmals mitotisch, zeigen also noch typische Merkmale vegetativer meristematischer Zellen. In diesen sogenannten „sekundären Archesporen“ wandeln sich erst die von den Pollenurmutterzellen gebildeten Zellen in PMZ um; nur diese haben somit den Charakter von Archesporzellen. Da die Pollenurmutterzellen WARMINGS in diesem Falle noch mitotisch teilungsfähig sind und das Archespor erst ausbilden, werden sie am besten als Archespormutterzellen (AMZ) bezeichnet. Der Umschlag vom vegetativen zum generativen Zustand hat in ihnen noch nicht stattgefunden. Sie sind noch rein vegetativ und meristematisch, d. h. nur mitotisch teilungsfähig.

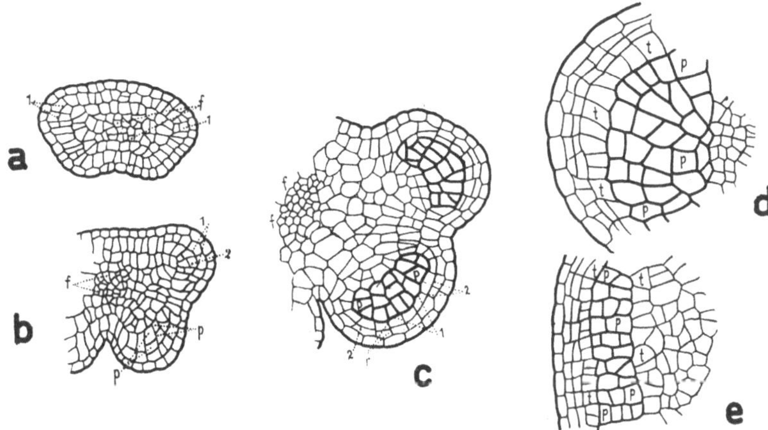

Abb. 26. Die Entwicklung der Antheren und des männlichen Archespors bei *Symphytum orientale* (*a–c*) und *Scrophularia nodosa* (*d*, *e*). Junge Antheren von *Symphytum orientale* (*a–c*, Querschnitte), *Scrophularia nodosa* (*d* quer, *e* längs). Zeichenerklärung s. Abb. 25. (Nach WARMING 1873)

Nach Untersuchungen an männlichen Archesporen von *Achillea millefolium* gilt dies gelegentlich sogar noch für die ersten inneren Teilungsprodukte der AMZ. Antikline Zellteilungen konnten in Abkömmlingen der AMZ gefunden werden. Sie deuten darauf hin, daß der Umschlag von der vegetativen zur generativen Entwicklung später stattfinden kann, und daß deshalb auch die inneren primären Teilungsprodukte der AMZ nicht immer direkt in Archesporzellen übergehen (FUCHS, mündliche Mitteilung).

Die Teilungsabfolge der AMZ und das Schicksal ihrer Tochterzellen sind noch nicht bekannt. Die von WARMING publizierten Bilder schließen aber die Möglichkeit nicht aus, daß, ähnlich wie beim weiblichen *Potentilla*-Archespor, oft nur die äußerste Zelle jeder Archesporzellreihe somatisch ist. Vorläufige statistische Untersuchungen bei *Achillea* über die Teilungsfähigkeit der AMZ und ihrer Abkömmlinge bestätigen diese Annahme. Eine schematisch gehaltene Darstellung unserer Auffassung der Entwicklung mehrzelliger sogenannter „sekundärer Archespore“ gibt Abb. 27.

Die oben wiedergegebene neue Auffassung der Archesporentwicklung hätte den Vorteil, daß dadurch eine Reihe von abweichenden Angaben leichter verstanden und ohne Schwierigkeiten in ein allgemeines Schema der Archesporentstehung eingefügt werden könnte. So ließe sich z. B. die Angabe, daß das Tapetum gelegentlich auch aus dem Archespor entstehe, leicht durch die Annahme erklären, daß die AMZ nach Beendigung der mitotischen Teilungsphase

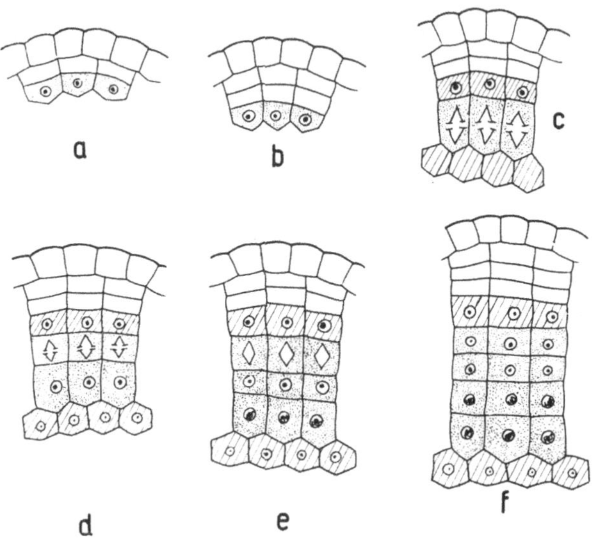

Abb. 27. Entstehung und Entwicklung des männlichen Archespors. Schematische Darstellung. Archesporzellen (mit Interphasekern) und Embryosackmutterzellen (Kerne in Synapsis) punktiert, Tapetumzellen schraffiert, Archespormutterzellen und Zellen der Antherenaußenwand weiß. *a* nach der ersten mitotischen Teilung der subepidermalen Zellschicht entsteht eine äußere Zellschicht und eine innere (punktiert), die als AMZ funktioniert. *b–f* die äußere Zellschicht bildet durch perikline Teilungen die äußere Wand des Pollensackes und (schraffiert) das äußere Tapetum. *c–f* die innere Schicht, AMZ, teilt sich mehrmals periklin und gibt nach innen Archesporzellen (punktiert) ab, die in EMZ (mit Synapsis der Kerne) übergehen. Darunter (schraffiert) die innere Tapetumschicht

nicht zur Archesporzelle, sondern, ähnlich wie die Schichtzellen weiblicher Archespore, zur Tapetumzelle umgewandelt werden kann. Die Aufteilung des Archespors durch quergestellte Septen, z. B. bei *Elytranthe* und *Anyema* (Schäppi und Steindl 1942), könnte ferner als Folge von Somatisierungsvorgängen aufgefaßt werden, wie sie auch im weiblichen Archespor vorkommen.

2. Das Tapetum

Die Tapetumzellen verhalten sich cytologisch meist anders als gewöhnliche vegetative Zellen. Vermutlich hängt diese Erscheinung mit ihrer sekretorischen Funktion zusammen. Obwohl sich die Tapetumzellen nicht mehr weiter mitotisch vermehren, laufen in ihnen doch häufig Kernteilungen ab. Manchmal handelt es sich um Mitosen, die eine Vermehrung der Tapetumkerne zur Folge haben (wie z. B. bei *Ranunculus fascicularis*). Häufig sind aber diese Mitosen abnorm, indem Veränderungen einzelner Chromosomen oder Erhöhungen des Polyploidiegrades auftreten. Folgende Störungen sind beschrieben worden:

a) Brückenbildung als Folge von Chromosomenbrüchen und -reunionen (Entstehung dizentrischer Chromosomen). Sofern die Brücken erhalten bleiben, bleiben die Tochterkerne miteinander verbunden: es entstehen tetraploide Zellkerne. Früher wurden solche Bilder als Zeichen von Amitosen gedeutet. Ihre wahre Natur wurde erst später, z. B. von COOPER (1933) für *Lilium canadense* und *Podophyllum peltatum* u. a., erkannt.
b) Die Tapetumkerne führen Endomitosen durch und erreichen auf diese Weise einen höheren Polyploidiegrad. Dies ist z. B. der Fall bei *Spinacia oleracea.*

Ältere Tapetumgewebe weisen zudem auch strukturelle Veränderungen des Plasmas und der Membranen auf. Nach diesen strukturellen Merkmalen werden verschiedene Tapetumtypen unterschieden:
- Beim Sekretionstapetum bleiben Einzelzellen erhalten, wenn auch manchmal ihre Membranen aufgelöst werden (amöboides Tapetum). Die Tapetumzellen haben die Funktion von Drüsenzellen: sie sondern den sogenannten Antherensaft ab, der vermutlich als Nährflüssigkeit für das Wachstum der Pollenkörner Bedeutung hat.
- Beim Periplasmodium lösen sich die Membranen der Tapetumzellen auf, und die Protoplasten fließen zu einem Plasmodium zusammen, in das die Pollenkörner eingebettet sind. Solche Periplasmodien können bei vielen Arten und Gattungen gefunden werden, z. B. bei *Valeriana.* In Periplasmodien von *Rhoeo discolor* hat PAINTER (1943/44) den Antherensaft einer biochemischen Analyse unterzogen und festgestellt, daß er reich ist an basophilen Substanzen, vor allem RNS. Periplasmodien sind ferner häufig bei den *Commelinaceen* und *Kompositen.*

3. Die Sporogenese der PMZ

In Abb. 28 sind die Kernteilungsvorgänge dargestellt, welche in den PMZ und EMZ ablaufen und zur Ausbildung von Mikrosporen bzw. Makrosporen führen. Für detaillierte Angaben über die Meiosen muß aus Platzgründen auf die einschlägige Literatur hingewiesen werden (SWANSON 1960, JOHN und LEWIS 1965). Hier wird nur summarisch auf die wesentlichen Eigentümlichkeiten der Meiose oder der Reduktionsteilungen eingegangen. Das Schema (Abb. 28) lehnt sich stark vereinfacht an die bei *Fritillaria meleagris* gefundenen Entwicklungsabläufe der PMZ und EMZ an (FOGWILL 1958).

Erste Reduktionsteilung (RT_I)

Prophase: Die Chromosomen erscheinen, obwohl ihre Replikation meist vor oder im Verlaufe der frühesten Prophase, dem Leptotän (Abb. 28 *a*), abgeschlossen ist, als einfache, d. h. nicht längsgespaltene Strukturen. Homologe Fäden legen sich im Zygotän (Abb. 28 *b*) längs aneinander (Synapsis oder Syndese) und bilden in dem Stadium, in welchem die jetzt ihrer ganzen Länge nach gepaarten homologen Partner Doppelstruktur aufweisen, nämlich im

Pachytän (Abb. 28 *c*), die sogenannten Chiasmata. Im Diplotän (Abb. 28 *d*) weichen die Homologen wieder auseinander. Bis zu Beginn der Anaphase bleiben sie jedoch als Chromosomenpaare (Bivalente), die eine Vierstrangstruktur aufweisen, durch die Chiasmata verbunden. Bei den Bivalenten mancher Arten werden die Chiasmata im Verlaufe der Prophase gegen die Chromosomenenden zu verschoben (Terminalisierung der Chiasmata). Während des Diplotäns und der nachfolgenden Diakinese (Abb. 28 *e*) ist eine zunehmende Kontraktion der Chromosomen zu beobachten.

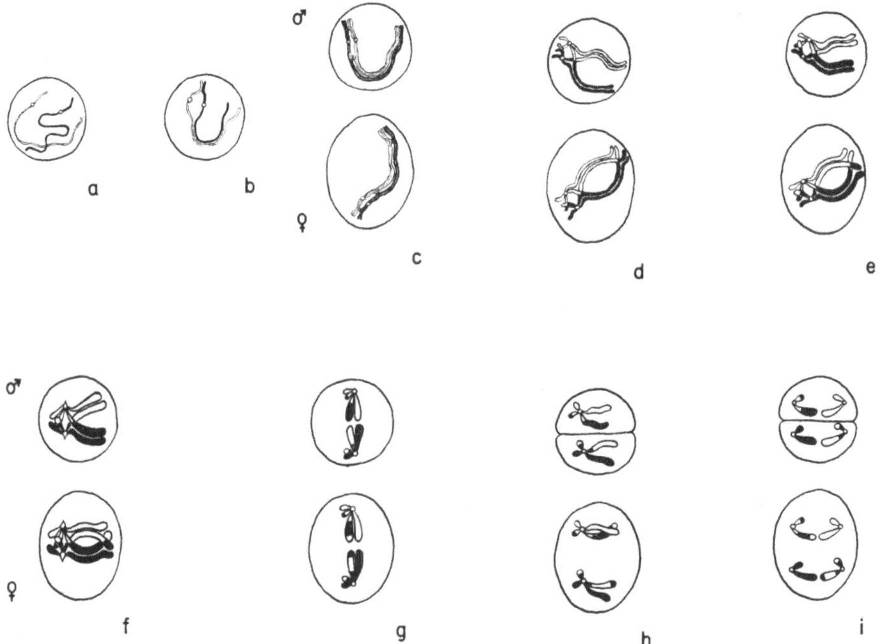

Abb. 28. Ablauf der Meiose einer Pflanze mit Differenzen in bezug auf Zahl und Lage der Chiasmata in PMZ und EMZ. *a* Leptotän, *b* Zygotän, *c* Pachytän, *d–e* Diplotän-Diakinese, *f* Metaphase I, *g* Anaphase I, *h* Metaphase II, *i* Anaphase II

Metaphase: Die Bivalente stellen sich in der Äquatorialebene so ein, daß die beiden einander gegenüberstehenden homologen Zentromere über und unter die Äquatorialebene zu liegen kommen (als Koorientierung bezeichnet), wobei die homologen Zentromere so weit wie möglich auseinanderweichen (Abb. 28 *f*).

Anaphase und Telophase: Die beiden Homologen der Bivalente werden an die beiden Pole verteilt (Abb. 28 *g*), wo je ein haploider Tochterkern gebildet wird (Dyadenstadium).

Zweite Reduktionsteilung (RT_{II})

Die Interphase, hier als Interkinese bezeichnet, dauert in der Regel nur kurze Zeit und ist im Gegensatz zur Interphase der Mitose frei von DNS-

Synthese, d. h. es findet keine Chromosomenreplikation statt. So wird denn auch in den PMZ gewisser Gattungen die Interphase ganz übergangen, indem auf die Anaphase I sogleich die zweite Teilung folgt.

In der RT_{II} (Abb. 28 *h*, *i*) werden die beiden Chromatiden der Chromosomen, deren Zentromer sich erst jetzt teilt, auf je zwei Pole verteilt (Abb. 28 *i*). Im

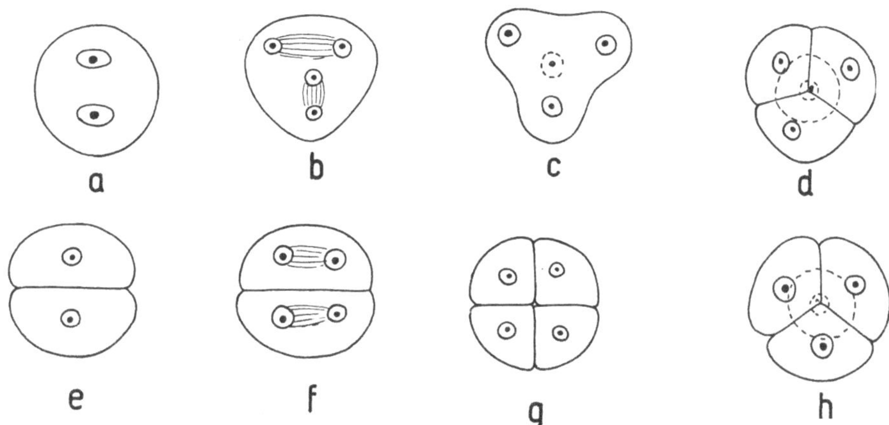

Abb. 29. Tetradenbildung. *a–d* simultan, *e–h* sukzedan. *a*, *e* Dyadenstadium, *b*, *f* Tochterkerne der RT_{II}; *g* isolaterale, *c*, *d*, *h* tetraedrische Tetraden

Anschluß an die RT_{II} der PMZ entstehen vier haploide Kerne, die Mikrosporenkerne.

Die beiden Teilungsschritte der Meiose werden in der Regel begleitet von Zytokinesen, d. h. es entstehen vier haploide Zellen (Tetradenstadium). Dabei sind drei Verhaltensweisen nachgewiesen worden:

a) Nach jeder Teilung findet auch eine Zytokinese statt. Es wird also zuerst eine Dyade, dann eine Tetrade ausgebildet. Die Zellteilung erfolgt sukzedan (Abb. 29 *e–h*).

b) Beide Zytokinesen erfolgen gleichzeitig, nämlich am Ende der RT_{II}. Die Zellteilung erfolgt simultan (Abb. 29 *a–d*).

c) In seltenen Fällen kommt es nicht zu einer Zytokinese, ähnlich wie bei den Coenomakrosporen. Man könnte daher folgerichtig von einer Coenomikrospore sprechen (Abb. 33 *a*, *b*). Drei der vier Mikrosporenkerne werden gegen das eine Ende der langgestreckten PMZ verschoben und degenerieren. Ob sie durch eine Membran von der funktionellen Mikrospore abgetrennt werden, ist nicht bekannt. Diese abweichende Form der Mikrosporenbildung kommt ausschließlich bei den *Cyperaceen*, hier aber bei allen Arten vor und scheint erblich fixiert zu sein.

Bei sukzedaner und simultaner Tetradenbildung entstehen je nach gegenseitiger Lage der Spindeln in der RT_{II} verschiedene Anordnungen der Mikrosporen. Sie sind in Abb. 29 *d*, *h*; *g* dargestellt.

4. Die Entwicklung des männlichen Gametophyten

Die Mikrosporen entsprechen noch nicht den männlichen Gameten, sondern wandeln sich erst in allerdings extrem reduzierte männliche Gametophyten um (Abb. 30). Zunächst sind sie dicht mit Plasma angefüllt, das den zentralen und haploiden Mikrosporenkern umgibt (Abb. 30 *a*). Später wachsen sie, ähnlich wie die Makrosporen, unter Vakuolenbildung aus. Es entsteht eine große zentrale Vakuole, welche den Mikrosporenkern und eine ihn umgebende Plasma-

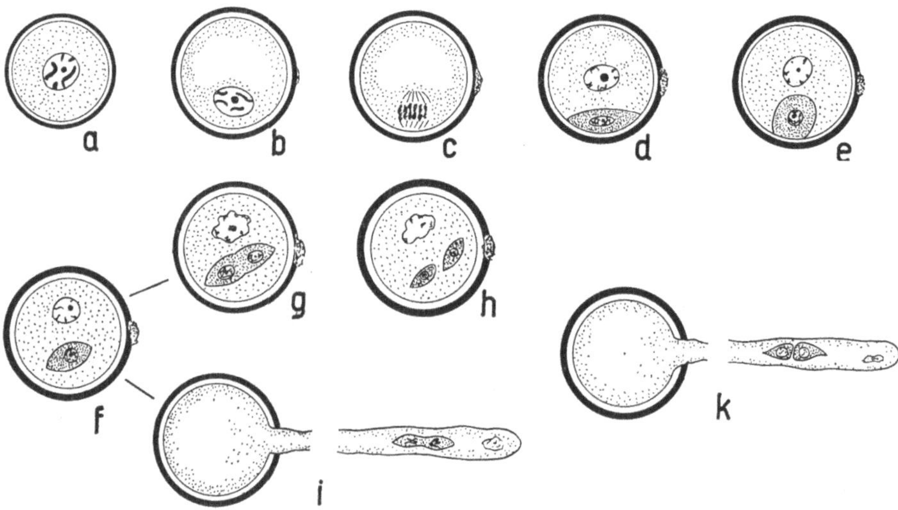

Abb. 30. Gametogenese des männlichen Gametophyten. Erklärung im Text. (Nach MAHESHWARI 1949)

portion nach außen gegen die Membran zu drängt (Abb. 30 *b*). In dieser Stellung erfolgt der erste Kernteilungsschritt der Gametophytenbildung. Diese erste Pollenkornmitose (Abb. 30 *c*) zeigt einige Besonderheiten, die sie von einer gewöhnlichen Mitose unterscheiden. Einmal handelt es sich um die Mitose eines haploiden Kernes, so daß z. B. bei diploiden Organismen jedes Chromosom nur einmal vertreten ist. Ferner ist die Kernspindel aus räumlichen Gründen asymmetrisch, indem das Zusammenlaufen der Spindelfasern in einen Punkt nur bei einem Pol deutlich erkennbar ist. Die Spindelfasern des anderen Pols sind ± parallel und stehen senkrecht zur Wand. In der Regel hat die Asymmetrie der Spindel keinen Einfluß auf die Verteilung der Tochterchromosomen, dagegen werden abweichende Chromosomentypen, wie z. B. B-Chromosomen, oftmals ungleich verteilt. Daß die Asymmetrie der Spindel neben Eigenschaften der B-Chromosomen selbst dafür verantwortlich sind, wird allgemein angenommen (MÜNTZING 1958, RUTISHAUSER 1960 a). Im Anschluß an die erste Pollenkornmitose entstehen zwei Zellen, welche durch eine uhrglasförmige Membran voneinander getrennt sind: eine größere vegetative und eine kleinere generative Zelle mit je einem haploiden Kern (Abb. 30 *d*).

Von diesem Moment an verhalten sich die Angiospermen nicht mehr alle gleich. Die einen schütten den Pollen im oben beschriebenen zweikernigen Zustand aus (Abb. 30 *f*). Dazu gehören etwa zwei Drittel aller Angiospermenarten (insgesamt 170 Familien), darunter die *Liliaceae*, *Rosaceae* und *Solanaceae*. Andere Angiospermen führen noch vor dem Stäuben eine zweite Mitose, allerdings nur des generativen Kernes, durch (Abb. 30 *g*), schütten also den Pollen im Dreikernstadium aus (Abb. 30 *h*). Eine Übersicht gibt BREWBAKER (1967).

Diese zweite Pollenkornmitose des generativen Kernes findet bei beiden Kategorien der Angiospermen statt. Überall werden also zwei Spermakerne gebildet, nur daß sie bei Arten mit dreikernigem Pollen noch innerhalb des Pollenkorns, bei Arten mit zweikernigem Pollen dagegen erst beim Auswachsen der Pollenkörner im Pollenschlauch erfolgt (Abb. 30 *i*, *k*). Sie ist wegen ihrer Bedeutung für radiologische Untersuchungen gut erforscht worden. Es handelt sich natürlich in allen Fällen um die Mitose eines haploiden Kerns. Die beiden Spermakerne der dreikernigen Pollenkörner, die Endprodukte dieser Teilung, liegen in einer besonderen Plasmaportion, die durch eine feine cytoplasmatische Membran voneinander und von der vegetativen Zelle abgegrenzt ist. Es werden also nicht nur Spermakerne, sondern Spermazellen ausgebildet. In diesen konnten Mitochondrien und gelegentlich auch Plastiden beobachtet werden. Für manche Arten, z. B. der Gattung *Lilium* (COOPER 1936), konnte nachgewiesen werden, daß sie bis zum Eintritt in den Embryosack erhalten bleiben (*Lilium* gehört allerdings zu Arten mit zweikernigem Pollen). Nach der Ausbildung der beiden Spermazellen verharren die Pollenkörner einige Zeit im Ruhezustand, bei Mais z. B. bis 10 Tage. Es wird angenommen, daß auch in dieser Interphase wie in den vorausgegangenen vor der ersten und zweiten Pollenkornmitose eine Chromosomenreplikation stattfindet, und zwar noch bevor der Pollen ausgestäubt wird. Als Beweise dafür werden die Ergebnisse von Bestrahlungsversuchen angeführt: Pollen von Pflanzen, die ein dominantes Markierungsgen für ein Endospermmerkmal besitzen, wird bestrahlt und dann in Pflanzen eingekreuzt, die für das betreffende Merkmal rezessiv sind. Als Beispiel sei beim Mais die Kreuzung rr × RR erwähnt, wo R ein dominantes Gen für Aleuronfarbe bedeutet, das auf Chromosom 10 liegt. Solche Bestäubungen mit bestrahlten Pollen ergeben neben phänotypisch total dominanten Endospermen auch sogenannte „fractionals“ (BREWBAKER und EMERY 1962), d. h. Endosperme, die Teile mit rezessivem Charakter aufweisen, die also nur die rezessiven Gene r enthalten. Dieses Ergebnis bedeutet, daß die Chromosomen zur Zeit der Bestrahlung (vor der Anthese) schon Doppelstruktur haben mußten. Die Mutation (eventuell hervorgerufen durch Chromatidbruch) kann nur in einem Chromatid stattgefunden haben, welches bei der ersten Teilung des befruchteten Endospermkerns vom nicht mutierten Chromatid getrennt wird, was zu den oben erwähnten „fractionals“ führen muß. Ein solches Ereignis ist aber nur möglich, wenn die beiden Spermakerne ihre Replikation vor der Anthese (und vor der Bestrahlung) durchgeführt haben. Es ist in Abb. 31 für den Fall eines Chromatidbruchs dargestellt.

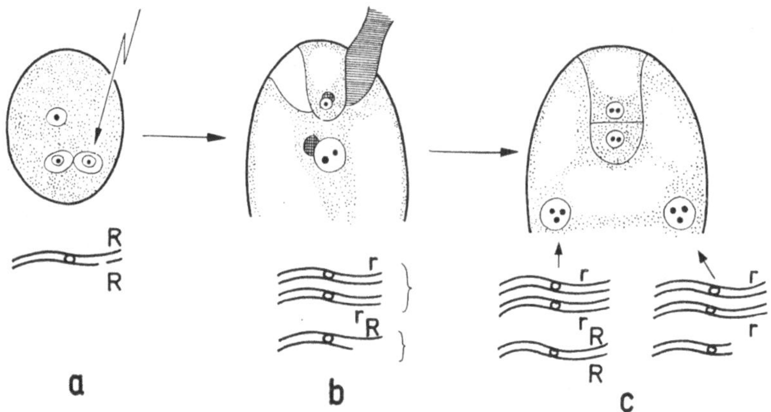

Abb. 31. Nachweis der Chromosomenreplikation im Spermakern bei Arten mit dreikernigen Pollenkörnern. Erklärung im Text

Die zweikernigen Pollenkörner besitzen neben dem vegetativen nur einen generativen Kern und werden in diesem Zustand ausgeschüttet. Das Zweikernstadium wird geraume Zeit vor dem Ausstäuben erreicht. Als Beweis dafür, daß der generative Kern im reifen Pollenkorn die Chromosomenreplikation durchgeführt hat, kann der Befund angeführt werden, daß bestrahlte zweikernige Pollenkörner in der zweiten Pollenkornmitose (Abb. 32 *b*) Chromatid-

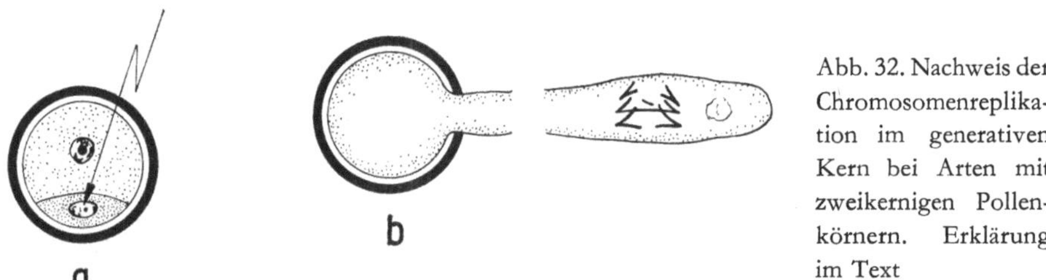

Abb. 32. Nachweis der Chromosomenreplikation im generativen Kern bei Arten mit zweikernigen Pollenkörnern. Erklärung im Text

und Isochromatidbrüche sowie Chromatidtranslokationen aufweisen (Brewbaker und Emery 1962), d. h. die Chromosomen waren zur Zeit der Bestrahlung im G_2-Stadium oder in der Prophase, sie haben Doppelstruktur. „Fractionals“ im Endosperm müßten dann auf Subchromatidbrüche hinweisen. Solche „fractionals“ sind für *Trillium grandiflorum* auf cytologischem Wege festgestellt worden (Rutishauser, unveröffentlicht).

Da die Chromosomenreplikation im zweikernigen Pollen schon vor dem Ausstäuben stattgefunden hat, kann die zweite Pollenkornmitose unmittelbar nach der Keimung im Pollenschlauch erfolgen. Sie läuft gleich ab wie bei den dreikernigen Pollenkörnern; es hält aber in den engen Pollenschläuchen schwer, die einzelnen Phasen, besonders die Metaphasen, zu erkennen. Aus räumlichen Gründen liegt die Äquatorialebene oft schief zur Längsachse, was die Beobachtung zusätzlich erschwert. Während früher angenommen wurde, daß im Pollenschlauch keine Spermazellen ausgebildet werden, ist ihre Existenz für *Lilium* klar erwiesen, und dasselbe trifft auch für andere Angiospermen zu.

Da die Spermakerne der dreikernigen Pollenkörner die Chromosomenreplikation bereits durchgeführt haben, sich also im 2c-Stadium befinden, was auch für die Eizellen anzunehmen ist, müssen sich die Zygotenkerne im 4c-Stadium befinden, so daß sie die erste Mitose der Zygote unmittelbar durchführen können.

Besondere Beachtung verdient die Pollenbildung der *Cyperaceen*. Wie schon erwähnt, werden hier keine Tetradenzellen ausgebildet, sondern ein Mikrosporenkern wird ausgelesen, die anderen drei degenerieren früher oder später und sammeln sich an einem Ende der langgestreckten PMZ (Abb. 33 *a*). Die erste Pollenkornmitose findet im Zentrum des Pollenkorns statt (Abb. 33 *b*). Um den kleineren, generativen Kern sammelt sich Cytoplasma an, das ihn durch eine ohne Phragmoplasten gebildete protoplasmatische Schicht vom Plasma der vegetativen Zelle abschließt (Abb. 33 *c*). Die zweite Pollenkornmitose läuft ebenfalls noch im Pollenkorn ab und führt zur Bildung von zwei Spermakernen (Abb. 33 *d*). Die drei Schwesterkerne der funktionellen Mikrospore sind in diesem Zustande als degenerierte Körperchen noch sichtbar. Die abweichende Pollenkornbildung der *Cyperaceen* hat natürlich zur Folge, daß pro PMZ nur ein Pollenkorn und nicht vier ausgebildet werden.

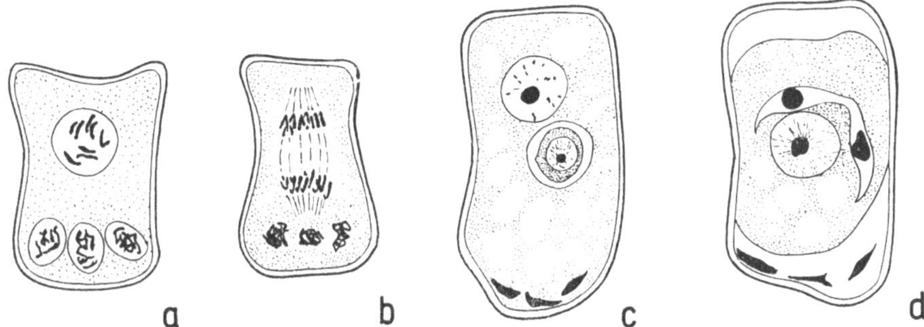

Abb. 33. Die Entwicklung der Pollenkörner der *Cyperaceen*. *a*, *b* Coenomikrospore mit einem funktionellen und drei degenerierenden Mikrosporenkernen. *c* zweikerniges Pollenkorn mit drei degenerierten Mikrosporenkernen. *d* generativer Kern in Teilung. (Nach Piech 1928)

Die reifen Pollenkörner sind, abgesehen von ihrem Inhalt, ausgezeichnet durch den besonderen Bau ihrer Membranen. In der Regel (mit Ausnahme einiger Wasserpflanzen, wie *Zostera*, *Naja* und *Ceratophyllon*, s. Schnarf 1929) werden zwei Membranen, eine Intine und eine Exine, ausgebildet. Letztere läßt einige Lücken, die Keimporen, offen, durch welche die Pollenkörner auskeimen. Die so gebauten Pollenkörner treten meist als Einzelkörner auf, oft aber auch als Gruppen, Tetraden oder größere Ansammlungen. Tetraden sind z. B. für die *Ericaceen* typisch, größere Verbände für manche *Mimosaceae* und vor allem für die *Orchidaceae*, wo viele Pollenkörner in den „massulae" mit gemeinsamer Intine und Exine vereinigt sein können.

Die Struktur der Pollenkörner hängt, soweit die wenigen Daten eine solche Aussage schon zulassen, von ihrem eigenen Genotypus und nicht von Genen des Diplonten ab. Das ist für die Pollenkörner der *Oenotheren* nachgewiesen worden (RENNER 1919): diploide *Oenotheren* besitzen dreilappige, tetraploide vierlappige Pollenkörner. Triploide *Oenotheren*, hervorgegangen aus Kreuzungen zwischen diploiden und tetraploiden, bilden beide Formen aus, da ihr Pollen aus einem Gemisch ± diploider und ± haploider Pollenkörner besteht. Haploid-genotypische Vererbung kann auch für ein anderes Merkmal, die Stärkekörner, nachgewiesen werden.

III. Die Befruchtung

1. Der Weg des Pollenschlauches

Der Pollen der Angiospermen gelangt meist in ungekeimtem Zustande auf die Narbe. Diese scheidet ein Sekret aus, welches den Pollen vor dem Austrocknen schützt und damit (und nicht etwa durch Reize chemischer Natur) die Bedingungen für die Pollenkeimung schafft.

Das Wachstum des Pollenschlauches erfolgt entweder ektotrop auf der Oberfläche eines leitenden Gewebes der Narbe und des Griffels oder endotrop im Inneren eines solchen Gewebes. In keinem Falle aber kann der Pollenschlauch einen freien, lufterfüllten Raum durchwachsen. Nach TSCHIRCH (1919) wächst er stets im leitenden Gewebe, nur daß er bei ektotropem Wachstum in der verschleimten subkutikulären Partie der Membran der inneren Epidermis des Griffelkanals, bei endotropem Wachstum dagegen in verschleimten Membranen tiefer gelegener Zellschichten wächst. Macht man sich diese Ansicht TSCHIRCHS zu eigen, dann ergibt sich daraus die Konsequenz, daß der Weg des Pollenschlauches durch die Topographie des leitenden Gewebes, der Tela conductrix, bestimmt wird. Es sei aber erwähnt, daß viele Embryologen (auch TSCHIRCH) annehmen, die Bewegungen des Pollenschlauches seien chemotropischer Natur, von chemischen Reizen gesteuert, die vom Embryosack ausgehen. Da aber bei manchen Angiospermen, z. B. bei vielen *Orchideen*, die Embryosackentwicklung erst nach dem Pollenschlauchwachstum beginnt, ja vom Pollen ausgelöst wird (S. 62, 117), ist die letztgenannte Ansicht wenig wahrscheinlich. Immerhin muß festgestellt werden, daß chemotaktische Anziehung von Pollenschläuchen durch Samenanlagen in künstlichen Medien beobachtet werden konnte. Die Frage, welche Faktoren das Pollenschlauchwachstum steuern, hat auf die Interpretation der verschiedenen Typen dieses Wachstums einen großen Einfluß.

Nach dem Ort, wo der Pollenschlauch den Embryosack erreicht, können drei Verhaltensweisen unterschieden werden:

- Basigamie = Chalazogamie, wenn der Pollenschlauch von der Chalazaseite her den Embryosack erreicht,
- Akrogamie, wenn der Pollenschlauch den Embryosack am mikropylaren Pol erreicht, und
- Mesogamie, wenn der Pollenschlauch von der Seite her an den Embryosack heranwächst.

Unter diesen drei Typen des Pollenschlauchwachstums hat besonders die Basi- oder Chalazogamie das Interesse der Embryologen erweckt. NAVASCHIN (1913, zit. aus SCHNARF 1929) sieht in der Chalazogamie ein primitives Verhalten und führt zugunsten seiner Ansicht den Befund an, daß sie bei Familien vorkommt, die als primitiv betrachtet werden, nämlich bei den *Casuarinaceae*, *Betulaceae* und *Juglandaceae*. Ferner wird vermutet, daß die Chalazogamie auf die Homologie des Antipodial- und des Eiapparates hinweise, eine Hypothese, die durch das Vorkommen von Antipodialeiern (vgl. S. 32) und Antipodenbefruchtung gestützt wird.

Gegen diese Ansicht lassen sich eine Reihe von Einwänden vorbringen, z. B. der Befund, daß Chalazogamie auch bei abgeleiteten Familien vorkommt, wie z. B. bei den *Rosaceen* (*Alchemilla* nach MURBECK 1901 b), ferner das oft ziellose Wachstum der Pollenschläuche, welches Zweifel an der Annahme aufkommen läßt, daß Antipoden oder Synergiden das Pollenschlauchwachstum chemotaktisch steuern. Aus diesen Gründen und wegen des Befundes, daß Chalazogamie meist bei Pflanzenfamilien mit endotropem Wachstum des Pollenschlauches vorkommt, halten wir die Hypothese MURBECKS (1901 b) für wahrscheinlicher, daß die Chalazogamie ein extremer Fall einer allgemeinen Erscheinung des endotropen Wachstums der Pollenschläuche ist. Danach wird das Wachstum des Pollenschlauches nicht durch Reize gesteuert, die von den Antipoden ausgehen, sondern beruht auf der besonderen Topographie des leitenden Gewebes. Die phylogenetischen Spekulationen, die an die Chalazogamie geknüpft werden, dürften daher kaum eine tragfähige Grundlage haben. Das Merkmal, welches die Familien mit Chalazogamie verbindet, liegt nicht in der physiologischen Gleichwertigkeit der Antipoden mit dem Eiapparat, sondern nur in der übereinstimmenden Topographie der Tela conductrix.

In Übereinstimmung mit dieser Hypothese steht nun auch die Ansicht der modernen Systematik, wonach die *Casuarinaceae* ebenso wie die *Betulaceae* und *Juglandaceae*, wo ebenfalls Chalazogamie vorkommt, nicht mehr als ursprünglich primitiv, sondern als stark abgeleitet betrachtet werden.

2. Das Eindringen des Pollenschlauches in den Embryosack

Unabhängig davon, ob die Pollenschläuche den Embryosack am mikropylaren, am chalazalen Pol oder seitlich erreichen, scheint das Eindringen des Pollenschlauches in den Embryosack auch bei Chalazogamie stets in der Gegend des Eiapparates zu erfolgen. Es ist schon früh vermutet worden, daß dabei die Synergiden eine entscheidende Rolle spielen. Tatsächlich kann bei vielen Angiospermen beobachtet werden, daß die Spitze des Pollenschlauches zuerst in eine der beiden Synergiden eindringt und hier seinen Inhalt entleert (Abb. 34 *a*). In der Regel bleibt die andere Synergide intakt. Wie die Entleerung des Pollenschlauches stattfindet, läßt sich nicht mit Sicherheit feststellen, da die Präparation dieses Stadiums keine klaren Bilder ergibt.

Über die Funktion der Synergiden, über die Art und Weise, wie sie in den Befruchtungsprozeß eingeschaltet werden, sind verschiedene Hypothesen aufgestellt worden. Viele Autoren vermuten, daß die Synergiden die Richtung des Pollenschlauchwachstums durch Abgabe chemotaktischer Substanzen bestimmen. Als sekretorischer Apparat wird dabei oft der Fadenapparat bezeichnet. Gegen diese Hypothese ist anzuführen, daß bei manchen Arten die Synergiden schon vor dem Eindringen des Pollenschlauches degenerieren und deshalb kaum in der Lage sein dürften, chemotaktische Substanzen abzugeben.

Viel diskutiert wird auch die Hypothese, daß die Synergiden das Öffnen und Entleeren des Pollenschlauches bewirken und damit das Wachstum des Pollenschlauches abstoppen. Tatsächlich öffnet sich der Pollenschlauch dort, wo er zwischen den Zellen des Eiapparates hindurchdringt, erst sehr viel später oder überhaupt nicht. Bei *Zea mays* und *Sorghum* z. B., wo die Synergiden schon vor der Ankunft des Pollenschlauches degeneriert sind, dringt er tief in den Embryosack bis in die Gegend des sekundären Embryosackkernes ein und öffnet sich erst dort; bei *Hordeum*, *Triticum* und *Secale* hingegen, wo die Synergiden noch intakt sind, dringt der Pollenschlauch viel weniger tief in den Embryosack ein (VAZART 1955, 1958). Ähnliche Beobachtungen machte auch STEFFEN (1951) bei *Impatiens glandulifera*. In schlecht entwickelten Embryosäcken, wo die Synergiden eine anomale Konstitution haben, kann der Pollenschlauch in eine Synergide eindringen, ohne zu platzen. Wenn mehrere Pollenschläuche in einen Embryosack eindringen, zerstören die ersten zwei je eine Synergide, die anderen dringen tief in den Embryosack ein, ohne zu platzen.

Gegen die beiden erwähnten Hypothesen spricht der Befund, daß bei manchen Arten, z. B. *Sorghum* und *Zea* (VAZART 1955) und *Panicum miliare* (NARAYANASWAMI 1955), die Synergiden schon vor dem Eindringen des Pollenschlauches verschwunden sind, während bei anderen Arten (*Plumbago*- und *Plumbagella*-Typus) überhaupt keine Synergiden ausgebildet werden. Solche Fälle scheinen die Annahme, die Synergiden spielten bei der Befruchtung eine wichtige Rolle, ganz auszuschließen. Immerhin muß erwähnt werden, daß in der überwiegenden Mehrzahl aller Fälle die Synergiden in den Befruchtungsprozeß eingeschaltet werden. Nur muß man wohl, wie besonders VAZART (1958) betont, zugeben, daß unsere Kenntnis der Vorgänge, die sich im Embryosack bei der Befruchtung abspielen, noch zu gering sind, als daß klare Angaben über die Funktion der Synergiden gemacht werden könnten.

3. Plasmogamie und Karyogamie

Es steht wohl heute fest, daß der Pollenschlauch nicht nur nackte Spermakerne, sondern Spermazellen enthält, und es läßt sich deshalb vermuten, daß auch Spermazellen in die Eizelle und die Zentralzelle eindringen. Über das Verhalten des Plasmas der Spermazellen im Verlaufe der Syngamie sind wir aber noch nicht genügend orientiert. Es ist, wie z. B. STEFFEN (1952) bemerkt, unmöglich, das männliche vom weiblichen Plasma zu unterscheiden. Einige Angaben über eine Zone dichten Plasmas, die als männliches Plasma bezeichnet wird, sind indessen vorhanden. Eine endgültige Klärung des Problems wird aber wohl erst dann erwartet werden dürfen, wenn das männliche Plasma markiert werden kann.

Etwas sicherere Angaben existieren hingegen über das Verhalten des Spermakernes in der Ei- und Zentralzelle. In der Regel macht der Spermakern, der viel kleiner ist als die beiden weiblichen Gametenkerne, einige Formverwandlungen durch, bevor er mit ihnen verschmilzt. Er wird, vermutlich durch Wasseraufnahme, größer – bei *Impatiens* z. B. vergrößert sich der Durchmesser von

2 μ auf 5 μ (STEFFEN 1951). Parallel dazu geht eine Verminderung der Färbbarkeit mit Feulgen. Bei *Impatiens* vollzieht sich die Veränderung in zwei Etappen. In einem ersten Schritt dehnt sich der Spermakern, der als homogene Chromatinmasse erscheint, aus und läßt nun einige Strukturen, wie Kernmembran, Karyolymphe und Chromosomenfäden, erkennen. In der zweiten Phase, während welcher der Spermakern schon mit dem weiblichen Kern in Kontakt steht, wird das Volumen noch weiter vergrößert, wobei gleichzeitig der Grad der Chromasie abnimmt. Zuletzt bleiben als Überreste der Chromosomen nur noch feulgenpositive Chromatinkörner übrig.

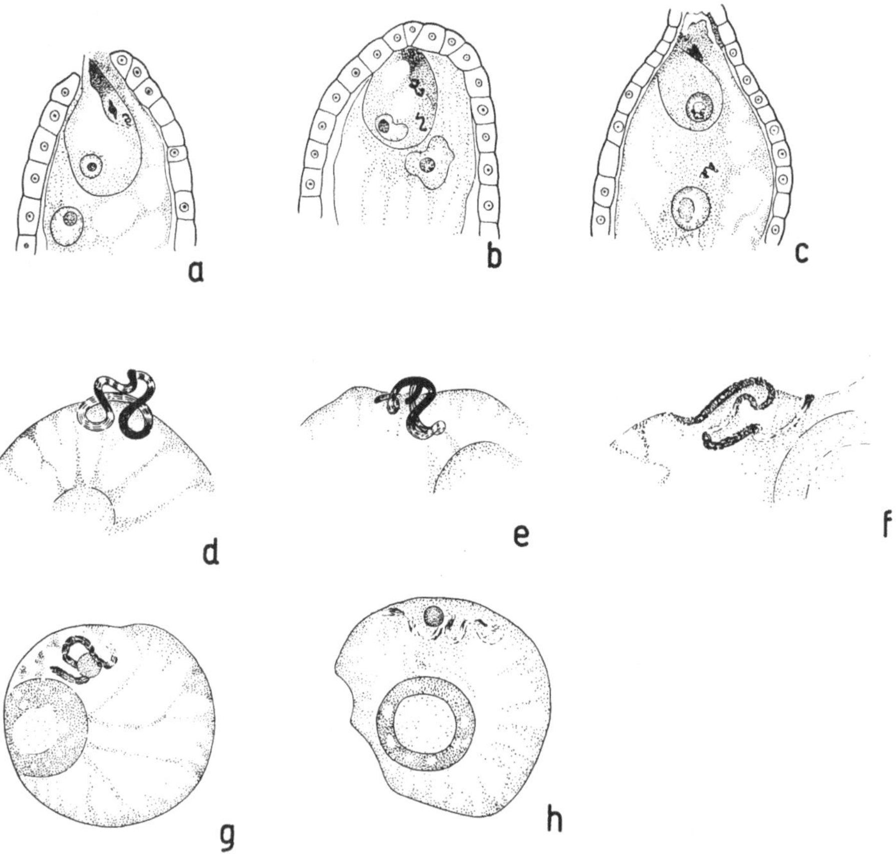

Abb. 34. Befruchtung der Eizelle bei *Crepis capillaris*. *a* Der Pollenschlauch ist in den Embryosack eingedrungen und hat zwei Spermakerne entlassen. *b* Die Spermakerne wandern zum Ei- und zum sekundären Embryosackkern. *c* Ein Spermakern in der Nähe des sekundären Embryosackkernes. *d* Ein Spermakern liegt auf der Oberfläche des Eikerns. *e–h* Befruchtung des sekundären Embryosackkerns. (Nach GERASSIMOVA 1933)

Die Karyogamie ist ebenfalls unvollkommen bekannt. Der Spermakern legt sich an den weiblichen Kern an und plattet sich dabei ab. Vermutlich werden dann die Kernmembranen beider Kerne aufgelöst, und der Spermakern wandert in den weiblichen Kern ein. Der Vorgang ist, soweit lichtmikroskopische Untersuchungen eine Analyse überhaupt gestatten, von GERASSIMOVA (1933) für *Crepis capillaris* verfolgt worden. Abb. 34 gibt einige Stadien des Verschmelzungsvorganges wieder. Daraus geht unter anderem hervor, daß auch die Nukleolen der beiden Kerne miteinander verschmelzen, während der chromatische Teil des Spermakernes zerfällt.

Die Befruchtung der Polkerne erfolgt im Prinzip in derselben Weise wie jene des Eikerns. Unterschiede ergeben sich aber deswegen, weil zwei Polkerne vor-

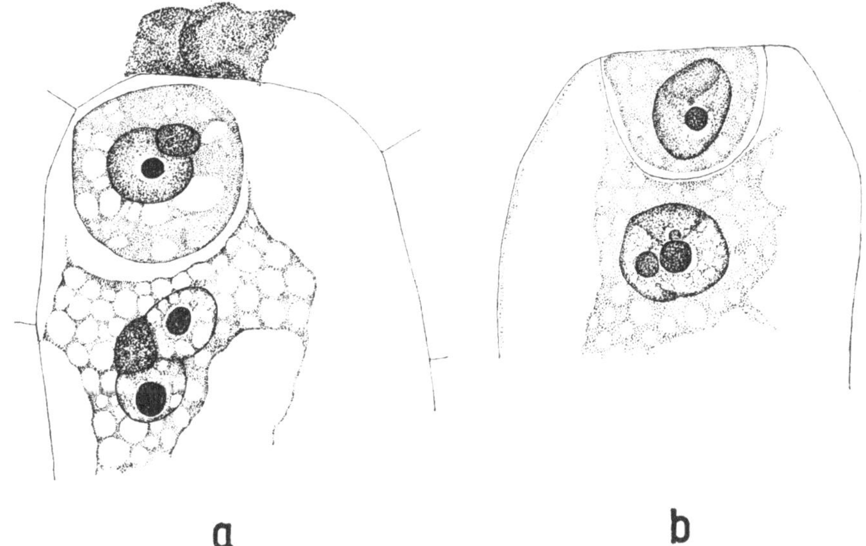

Abb. 35. *a* Doppelte Befruchtung bei *Korthalsella dacrydii* und Bau der Zygote. *b* Stadium kurz nach der Befruchtung: die Eizelle hat sich mit einer Membran umgeben. Die beiden Spermakerne sind noch als dunkler gefärbte Flecken sichtbar. (Nach RUTISHAUSER 1935)

handen sind, die vor, mit oder nach der Befruchtung untereinander verschmelzen. Gleichzeitige Verschmelzung beider Polkerne und des Spermakernes ist für *Korthalsella dacrydii* nachgewiesen worden (Abb. 35; RUTISHAUSER 1935). Sind die Polkerne noch frei, wird in der Regel der obere, der Eizelle am nächsten liegende befruchtet; erst später verschmilzt auch der zweite Polkern mit dem so gebildeten Zygotenkern. Bei *Utricularia reticulata* ist die Reihenfolge der Verschmelzungsvorgänge nicht fixiert, der Spermakern kann den sekundären Embryosackkern befruchten oder sich zuerst mit einem der beiden Polkerne vereinigen.

Die große Variabilität in der Reihenfolge der Verschmelzungsvorgänge in der Zentralzelle läßt vermuten, daß eine Reihe von Abweichungen möglich sind, wie z. B. Befruchtung nur eines Polkerns und im Anschluß daran Bildung von Mosaikendospermen. Wir werden weiter unten Beweise dafür anführen, daß solche Variationen tatsächlich existieren. Weitere Variationen ergeben sich ferner aus dem häufig erhobenen Befund, daß mehrere Pollenschläuche in den Embryosack eindringen und mehr als zwei Spermakerne in den Embryosack ausgeschüttet werden.

Eine Sonderstellung hinsichtlich der Befruchtung und Entwicklungserregung der Samenbildung nehmen die *Orchideen* und die *Podostemonaceen* ein. Was zunächst die *Orchideen* anbetrifft, ist weiter oben (S. 57) schon darauf hingewiesen worden, daß im Gegensatz zu allen anderen Angiospermen in vielen Fällen die Embryosackentwicklung durch die Bestäubung ausgelöst werden muß. Andere Abweichungen ergeben sich auch hinsichtlich der Befruchtung und Samenentwicklung, wie aus neueren Untersuchungen von Poddubnaya-Arnoldi (1960) an lebendem Material von *Cypripedium insigne*, *Calanthe veitchii* und *Dendrobium nobile* hervorgeht. Obwohl die Analyse der Befruchtungsvorgänge durch eine Ansammlung von Fetttröpfchen gestört wird, konnte die Autorin feststellen, daß Ei- und Polkerne bei *Cypripedium* und *Dendrobium* mit je einem Spermakern verschmelzen, während *Calanthe veitchii* meist nur die Eibefruchtung durchführt. Der zweite Spermakern bleibt in der Nähe der Polkerne liegen und verschmilzt nicht mit ihnen. Als Folge davon bildet *Calanthe* kein Endosperm aus. Aber auch bei *Cypripedium* ist die Endospermentwicklung stark reduziert: es werden nur 5 bis 6 Endospermkerne ausgebildet. Bei *Dendrobium nobile* kommt Befruchtung der Polkerne vor, ein Endosperm wird aber nicht ausgebildet. Endospermfreie Samen werden auch für die *Podostemonaceen* angegeben; die Befruchtungsvorgänge sind aber nicht so genau untersucht wie bei den *Orchidaceen*.

4. Polyspermie und „heterofertilization“

In der Regel dringt nur ein Pollenschlauch in den Embryosack der Angiospermen ein, und damit werden nur die zwei für die doppelte Befruchtung benötigten Spermakerne in den Embryosack entlassen. Entsprechend ist in diesen Fällen nur eine Synergide degeneriert, die andere noch intakt. Nicht selten wird aber auch das Eindringen mehrerer Pollenschläuche in den Embryosack angegeben, ein Vorgang, den wir als Polysiphonie bezeichnen wollen. Als Folge davon können mehr als zwei Spermakerne im Embryosack beobachtet werden, d. h. es liegt Polyspermie vor.

Polyspermie im Embryosack kann verschiedene Konsequenzen haben:

1. können Ei- und/oder Polkerne von zwei Spermakernen befruchtet werden, was zur Bildung von höher polyploiden Embryonen und Endospermen führen muß. Solche Fälle sind für die Embryonen mancher *Orchideen*, wie *Cephalanthera*, *Platanthera* und *Orchis maculata* (Hagerup 1944), aber auch für andere Angiospermen beschrieben worden. Der cytologische Nachweis für doppelte Befruchtung der Zentralzelle ist von uns (Rutishauser 1954 b) für *Ranunculus auricomus* erbracht worden.

2. Polyspermie könnte ferner dazu führen, daß neben der Ei- und Zentralzelle noch andere Zellen des Eiapparates, z. B. die Synergiden, befruchtet werden. Das Vorkommen von Synergidenembryonen könnte dafür sprechen, ist aber noch kein Beweis dafür, da auch haploide Parthogenese zum selben Ergebnis führen kann. Dasselbe gilt für *Crepis capillaris* (GERASSIMOVA 1933), wo gelegentlich mehrere Eizellen pro Eiapparat ausgebildet und manchmal auch mehrere Embryonen entwickelt werden. Befruchtung von Antipodeneiern ist ebenfalls nur in wenigen Fällen beobachtet worden. Die Angaben von EKDAHL (1941) über das Vorkommen von Antipodenembryonen können ebensowenig wie Synergidenembryonen als Beweis für ihre Befruchtung gelten.

3. Als dritte und letzte Konsequenz der Polyspermie ist Befruchtung der Zentral- und Eizelle durch Spermakerne von zwei verschiedenen Pollenschläuchen, „heterofertilization“ (SPRAGUE 1932), denkbar.

„Heterofertilization“ wurde von SPRAGUE auf genetischem Wege bei *Mais* nachgewiesen. Er verwendete Maispflanzen mit den Aleuronfarbgenen A, C, R, die eine Rotfärbung des Endosperms bedingen, ferner mit den Faktoren S_x (es sind mehrere solcher Faktoren, S_1–S_5, bekannt), welche in Gegenwart von R Rotfärbung des Scutellums, also eines Teils des Embryos, bewirken. Die homozygote Samenpflanze hatte den Genotypus $ACrS_x$. Sie wurde mit Pollen bestäubt, die zur Hälfte den Genotypus $ACRS_x$, zur Hälfte $ACrS_x$ hatten. Die F_1-Generation bestand aus Körnern der folgenden Phänotypen:

	Scutellum + Endosperm rot gefärbt	Scutellum + Endosperm ungefärbt	Scutellum rot, Endosperm ungefärbt
Anzahl Körner	325	394	99
Funktionierende Pollenkörner	$ACRS_x$	$ACrS_x$	$ACRS_x$ / $ACrS_x$

Von Interesse sind besonders die Körner mit rotem Scutellum und ungefärbtem Endosperm. Da sich S_x nur in Gegenwart von R auswirkt (Rotfärbung des Scutellums), muß die Eizelle von einem Spermakern eines $ACRS_x$-Pollenkorns, die Zentralzelle von einem Spermakern eines $ACrS_x$-Pollenkorns befruchtet worden sein. Es kann also in der Tat vorkommen, daß Polysiphonie und Polyspermie auch „heterofertilization“ zur Folge hat, ein Vorgang, der auf embryologischem Wege nicht nachgewiesen werden kann.

5. Mosaikendosperme und Xenien

Die Analyse des Bestäubungsvorganges der Angiospermen ist durch den Umstand wesentlich erschwert, daß es in Schnittpräparaten nicht immer möglich ist, die Spermakerne zu sehen oder von den Kernen des Embryosacks zu unterscheiden. Dies gilt besonders für solche Spermakerne, die sich im Embryosack vergrößern und Form und Größe der Polkerne annehmen. Die Frage, ob

stets beide Polkerne mit dem Spermakern verschmelzen oder ob gelegentlich ein Polkern davon ausgeschlossen ist, kann durch Untersuchung embryologischer Präparate nicht mit Sicherheit gelöst werden. Ebenso hält es schwer, den Nachweis für autonome Entwicklung der Zentralzelle oder für andere Abweichungen von der doppelten Befruchtung zu erbringen.
Es sind daher schon früh Verfahren entwickelt worden, den genannten Problemen durch genetische, neuerdings nun auch durch cytologische Methoden beizukommen. Viel diskutiert wurde aus diesem Grunde die Frage der Entstehung von Xenien und Mosaikendospermen. Sie ergab sich aus der Beobachtung, daß das Endosperm, gelegentlich aber auch außerhalb des Endosperms liegende Gewebe der Samen und Früchte, vom Pollen direkt beeinflußt werden. Samen und Endosperme dieser Art wurden von FOCKE (1881) als Xenien bezeichnet. Heute hat sich der Begriff etwas gewandelt. SWINGLE (1928) betrachtet nur noch die unter dem direkten Einfluß des Spermakerns phänotypisch veränderten Endosperme als Xenien, die Polleneinflüsse auf außerhalb des Endosperms liegende Gewebe des Samens und der Fruchtwand als Metaxenien. Aufschluß über die Befruchtungsverhältnisse im Embryosack geben in erster Linie Untersuchungen an Endospermen, also die Xenien, und unter diesen sind es vor allem die Xenien mit Mosaiknatur, die Mosaikendosperme, die unsere Kenntnisse dieses Vorganges bereichert haben. Mosaikendosperme sind dadurch charakterisiert, daß sie in bezug auf Farbe oder Struktur nicht einheitlich sind, sondern zwei verschieden ausgebildete Hälften oder kompliziertere Muster verschiedener Eigenschaften aufweisen. Als Versuchspflanze für solche Experimente wurde fast ausschließlich *Mais* verwendet, dessen Endosperm in bezug auf Farbe, Form und Inhalt stark variiert, wobei die meisten Eigenschaften genetisch bedingt sind.

Zu den frühesten Arbeiten auf diesem Gebiet gehören jene von CORRENS (1901) und von WEBBER (1900). CORRENS wies darauf hin, daß monohybride Pflanzen (Aa) nach Selbstbestäubung vier Endospermtypen ausbilden, nämlich AAA, AAa, Aaa und aaa, während beim Embryo nur drei Genotypen zu erwarten sind. Beim Endosperm kann daher auch die Genquantität eine Rolle spielen, indem z. B. A < aa, aber AA > a ist. So ließe sich nach CORRENS der Befund erklären, daß die weibliche Pflanze auf die Ausbildung des Endosperms oft größeren Einfluß hat als die männliche.
WEBBER (1900) seinerseits versuchte, die Entstehungsgeschichte von Mosaikendospermen zu erklären, und stellte dazu zwei Hypothesen auf: Die 1. Hypothese nimmt an, daß sich Polkerne und Spermakerne auch getrennt (ohne Verschmelzung) zu teilen vermögen, weshalb die Endospermkerne zwei verschiedene Genotypen aufweisen können. Die 2. Hypothese besagt, daß bisweilen ein Spermakern nur mit einem Polkern verschmilzt und daß das Endosperm sowohl vom befruchteten wie vom unbefruchteten Polkern aus aufgebaut werden kann.
Die beiden Hypothesen lassen sich auf Grund genetischer Untersuchungen überprüfen. Nach EAST (1913) und EMERSON (1915) müssen beide abgelehnt werden. EAST kreuzte Maispflanzen der Genotypen CCrr und ccRR, wo die Farbgene C und R Komplementärgene darstellen, die getrennt mendeln und allein unwirksam sind. CCrr- und ccRR-Pflanzen bilden daher nach Selbstbestäubung nur ungefärbte Endosperme aus. Die Kreuzung CCrr × ccRR ergab dagegen 60000 Körner mit rotgefärbten Endospermen vom Genotypus CCcRrr (zwei Genome stammen von der Samen-, eines von der Pollenpflanze; R ist dominant über rr) und sechs Körner mit Mosaikendospermen, die halb rot, halb ungefärbt waren. Mosaikendosperme dieses Typus sind nach Hypothese 1 nicht zu erwarten, da bei

autonomer Teilung von Polkernen bzw. Spermakernen nur ungefärbte Samen auftreten dürften, nämlich solche mit den Genotypen CCrr und solche mit cR. Damit ist die Hypothese **1** widerlegt.

Die Hypothese 2 wurde auf Grund eines ähnlichen Experimentes von EMERSON (1915) ausgeschaltet: EMERSON verwendete Pflanzen der Genotypen CCrrPPss und ccRRPPSS. Die Gene C und R sind oben charakterisiert, P erzeugt mit C und R zusammen Purpursamen, S ist ein Gen für Stärkesamen, s für Zuckermais (wo die Samen anstelle von Stärke Zucker ausbilden und die Endosperme daher statt glatt runzelig sind). In der Nachkommenschaft der Kreuzung CCrrPPss × ccRRPPSS entstanden neben den erwarteten Xenien mit purpurroten glatten Körnern (CCcRrrPPPSss) zwei verschiedene Mosaikendosperme, nämlich

a) ein Stärkesame, der zur Hälfte purpurn, zur Hälfte ungefärbt war, und

b) ein purpurroter Same, der zur Hälfte glatt (Stärkemais), zur Hälfte runzelig (Zuckermais) war.

Aus den gleichen Gründen, wie oben für EASTS Versuche dargelegt, ist damit erneut Hypothese 1 widerlegt. Die Hypothese 2 kann auch nicht zutreffen, da bei Befruchtung eines Polkerns durch den Spermakern Endospermkerne mit den Genotypen CcRrPPSs und CrPs, also zur Hälfte purpurfarbenes Stärkeendosperm und zur Hälfte ungefärbtes Zuckerendosperm, zu erwarten wären. Total purpurrote Samen mit halb Stärke- und halb Zuckercharakter wären demnach ausgeschlossen. EMERSON (1915) nimmt daher an, daß solche Mosaikendosperme durch einen Vorgang entstehen, der mit der Knospenmutation verwandt ist, also als somatische Mutation (bud sport) gedeutet werden kann.

Auf genetischem Wege gelang also bisher noch kein eindeutiger Beweis für eine Variabilität der Endospermbefruchtung in dem Sinne, daß gelegentlich nur ein Teil der Polkerne befruchtet wird und am Aufbau des Endosperms Anteil hat.

Daß eine solche Variabilität aber doch existiert, konnte von uns (RUTISHAUSER und LA COUR 1956a,b) nachgewiesen werden, und zwar durch cytologische Analyse von Endospermen der Kreuzung *Paris quadrifolia* ($2n = 20$) × *Trillium grandiflorum* ($2n = 10$). Da die Chromosomen von *T. grandiflorum* nach Kältebehandlung wegen des Auftretens von heterochromatischen Segmenten sicher von den rein euchromatischen *Paris*-Chromosomen unterschieden werden können, war es möglich, den Gehalt des Endosperms an *Paris*- und *Trillium*-Chromosomen einwandfrei festzustellen. Es wurden auf diese Weise folgende Endospermtypen nachgewiesen:

- Endosperme mit 20 (2 × 10) *Paris*- und 5 *Trillium*-Chromosomen, entstanden also durch Verschmelzung zweier Polkerne von *Paris* mit einem Spermakern von *Trillium*,
- Endosperme mit 20 *Paris*-Chromosomen, also unbefruchtete Endosperme, die durch autonome Teilung zweier verschmolzener Polkerne entstanden waren (Abb. 36 *c*), und
- Mosaikendosperme mit Kernen, die zum Teil aus 10 *Paris*- und 5 *Trillium*-Chromosomen aufgebaut waren (Abb. 36 *a*), zum Teil nur 10 *Paris*-Chromosomen enthielten (Abb. 36 *b*). Im ersten Falle ist somit ein einzelner Polkern befruchtet worden, im letzteren teilte sich ein Polkern ohne Befruchtung.

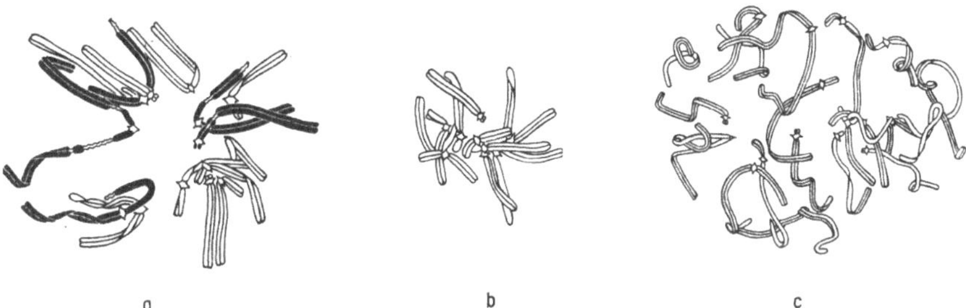

Abb. 36. Metaphaseplatten von zwei Endospermen der Kreuzung *Paris quadrifolia* × *Trillium grandiflorum*. Euchromatin der *Trillium*-Chromosomen schwarz, H-Segmente weiß. *Paris*-Chromosomen weiß. *a* 10 *Paris*- und 5 *Trillium*-Chromosomen, *b* 10 *Paris*-Chromosomen (*a* und *b* gehören zum selben Endosperm), *c* 20 *Paris*-Chromosomen. (Nach RUTISHAUSER 1956 c)

Die cytologischen Untersuchungen an *Paris-Trillium*-Endospermen (Schema Abb. 37) bestätigen somit, im Gegensatz zu genetischen Analysen an *Mais*, die von WEBBER aufgestellten beiden Hypothesen. Die Differenz zwischen den Ergebnissen der beiden Untersuchungsmethoden muß nicht unbedingt bedeuten, daß die eine weniger brauchbar ist als die andere. Wir werden weiter unten (S. 72) sehen, daß auch cytologische Beweise für die Hypothese EMERSONS (somatische Mutation) gefunden werden konnten. Hingegen ist darauf hinzuweisen, daß die Differenz eventuell auf Unterschiede in der Endospermbildung der Versuchspflanzen – *Paris quadrifolia* hat Embryosackentwicklung nach dem *Allium*-Typus, *Mais* nach dem *Polygonum*-Typus – oder im Bestäubungsmodus (Gattungskreuzung im einen, intraspezifische Kreuzung im anderen Falle) zurückzuführen ist.

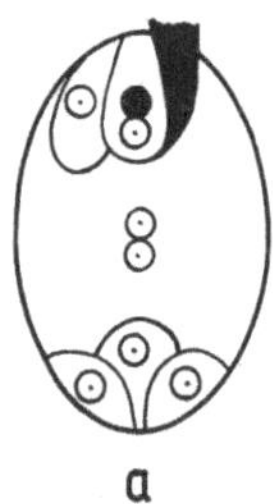

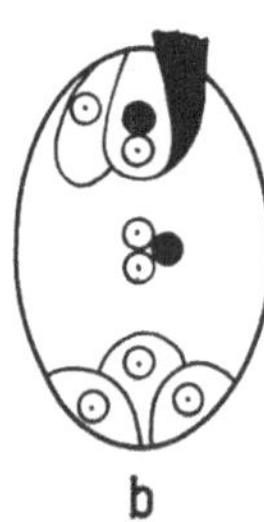

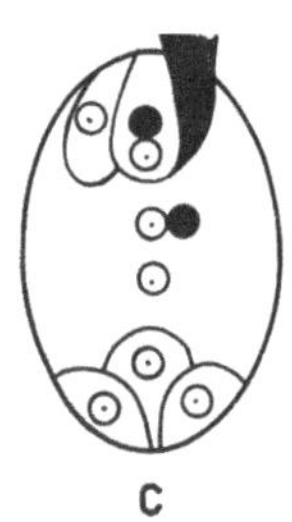

Abb. 37. Schematische Darstellung der Befruchtung im Embryosack sexueller Pflanzen. Spermakerne und Pollenschlauch schwarz. *a* Zentralzelle unbefruchtet. *b* Verschmelzung des Spermakernes mit den beiden Polkernen. *c* Verschmelzung *eines* Polkerns mit dem Spermakern; der zweite Polkern bleibt frei. (Nach RUTISHAUSER 1956 c)

Auf jeden Fall haben besonders die cytologischen Analysen gezeigt, daß die Befruchtungsvorgänge in der Zentralzelle offensichtlich viel variabler sind, als aus embryologischen Untersuchungen erschlossen werden kann. Gelegentliche „autonome“ Entwicklung von Endospermen ist zwar auf embryologischem Wege für eine Reihe von Angiospermen nachgewiesen oder doch wahrscheinlich gemacht worden. So könne die Befruchtung der Polkerne ausbleiben bei *Mitilla pentandra* und *Zostera marina* (DAHLGREN 1930, 1939), weil dort wenigzellige Embryonen in Embryosäcken mit ungeteiltem sekundärem Embryosackkern vorkommen, und mit der gleichen Begründung sind auch für andere Arten Fälle von einfacher Befruchtung beschrieben worden. Angaben dieser Art sind aber im Hinblick auf die für viele sexuelle Angiospermen nachgewiesene Tendenz zu parthenogenetischer Entwicklung der Eizellen nicht schlüssig. Obligatorische Entwicklung von parthenogenetischen Endospermen bei sexuellen Arten scheint sehr selten zu sein und ist meines Wissens auf Grund cytologischer Untersuchungen nur für *Anemone nemorosa* nachgewiesen worden (TRELA 1963 a, b).

Sichere Einblicke in die Auslösung der Endospermentwicklung sexueller Pflanzen sind vor allem auf Grund cytologischer Untersuchungen von Endospermen zu erwarten. Da die Endospermentwicklung sehr häufig einen wesentlichen Einfluß auf die Samenfertilität einer Pflanze ausübt, wäre daher die Berücksichtigung der Cytologie des Endosperms bei solchen Fragestellungen von ausschlaggebender Bedeutung.

IV. Entwicklung und Bau des Endosperms

A. Endospermcytologie

Der hohe Polyploidiegrad des Endosperms im Verein mit den Schwierigkeiten, die Chromosomenzahlen in Schnittpräparaten zu bestimmen, sind der Grund dafür, daß bis vor wenigen Jahren nur sehr selten versucht wurde, das Endosperm cytologisch zu untersuchen und den aus dem Entwicklungstypus des Embryosacks abgeleiteten Polyploidiegrad zu verifizieren. Erst die Anwendung der Feulgen-Quetschmethode durch RUTISHAUSER und HUNZIKER (1950) auf das Endosperm erlaubte eine gründliche cytologische Analyse des Endosperms. Da die von uns entwickelte, von LA COUR (1954) und MORRISON (1955) verbesserte Methode offenbar technisch schwierig ist, oder weil die Endospermcytologie nicht als aufschlußreich betrachtet wurde, sind aber bisher erst sehr wenige Arbeiten auf diesem Gebiete publiziert worden. Die meisten Embryologen begnügen sich auch heute noch mit der direkten und in vielen Fällen völlig unzureichenden Auszählung der Pol- und Spermakerne, die den primären Endospermkern aufbauen. Dabei haben die bis jetzt veröffentlichten cytologischen Resultate wiederholt gezeigt, daß die zu erwartende Chromosomenzahl nicht immer zutraf, entweder weil sich die embryologischen Analysen als zu ungenau erwiesen haben, oder weil sich nicht alle Polkerne am Aufbau des primären Endospermkerns beteiligen. Ein gutes Beispiel für eine solche Diskrepanz zwischen Erwartung und Ergebnis cytologischer Untersuchungen stellen *Tulipa gesneriana* und andere *Tulipa*-Arten dar. Nach den vielen embryologischen Untersuchungen, die bis heute an *Tulipa gesneriana* durchgeführt worden sind und die entweder *Fritillaria*- oder *Adoxa*-Typus der Embryosackentwicklung ergeben haben, wären triploide oder pentaploide Chromosomenzahlen zu erwarten gewesen. Unsere ausgedehnten Analysen haben aber ergeben, daß die Endosperme von *Tulipa*-Arten im Polyploidiegrad überwiegend mit der somatischen Chromosomenzahl übereinstimmen, wie sie in den Wurzelzellen gefunden wird (RUTISHAUSER, unveröffentlicht; vgl. S. 40, S. 70 und Tab. 7). Es ist also festzuhalten, daß die Chromosomenzahl des Endosperms wie jene des Somas nur durch die Auszählung der Chromosomen selbst sicher bestimmt werden kann. Dies um so mehr, als in vielen Fällen gezeigt werden konnte, daß die ursprüngliche Chromosomenzahl, die aus der Befruchtung der Polkerne mit einem oder mehreren Spermakernen zustande kommt, oft nachträglich verändert wird. Die Analyse einer einzigen Metaphaseplatte genügt daher nicht, um den cytologischen Status eines Endosperms zu bestimmen.

1. Die Abhängigkeit der Chromosomenzahl von der Zahl der Polkerne

Daß der Polyploidiegrad des Endosperms in erster Linie von der Zahl der Polkerne abhängt, die zusammen mit dem Spermakern den primären Endospermkern aufbauen, ist natürlich auch heute noch richtig, nur darf diese Zahl, wie das Beispiel *Tulipa* zeigt, nicht einfach der Gesamtzahl der Pol- und Spermakerne gleichgesetzt werden. Es ist eben doch mindestens denkbar, daß nur ein Teil der Polkerne mit dem Spermakern verschmilzt. Dazu kommt, daß in manchen Fällen die Zahl der Polkerne großen Schwankungen unterworfen ist, wie z. B. bei *Peperomia pellucida* (FAGERLIND 1939). Die folgende Zusammenstellung der zu erwartenden Polyploidiegrade des Endosperms operiert daher nur mit den Extremzahlen, d. h. den Zahlen, die zu erwarten sind, wenn alle gebildeten Polkerne miteinander und mit einem Spermakern verschmelzen. Da die Gesamtzahl der Polkerne mehr oder weniger vom Typus der Embryosackentwicklung abhängt, sind die erwarteten Zahlen für jeden Typus getrennt angegeben.

Tabelle 6. *Theoretisch zu erwartende Polyploidiegrade des Endosperms bei den verschiedenen Embryosacktypen*

Embryosacktypus	Erwarteter Polyploidiegrad des Endosperms	Embryosacktypus	Erwarteter Polyploidiegrad des Endosperms
Polygonum	3x	*Plumbagella*	5x
Oenothera	2x	*Adoxa*	3x
Allium	3x	*Penaea*	5x
Drusa I	3x	*Peperomia*	8x—15x [2]
Drusa II	4x	*Plumbago*	5x
Fritillaria	5x (2x?) [1]		

[1] *Clintonia uniflora* bildet vermutlich nur einen haploiden Polkern aus. Die drei chalazalen Makrosporenkerne sind schon von Anfang an kleiner und verschmelzen, ohne sich nochmals zu teilen. Der primäre Endospermkern entsteht daher vermutlich durch Befruchtung eines haploiden Polkerns allein und dürfte diploid sein.

[2] Der höchste Polyploidiegrad, 15x, ist für *Peperomia hispidula* zu erwarten; die Zahlen für die anderen Arten mit *Peperomia*-Typus dürften zwischen 8x und 10x variieren.

Wie aus Tab. 6 ersichtlich ist, sollte der Polyploidiegrad der Endosperme zwischen 2 x und 15 x variieren. Nur einige dieser Zahlen konnten durch direkte Untersuchung der Endospermmetaphasen verifiziert werden. Einige Ergebnisse solcher Analysen sind in Tab. 7 zusammengestellt worden. Die Tabelle erhebt keinen Anspruch auf Vollständigkeit.

---

[1] Neben triploiden traten auch hexaploide Endosperme auf.

[2] Von 70 untersuchten Endospermen hatten 58 die Chromosomenzahl 48, 8 Endosperme hatten 96, 4 hatten 192 Chromosomen.

[3] *Fritillaria*-Typus ist von BAMBACIONI (1928 a) für *F. pudica* nachgewiesen worden.

Tabelle 7. *Embryosacktypus und im Endosperm nachgewiesene Chromosomenzahlen.* Häufigste Chromosomenzahl **fett** gedruckt

Art	2*n*	Entwicklung und Bau des Embryosacks		Im Endosperm gefundene Chromosomenzahlen	
		Typus	Autor	Chromosomenzahl	Autor
Secale cereale	14	*Polygonum*	FISCHER 1880	**21**	RUTISHAUSER und HUNZIKER 1950
Triticum aestivum	42	*Polygonum*	GOLINSKI 1893	**63**	MORRISON 1955
Ranunculus acer	14	*Polygonum?*		**21**	RUTISHAUSER und HUNZIKER 1950
Ranunculus bulbosus	16	*Polygonum?*		**24**	RUTISHAUSER und HUNZIKER 1950
Ranunculus cassubicifolius	16	*Polygonum*	NOGLER (unv.)	**24**, 48	RUTISHAUSER 1954 b
Ranunculus repens	32	*Polygonum?*		**48**	RUTISHAUSER und HUNZIKER 1950
Ranunculus carnithiacus	16	*Polygonum*	LANDOLT 1954	**24**[1]	LANDOLT 1954
Ranunculus grenieranus	16	*Polygonum*	LANDOLT 1954	**24**[1]	LANDOLT 1954
Ranunculus orcophilus	16	*Polygonum*	LANDOLT 1954	**24**[1]	LANDOLT 1954
Ranunculus aduncus	16	*Polygonum*	LANDOLT 1954	**24**[1]	LANDOLT 1954
Ranunculus montanus s. str.	32	*Polygonum*	LANDOLT 1954	**48**[2]	LANDOLT 1954
Delphinium ajacis	16	*Polygonum?*		**24**	RUTISHAUSER und HUNZIKER 1950
Nigella damascena	12	*Polygonum?*		**18**	RUTISHAUSER und HUNZIKER 1950
Crepis capillaris	6	*Polygonum*	BRUHIN 1950	9	GERASSIMOVA 1933, RUTISHAUSER 1960 a
Oenothera biennis × *Oe. muricata*	14	*Oenothera*	RENNER 1914	14	RENNER 1914
Paris quadrifolia	20	*Allium*	ERNST 1902	**30**	RUTISHAUSER und LA COUR 1956 a, b
Trillium grandiflorum	10	*Allium*	ERNST 1902	14, 15, 16, 17, 30, 45, 60	RUTISHAUSER 1956 b
Trillium erectum	10	*Allium?*		**15**	RUTISHAUSER 1956 c
Trillium cernuum	10	*Allium*	HEATLEY 1916	**15**	RUTISHAUSER 1956 c
Lilium candidum	24	*Fritillaria*	BAMBACIONI 1928 b	**60**, 120	RUTISHAUSER und HUNZIKER 1950
Lilium henryi	24	*Fritillaria*	COOPER 1935	**60**, 72	RUTISHAUSER und HUNZIKER 1950
Lilium regale	24	*Fritillaria*	COOPER 1935	**60**	RUTISHAUSER und HUNZIKER 1950
Lilium martagon	24	*Fritillaria*	SARGANT 1896	**60**	RUTISHAUSER 1956 c
Fritillaria meleagris	24	*Fritillaria*	BAMBACIONI[3]	**60**, 180	RUTISHAUSER 1956 c
Fritillaria imperialis	24	*Fritillaria?*		**60**	RUTISHAUSER 1956 c
Tulpensorten	24	*Adoxa* *Fritillaria*	ERNST 1901 BAMBACIONI und GIOMBINI 1930	**24**	RUTISHAUSER, unveröffentlichte Resultate

Aus Tab. 7 geht hervor, daß die häufigste Chromosomenzahl, die gefunden worden ist, meist der Erwartung entspricht. Arten mit *Polygonum*- und *Allium*-Typus der Embryosackentwicklung haben erwartungsgemäß triploide, Arten mit *Fritillaria*-Typus pentaploide Endosperme. Einzige Ausnahme bilden Tulpenvarietäten, wo entweder triploide (bei *Adoxa*-Typus) oder pentaploide Chromosomenzahlen (bei *Fritillaria*-Typus) zu erwarten gewesen wären. Die Endosperme sind aber in den meisten Platten der untersuchten Varietäten diploid bzw. tetraploid. Die Ursache für diese Abweichung ist nicht bekannt. Sie kann in irrtümlichen Interpretationen der embryologischen Präparate liegen, aber auch ihren Grund darin haben, daß nur der mikropylare Polkern befruchtet wird und nur dieser allein das Endosperm aufbaut (S. 40).
Die bis heute bekannt gewordenen Chromosomenzahlen von Endospermen sind noch viel zu spärlich, als daß jetzt schon der Versuch einer Verifizierung der gefundenen Embryosacktypen durch cytologische Angaben gewagt werden könnte. Vor allem fehlen cytologische Untersuchungen an Endospermen von Arten mit mehr als zwei Polkernen (*Fritillaria*-, *Plumbagella*-, *Drusa II*-, *Penaea*-, *Peperomia*- und *Plumbago*-Typus). Es ist zu wünschen, daß diese Lücke bald ausgefüllt werde. Solche Untersuchungen allein könnten uns über die Fortpflanzungsbiologie der Angiospermen erschöpfend Auskunft geben. Vielleicht ließe sich so auch manch ungeklärter Entwicklungstypus des Embryosacks besser verstehen.

2. Nachträgliche Veränderungen der Chromosomenzahl des Endosperms

a) Endomitose

Aus Tab. 7 läßt sich ablesen, daß die auf Grund embryologischer Untersuchungen erwartete Chromosomenzahl wohl die häufigste, aber nicht die einzige ist,

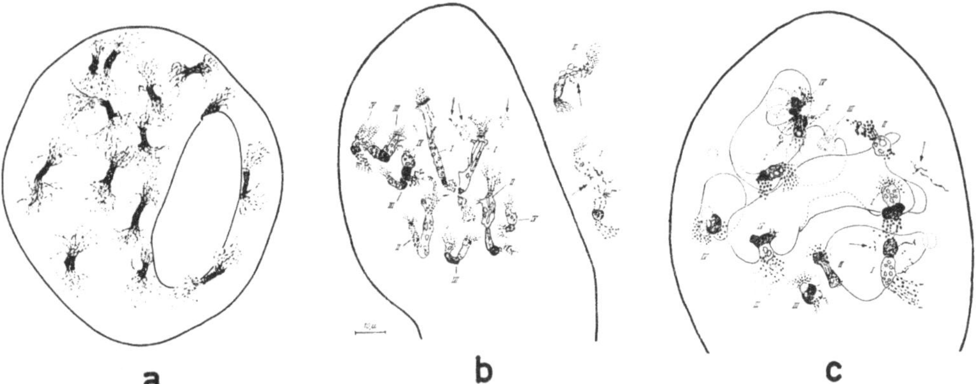

Abb. 38. Sekundäre Veränderungen des Polytäniegrades der Endospermchromosomen, besonders der Haustoriumkerne. *a* gebündelte Chromosomen bei *Losa papaverifolia*. *b*, *c* »Riesenchromosomen« von *Thesium alpinum*. (*a* nach HASITSCHKA 1962, *b*, *c* nach ERBRICH 1965)

die im Endosperm vorkommt. Vor allem fällt das häufige Vorkommen höherer Polyploidiegrade auf. Triploide Zahlen kommen zusammen mit hexaploiden, pentaploide zusammen mit dekaploiden vor usw. Offensichtlich sind die Endosperme cytologisch nicht immer uniform, sondern oft ein cytologisches Mosaik. Die Ursachen dafür sind in den letzten Jahren besonders von GEITLER und seiner Schule aufgedeckt worden. So haben z. B. die Arbeiten von TSCHERMAK-WOESS (1957), HASITSCHKA-JENSCHKE (1959, 1962) und ERBRICH (1965) viel zur Aufklärung dieses Phänomens beigetragen. Daraus geht hervor, daß besonders in den Endospermhaustorien Endoploidie eine beträchtliche Rolle spielt. Sie führt zur Ausbildung höherpolyploider Kerne, aber auch sehr häufig zu sogenannten „Riesenchromosomen" (Abb. 38 *b*, *c*) und gebündelten Chromosomen (Abb. 38 *a*), die an Polytänie erinnern. Die Kerne der Endospermhaustorien verhalten sich in dieser Hinsicht ähnlich wie jene der persistierenden Antipoden.

b) Non-disjunction und andere Ursachen der Veränderung der Chromosomenzahl im Endosperm

Bei *Trillium grandiflorum*, wo es möglich ist, die einzelnen Chromosomentypen voneinander zu unterscheiden, konnten neben den erwarteten triploiden auch aneuploide Zahlen im Endosperm nachgewiesen werden, so anstelle von $3\,x = 15$ auch $3\,x - 1 = 14$, $3\,x + 1 = 16$ und $3\,x + 2 = 17$. Da alle Kerne desselben Endosperms sich in bezug auf die Abweichung gleich verhielten, darf angenommen werden, daß meiotische Non-disjunction vorlag: Wenn die Aberration nur ein Chromosom betrifft, so ist Non-disjunction auf der männlichen, bei zwei identischen Chromosomen Non-disjunction auf der weiblichen Seite. Von 717 analysierten Endospermen wiesen sechs männliche, eines weibliche Non-discjunction auf. Rund 1% aller Gameten waren also durch Non-disjunction verändert.
Eine weitere Möglichkeit der chromosomalen Veränderung des Endosperms besteht in der doppelten Befruchtung der Polkerne: Die Chromosomenzahl 72 bei *Lilium henryi* z. B. deutet darauf hin, desgleichen die Verhältnisse bei *Ranunculus auricomus* (RUTISHAUSER 1956 c).

c) Spontane Chromosomenbrüche im Endosperm

Zu den häufig auftretenden nachträglichen Veränderungen des cytologischen Status des Endosperms gehören auch Aberrationen einzelner Chromosomen. Ähnlich wie das Tapetum ist das Endosperm, das ja ebenfalls trophische Funktionen hat, in dieser Hinsicht besonders variabel. Auszählungen am Endosperm von *Trillium grandiflorum* haben eine außerordentlich hohe Frequenz spontaner Chromosomenbrüche ergeben (Abb. 39 *a–c*). Im Durchschnitt wurden 1,06% gebrochene Chromosomen gezählt, ein Wert, der weit über jenem der meristematischen Wurzelzellen liegt und der durch die Einwirkung von B-Chromosomen noch beträchtlich erhöht werden kann (RUTISHAUSER 1956 b). Die gleiche Beobachtung konnte später auch bei *Ranunculus auricomus* gemacht werden. Bei beiden Arten wird die spontane Bruchrate ferner durch Art- bzw. Gattungsbastardierungen sehr stark erhöht, im hybriden Endosperm von *Paris-Trillium*-

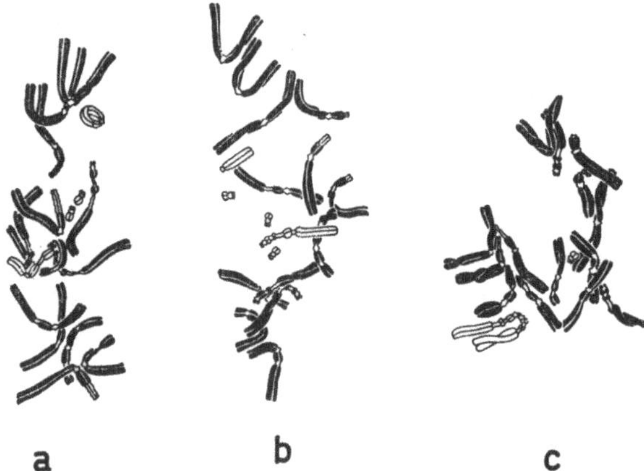

Abb. 39. Spontane Aberrationen von Endospermchromosomen bei *Trillium grandiflorum*. *a* Ringbildung des A-Chromosoms. *b* Stückverlust des E-Chromosoms. *c* Translokation der E-Chromosomen. Aberrante Chromosomen im Umriß gezeichnet, ebenso die kleinen submetazentrischen B-Chromosomen, übrige schwarz. (Nach RUTISHAUSER 1956 b)

Kreuzungen z. B. bis auf 30,9% (RUTISHAUSER und LA COUR 1956). Das Endosperm ist also, was seinen cytologischen Status anbetrifft, äußerst labil. Jede Angabe darüber sollte daher begleitet sein von Mitteilungen über den Gehalt an B-Chromosomen und vor allem über den Bestäubungsmodus. Leider ist das auch in neueren Arbeiten meist unterlassen worden. Aufschlüsse über das Endosperm lassen sich nur aus Versuchen erwarten, die mit exakten genetischen Methoden (Kastrierung, Isolierung und künstliche Bestäubung) ausgeführt worden sind. Wegen der großen Bedeutung des Endosperms für die Samenentwicklung und damit für die Samenfertilität sind Untersuchungen dieser Art unerläßlich. Sie können ferner – das geht z. B. aus den genetischen Untersuchungen des Maisendosperms durch McCLINTOCK (1939) deutlich hervor – auch die Interpretation genetischer Versuchsergebnisse erleichtern. Nach McCLINTOCK (1939) verhalten sich z. B. zentrische Chromosomenfragmente im Endosperm anders als im Embryo. Während Bruchenden im embryonalen Gewebe heilen, sind sie im Endosperm infolge des „breakage-fusion-bridge-cycle" dauernden Veränderungen unterworfen. Als genetische Konsequenz dieser chromosomalen Variation erscheint das Phänomen der Variegation, eine mosaikartige Verteilung der Endospermmerkmale, wie Farbe und Struktur der Maiskörner. Der „breakage-fusion-bridge-cycle" beschränkt sich bisher auf *Mais;* bei *Trillium* konnte er nicht gefunden werden.

Das gehäufte Vorkommen von spontanen Chromosomenaberrationen im Endosperm gibt eventuell auch einen Hinweis auf die Entstehung der Mosaikendosperme, die in den Versuchen von EMERSON (1915) aufgetreten sind und über die auf S. 65 berichtet worden ist. EMERSON hat dafür „bud sport" verantwortlich gemacht. Es ist sehr wohl möglich, daß die unmittelbare Ursache für solche Knospenmutationen in Chromosomenaberrationen liegt.

B. Histologie des Endosperms

Das Endosperm hat in der Regel den Charakter eines Gewebes mit trophischen Funktionen. Im Gegensatz zum Embryo zeigt es nur eine sehr beschränkte Differenzierungsfähigkeit. Nach dem Zeitpunkt des Auftretens von Zellwänden lassen sich drei Entwicklungstypen des Endosperms unterscheiden, das nukleäre, das zelluläre und das helobiale Endosperm (Abb. 40 *a–c*).

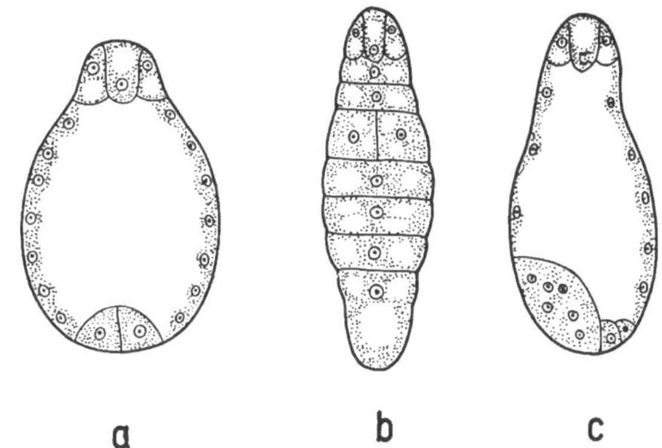

Abb. 40. Die drei Typen der Endospermentwicklung. *a* nukleärer Typus, *b* zellulärer Typus, *c* helobialer Typus

1. Das nukleäre Endosperm

ist dadurch ausgezeichnet, daß die ersten Kernteilungen nicht von Cytokinesen begleitet sind (Abb. 40 *a*). Bei nukleären Endospermen wird daher zunächst nur eine vielkernige Plasmamasse gebildet. Die Zahl der darin eingebetteten Kerne ist verschieden, so bei *Coffea* nur 4, bei *Malva palmata* etwa 2000. Die freien Endospermkerne liegen meist in der dünnen Plasmaschicht, welche einen großen zentralen Saftraum umgibt. Nur in der Gegend des Embryos und am chalazalen Ende des Endosperms findet man oft größere Plasmaansammlungen.

Zu Beginn der Endospermentwicklung teilen sich die Kerne synchron, allerdings nicht in allen untersuchten Fällen, wie z. B. MORRISONS Angabe (1955) für *Triticum aestivum* zeigt. Mit zunehmender Größe des Endosperms wird die synchrone Teilung abgelöst durch Teilungswellen, die bei *Trillium* vom mikropylaren zum chalazalen Pol verlaufen. In noch älteren Endospermen erscheinen die Mitosestadien in Flecken, um schließlich mit Beginn der Wandbildung wie in meristematischen, zellulären Geweben zufällig über das ganze Endosperm verteilt zu sein. In diesem Entwicklungsstadium war es bei *Trillium* möglich, von jedem untersuchten Endosperm mehrere gute Metaphaseplatten auszuzählen.

Das nukleäre Stadium des Endosperms hält, wie oben dargelegt, nur während eines von Art zu Art wechselnden Zeitabschnittes an, nach welchem es zur Ausbildung von Zellmembranen kommt. Die Membranbildung kann in verschiedener Weise erfolgen, z. B. nur an der Peripherie, dann nämlich, wenn das Zentrum des Endosperms von einem großen Saftraum erfüllt ist, oder aber, wenn das gesamte Endosperm cytoplasmatischer Natur ist, überall gleichzeitig. Früher wurden deshalb vier Typen von nukleären Endospermen unterschieden (vgl. dazu SCHNARF 1929), die aber durch Übergänge untereinander verbunden und deshalb schwer voneinander zu unterscheiden sind.

Manche nukleäre Endosperme zeigen Übergänge zum helobialen Typus, so z. B. *Lycopsis arvensis*, wo nach der zweiten Teilung des primären Endospermkerns eine Plasmawand gebildet wird, welche eine seitliche Ausbuchtung vom Haustorium des Endosperms abschneidet. Ferner treten bei manchen nukleären Endospermen insofern Differenzierungen auf, als Endospermhaustorien ausgebildet werden. Das ist z. B. bei manchen *Proteaceen* der Fall.

2. Das zelluläre Endosperm

Auf die Mitosen des zellulären Endosperms folgen schon von Anfang an Cytokinesen. Das zelluläre Endosperm wächst also stets durch Neubildung von Zellen (Abb. 40 *b*). Die Lage der Spindeln und damit auch die Lage der Membranen ist häufig innerhalb einer Art konstant und kann daher zu einer Typologie des zellulären Endosperms benützt werden. Folgende Entwicklungsabläufe sind gefunden worden:

1. Die erste Zellwand wird parallel zur Längsachse der Samenanlage angelegt (Abb. 41 *a–c*), desgleichen die zweite. Diese Form der Endospermentwicklung ist zuerst für *Adoxa moschatellina* beschrieben worden und wird deshalb als *Adoxa*-Form der Endospermentwicklung bezeichnet. Sie erscheint auch bei einigen *Dipsacaceen* und *Compositen.*

2. Die erste Zellwand ist quer zur Längsachse gestellt. Dieser Teilungsablauf ist häufiger und erscheint in verschiedenen Modifikationen, die nach der Lage der Zellwände der zweiten Mitosen unterschieden werden, nämlich:

a) Eine der beiden oder beide Tochterzellen werden durch Längswände unterteilt (*Scutellaria*-Form). Diese Form ist weit verbreitet. Dazu gehört z. B. *Korthalsella dacrydii* (Abb. 42), nur daß hier die Lage der zweiten Membranen nicht völlig fixiert ist. Meist folgt auf die erste Querteilung eine Längsteilung in der mikropylaren Zelle und eine Querteilung in der chalazalen. Die erste Querteilung ist inäqual; die chalazale Zelle umfaßt den größten Teil des chalazalen Pols des Embryosacks.

b) Eine der beiden oder beide Tochterzellen bilden Querwände aus, eine Form, die hauptsächlich bei den *Ericaceen* vorkommt (*Ericaceen*-Form Abb. 41 *d–g*). Auch sie ist weit verbreitet, z. B. bei den *Anonaceen*, den *Menyanthaceen* und, in einer besonderen Modifikation, die dadurch ausgezeichnet ist, daß mit der zweiten Zellteilung Differenzierungen verbunden sind, bei den *Hydrophyllaceen* und *Scrophulariaceen.*

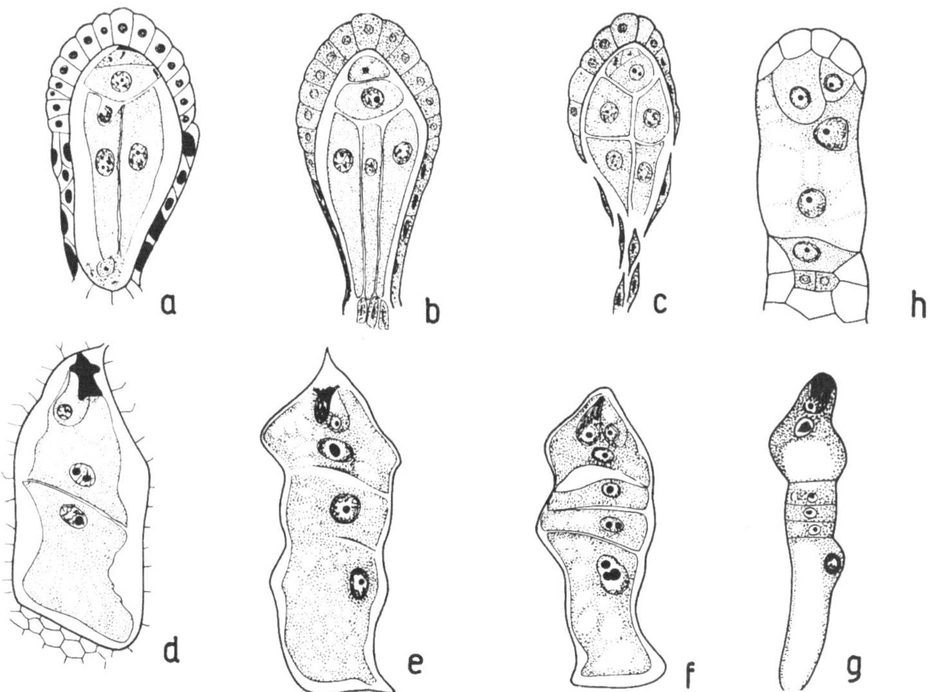

Abb. 41. Die Modifikationen der zellulären Endospermentwicklung und helobiale Endospermentwicklung. *a–c Adoxa moschatellina* (*Adoxa*form). *d–g Nemophila insignis* (*Ericaceen*form). *h* helobiale Endospermbildung bei *Burmannia coelestis*. (*a–c* nach Lagerberg 1909, *d–g* nach Svensson 1925, *h* nach Ernst und Bernard 1912)

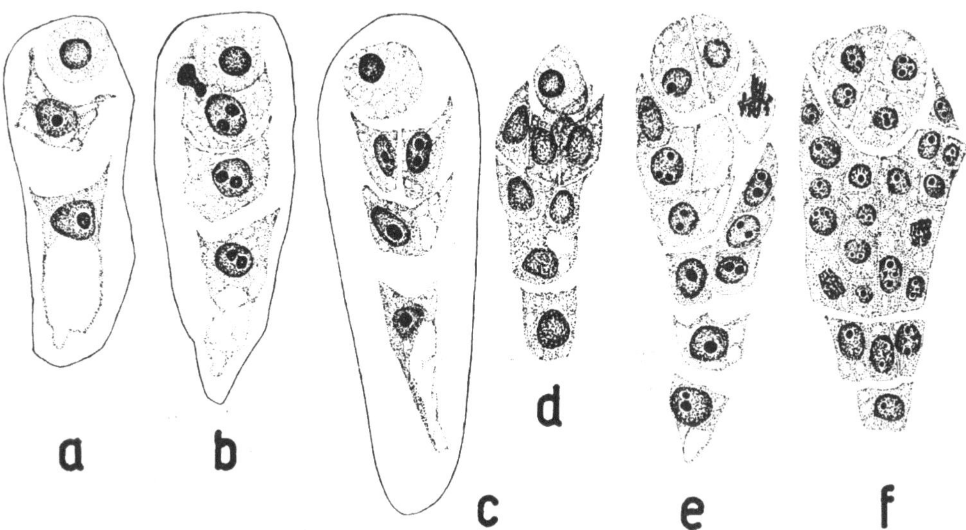

Abb. 42. Zelluläre Endospermentwicklung bei *Korthalsella dacrydii* (*Scutellaria*form). (Nach Rutishauser 1935)

Differenzierungen im zellulären Endosperm. Wohl wegen des zellulären Charakters des Endosperms sind Differenzierungen im zellulären Endosperm viel häufiger als im nukleären. Sie bestehen vor allem darin, daß Endospermhaustorien ausgebildet werden. Die Ausdifferenzierung eines Endospermhaustoriums kann schon im Anschluß an die erste Zellteilung, bei *Thesium rostratum* z. B. nach der ersten Querwandbildung, eingeleitet werden (Abb. 43*a*).

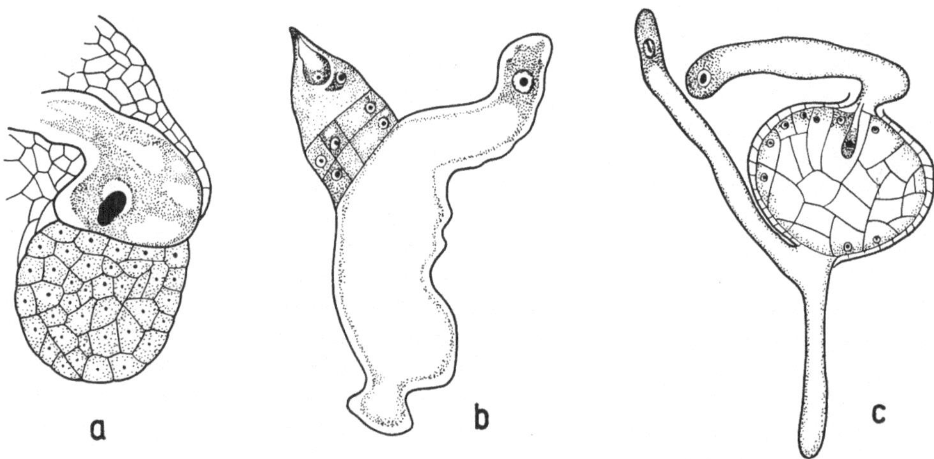

Abb. 43. Haustorienbildungen des zellulären Endosperms. *Thesium rostratum* (*a*), *Nemophila insignis* (*b*), *Nemophila aurita* (*c*). (*a* nach RUTISHAUSER 1937, *b*, *c* nach SVENSSON 1925)

Sie besteht in der Ausbildung eines mächtigen chalazalen Haustoriums mit großem Kern. Diese Kammer des Endosperms macht keine weiteren Kernteilungen mehr durch. Kern- und Zellteilungen sind ganz auf die kleinere mikropylare Kammer beschränkt. Bei anderen Arten erfolgt die Differenzierung später, bei *Nemophila insignis* (Abb. 41 *g* und 43 *b*) z. B. nach der zweiten Teilung in der chalazalen Zelle. Auch hier wird nur ein einziger großer Kern ausgebildet. Ferner können mikropylare Haustorien entstehen, oder die Haustorienbildung erfolgt viel später, im mehrzelligen Stadium des Endosperms. Beispiele dafür sind in den Abb. 43 *a–c* und 44 *a*, *b* dargestellt.

3. Das helobiale Endosperm

Das helobiale Endosperm ist dadurch ausgezeichnet, daß die erste Teilung der Endospermzelle inäqual erfolgt, mit Querstellung der Membran. Es entsteht so eine kleinere chalazale Zelle, die als Basalzelle bezeichnet wird, und eine größere mikropylare, welche das zentrale Endosperm liefert (Abb. 41 *h*). Das Verhalten der beiden Kammern ist sehr verschieden. Häufig bleibt die Basalzelle in ihrer Entwicklung etwas zurück, indem die Zahl der Mitosen kleiner ist als im zentralen Endosperm. Dies ist z. B. der Fall bei *Saxifraga granulata* (JUEL 1907), wo auch noch insofern Differenzen gegenüber dem zentralen Endosperm auftreten, als die Basalzelle früher zum zellulären Zustand übergeht. Es werden insgesamt acht Zellen ausgebildet.

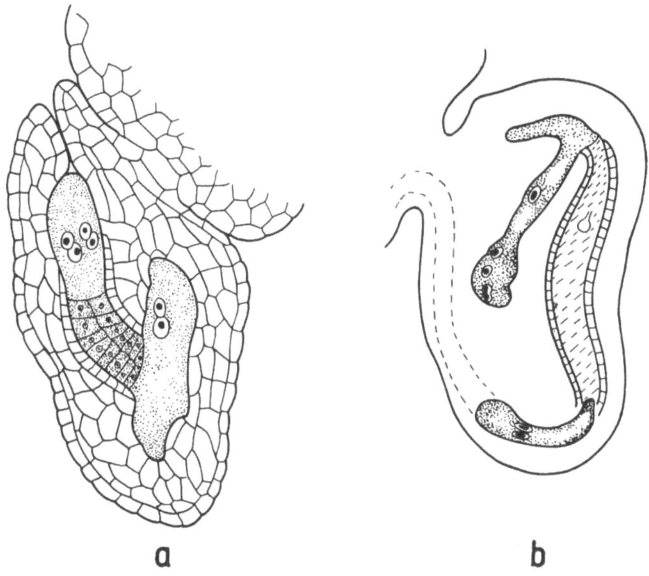

Abb. 44. Haustoriumbildung des zellulären Endosperms. *Veronica hederifolia* (*a*), *Euphrasia rostkoviana* (*b*). (Nach SCHMID 1906)

Noch kleiner ist das basale Endosperm bei den *Burmanniaceae* (ERNST und BERNARD 1912). Bei *Burmannia coelestis* findet nur eine einzige Mitose statt, und die Basalzelle bleibt zweikernig. Bei *Burmannia championii* unterbleibt auch noch diese Teilung. Andere Arten bilden größere basale Endosperme aus, z. B. *Trillium grandiflorum* und *Nigella damascena*. Daß aber auch bei ihnen eine Verzögerung der Entwicklung im basalen Endosperm vorkommt, zeigen die folgenden Auszählungen der Kerne im basalen und zentralen Endosperm:

Tabelle 8. *Zahl der Kerne im basalen und zentralen Endosperm von Trillium grandiflorum* (nach RUTISHAUSER 1956 b)

Endospermregion	Anzahl Kerne						
mikropylar	4	8	16	16 R	16 M	32 R	32 M
chalazal	4	8	8	16 R	16 R	16 M	32 R

R = Ruhekern M = Mitosen

Zu diesen Differenzen kommen dann noch weitere hinzu, welche die Zellkerne selbst betreffen. So fiel an Endospermen von *Trillium grandiflorum* auf, daß die Mitosen des basalen Endosperms durch Brückenbildung und andere Chromosomenaberrationen oft stark gestört waren. Noch mehr war das bei *Nigella damascena* der Fall.

Nach allen diesen Beobachtungen weisen also die basalen Endospermregionen Störungen auf, die stark an jene des Tapetums erinnern und die eventuell auch auf die gleichen Ursachen zurückgehen. Es ist wahrscheinlich, daß in beiden Geweben trophische Bedingungen zu cytologischen Störungen führen. Dafür, daß das basale Endosperm Ernährungsfunktionen hat, spricht z. B., daß dort, wo helobiales Endosperm gebildet wird, die Antipoden meist frühzeitig zugrunde gehen, obwohl auch schon über Fälle von großen persistierenden Antipoden berichtet wurde, z. B. bei *Ixiolirion montanum* und *Echium plantagineum*. Die letztgenannte Art zeigt aber auch Abweichungen in der Lage der Basalzelle, indem diese mehr seitlich liegt, eine Besonderheit, die an *Lycopsis arvensis* mit nukleärem Endosperm erinnert. Überhaupt scheinen viele Übergänge zum nukleären Endosperm vorhanden zu sein, die eine Abgrenzung der beiden Endospermtypen oft schwierig gestalten.

C. Cytogenetik des Endosperms

Die beiden vorausgegangenen Abschnitte haben gezeigt, daß sich das Endosperm morphologisch und meist auch cytologisch wesentlich vom Embryo unterscheidet.

Abweichungen gegenüber dem Embryo ergeben sich auch, wie schon CORRENS (1901) beobachtet hat, in bezug auf die Zahl der möglichen Genotypen, dies schon deshalb, weil die Samenpflanze zwei Genome, die Pollenpflanze nur ein Genom zum Genombestand des primären Endospermkerns beisteuert. Monohybride Pflanzen mit dem Genotypus Aa und *Polygonum*-Typus der Embryosackentwicklung müssen daher bei Selbstbestäubung drei genotypisch verschiedene Embryonen (nämlich AA, Aa und aa), aber vier Endospermgenotypen ausbilden (AAA, AAa, Aaa und aaa). Wie oben schon erwähnt, kann deshalb beim Endosperm nicht nur die Genqualität, sondern auch die Genquantität eine Rolle spielen, indem z. B. A zwar dominant über a sein, aber sich gegenüber aa rezessiv verhalten kann ($A > a$, aber $A < aa$). Es ist daher verständlich, daß die Samenpflanze oft einen größeren Einfluß auf den Phänotypus des Endosperms ausübt als die Pollenpflanze.

Diese Überlegungen gelten vor allem für Pflanzen mit *Polygonum*-Typus der Embryosackentwicklung, die einzigen Pflanzen, deren Endosperme genetisch analysiert worden sind *(Zea mays)*. Für Arten aller übrigen Embryosacktypen existieren keine genetischen Analysen. Es ergab sich daher bis jetzt auch nicht die Notwendigkeit, dem Einfluß des Embryosacktypus auf die Genetik des Endosperms (oder des Embryos) nachzugehen. Daß Beziehungen zwischen Embryosacktypus und Genetik der Samen existieren, ist erst durch unsere cytogenetischen Untersuchungen an *Trillium grandiflorum* (RUTISHAUSER 1956b) klargeworden. Diese cytologischen Analysen sind dadurch möglich geworden, daß bei derselben Pflanze *Allium*-Typus der Embryosackentwicklung und das Vorkommen von heteromorphen Chromosomen zusammentrafen. *Allium*-Typus der Embryosackentwicklung ist für *Trillium grandiflorum* von ERNST (1902) nachgewiesen worden, später auch für andere *Trillium*-Arten, wie *T. cernuum* (HEATLEY 1916) und *T. sessile* (SPANGLER 1925). Heteromorphe Chromosomen machen sich erst dann bemerkbar, wenn die Pflanzen einer Kältebehandlung unterzogen worden sind und dabei heterochromatische Segmente (H-Segmente) sichtbar werden (DARLINGTON und LA COUR 1940). Anzahl, Lage und Größe der H-Segmente können gelegentlich bei den homologen Chromosomen verschieden sein (Abb. 45). Kreuzungen zwischen Pflanzen mit heteromorphen

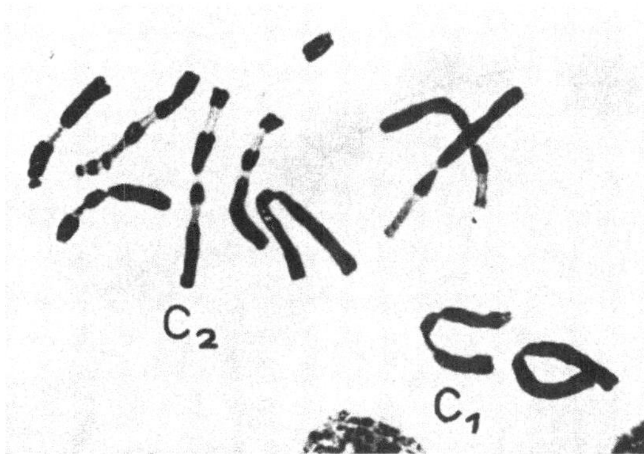

Abb. 45. Heteromorphe Chromosomen bei *Trillium grandiflorum*. Euchromatin schwarz, Heterochromatin heller gefärbt. (Nach RUTISHAUSER 1956 a)

Chromosomen auf der weiblichen und homomorphen auf der männlichen Seite ergeben dann, je nach der Lage der Chiasmata, Endosperme mit drei verschiedenen Genotypen, die sich cytologisch in Metaphasen kältebehandelter Pflanzen leicht nachweisen lassen. In Abb. 46 sind die Ergebnisse solcher Analysen für die Kreuzung $C_1C_2 \times C_1C_1$ dargestellt, wo C_1 ein Chromosom bedeutet, das in einem Arm ein H-Segment, C_2 ein Chromosom, das außerdem noch ein zweites H-Segment im anderen Arm aufweist. Je nach Zahl und Lage der Chiasmata gelangen in die funktionelle Dyade Chromatidenpaare der Typen C_1C_1, C_2C_2 (reduktionelle Teilung) oder C_1C_2 (äquationelle Teilung). Bei der nächsten Teilung, der RT_{II}, werden die beiden Chromatiden getrennt, dann aber bei der Verschmelzung der beiden Polkerne wieder zusammengeführt. Nach Bestäubung mit Pollen des Typus C_1 entstehen infolgedessen drei verschiedene Endosperme: $C_1C_1C_1$, $C_2C_2C_1$ und $C_1C_2C_1$. Die ersten zwei sprechen für reduktionelle RT_I, das dritte für äquationelle RT_{II}. Anders ausgedrückt stammen die ersten beiden Endosperme von EMZ ab, deren C_1C_2-Bivalent kein Chiasma zwischen Zentromer und Differenz ausgebildet hat; der dritte Endospermtypus dagegen ist nur möglich, wenn zwischen Zentromer und Differenz des einen Chromosomenarmes ein Chiasma gebildet worden ist.

Im Gegensatz zu Endospermen von Pflanzen mit *Allium*-Typus der Embryosackentwicklung sind beim *Polygonum*-Typus bei der gleichen Kreuzungskombination nur zwei Endospermgenotypen zu erwarten ($C_1C_1C_1$ und $C_1C_2C_2$), desgleichen beim *Oenothera*-Typus (C_1C_1 und C_1C_2). Bei tetrasporen Embryosäcken schließlich muß zwischen dem *Penaea*-, *Fritillaria*-, *Plumbago*- und *Plumbagella*-

Typus einerseits und dem *Adoxa*-Typus andererseits unterschieden werden. Sofern bei den erstgenannten Typen vier Polkerne ausgegliedert werden, je einer von jeder Kerngruppe aus einem der vier Makrosporenkerne, wird im

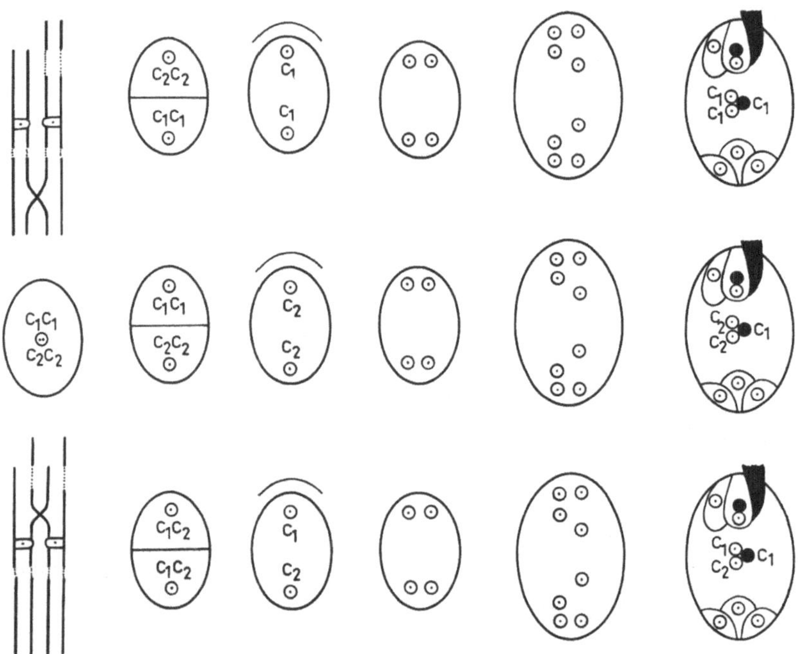

Abb. 46. Die Verteilung des heteromorphen Chromosomenpaares C_1C_2 auf die Dyaden und Endosperme von *Trillium grandiflorum* mit *Allium*-Typus der Embryosackentwicklung. Kreuzung $C_1C_2 \times C_1C_1$. In den EMZ sind die Chromatiden, im Gegensatz zu den EMZ der beiden folgenden Abbildungen, einzeln bezeichnet. (Nach RUTISHAUSER 1956 c)

Anschluß an die Kreuzung $C_1C_2 \times C_1C_1$ nur ein Endospermgenotyp, nämlich $C_1C_1C_1C_2C_2$, ausgebildet. In Abb. 47 ist die Ableitung dieses Genotyps für den *Fritillaria*-Typus dargestellt. In Abb. 48 sind die Endospermgenotypen abgeleitet, die nach dem *Adoxa*-Typus zu erwarten sind. Wie beim *Allium*-Typus sind es deren drei, nämlich $C_1C_1C_1$, $C_1C_1C_2$ und $C_1C_2C_2$. Vermutlich verhält sich auch der *Drusa*-Typus I wie der *Allium*-Typus, vorausgesetzt, daß jeder der drei chalazalen Makrosporenkerne gleich häufig den chalazalen Polkern ausgliedert.

Alle diese theoretischen Überlegungen gehen von der Voraussetzung aus, daß die Zahl der Polkerne nicht variiert und daß beim tetrasporen Embryosack jeder Makrosporenkern einen Polkern ausbildet. Daß die Vermehrung der Endospermgenotypen und vor allem der relativ höhere Anteil an Genomen der Samenpflanze Auswirkungen haben, ist bisher nur für den *Polygonum*-Typus durch den Nachweis der quantitativen Wirkung einiger Endospermfaktoren bei *Zea mays* gezeigt worden. Wenn das gleiche auch für die anderen Embryosacktypen nachgewiesen werden kann, ließe sich erwarten, daß der Embryosacktypus auf die Endospermgenetik einen Einfluß hat. Nehmen wir z. B. an,

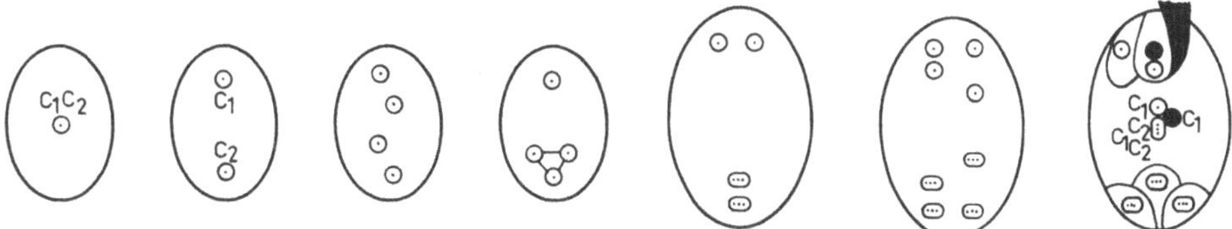

Abb. 47. Entwicklung des Embryosacks nach dem *Fritillaria*-Typus und Verteilung des heteromorphen Chromosomenpaares C_1C_2. Kreuzung $C_1C_2 \times C_1C_1$. (Nach RUTISHAUSER 1956 c)

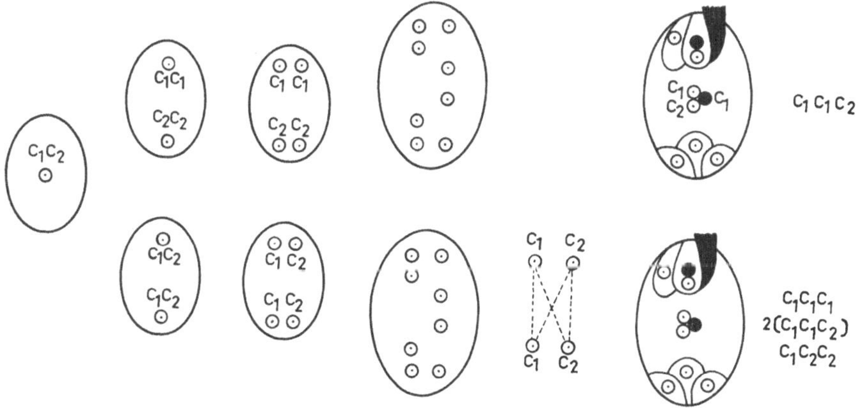

Abb. 48. Entwicklung des Embryosacks nach dem *Adoxa*-Typus und Verteilung des heteromorphen Chromosomenpaares C_1C_2. Kreuzung $C_1C_2 \times C_1C_1$. (Nach RUTISHAUSER 1956 c)

daß auf C_1 das Gen A, auf C_2 das Gen a liegt und daß A > a, aber A < aa ist, dann wären beim *Allium*-Typus andere Aufspaltungszahlen zu erwarten als beim *Polygonum*-Typus, nämlich 2 A : 1 a bei der Kreuzung $C_1C_2 \times C_1C_1$ statt 1 A : 1 a, ebenso beim *Adoxa*-Typus (mit 3 A : 1 a). Bei den übrigen tetrasporen Embryosäcken würde dann aber nur ein Phänotypus gefunden (nämlich a, wenn AA < aaa, und A, wenn AA > aaa). Diese Typen führten also dann zu einer erhöhten Stabilität der Endosperme.

Die Bedeutung solcher Zusammenhänge zwischen Embryosacktypus und Erbgang im Endosperm könnte in einer Beeinflussung der Samenfertilität liegen, eine Möglichkeit, die wegen des Vorkommens von Sterilitätsgenen (z. B. de_{17}: Ausbildung defekter Samen beim Mais) nicht von der Hand zu weisen ist. Jedenfalls zeigen die oben angestellten theoretischen Überlegungen, daß Untersuchungen über die Sameninkompatibilität auch den Embryosacktypus mitberücksichtigen müssen und daß die mit Mais gefundenen Resultate nicht verallgemeinert werden dürfen.

V. Haploide Parthenogenese

Beim Versuch, eine Übersicht über die haploide Parthenogenese zu geben, ist es gut, sich daran zu erinnern, daß bei den Angiospermen im Gegensatz zu den Tieren doppelte Befruchtung für die Auslösung der Samenbildung notwendig ist. In früheren Arbeiten ist dieser Umstand, vermutlich unter dem Eindruck der Verhältnisse bei parthenogenetischen Tieren, nicht berücksichtigt worden. Das Interesse der Autoren richtete sich daher einseitig auf das Verhalten der Eizelle. Dies gilt z. B. für die Arbeit von JØRGENSEN (1928), die eine der ersten Analysen der haploiden Parthenogenese brachte.

Aus Kreuzungen zwischen *Solanum nigrum* ($2\,n = 72$) und *Solanum luteum* ($2\,n = 48$) erhielt JØRGENSEN unter 35 Nachkommen sieben haploide Pflanzen, die alle typischen *Nigrum*charakter aufwiesen, nur daß sie etwas kleiner waren als die Mutterpflanze. Die restlichen 28 Pflanzen waren diploid, aber ebenfalls maternell; eine einzige Pflanze konnte als Hybride taxiert werden. Embryologische Untersuchungen von Samenanlagen des gleichen Kombinationstyps *(S. nigrum × S. luteum)* gaben Aufschluß über das Verhalten der Spermakerne im Ei: sie waren stets im Begriff zu degenerieren, Befruchtungen konnten nicht nachgewiesen werden. Das Verhalten des zweiten Spermakerns wurde leider nicht untersucht. Dagegen geht aus einer der Abbildungen JØRGENSENS (vgl. Abb. 49 *b*) hervor, daß Endosperm ausgebildet wird. Befruchtung der Zentralzelle ist somit nicht ausgeschlossen, wenn auch nicht nachgewiesen.

Diese Ergebnisse führten JØRGENSEN zu folgenden Schlüssen: Die haploiden Nachkommen entstehen aus unbefruchteten haploiden Eizellen, die durch das Eindringen eines Spermakerns zur Entwicklung angeregt worden sind. Nach den Angaben von JØRGENSEN handelt es sich also um einen Fall von Merospermie. Die diploiden maternellen Nachkommen entstanden nach JØRGENSEN auf die gleiche Weise, ihre Chromosomenzahl wurde aber nachträglich durch Endomitose oder durch eine Verschmelzung von Teilungsspindeln verdoppelt.

Die publizierten Bilder von Befruchtungsstadien bzw. Degeneration der Spermakerne im Ei geben keinerlei Hinweise auf eine Befruchtung des sekundären Embryosackkerns. Hier muß auf eine Beobachtungslücke der Arbeit JØRGENSENS hingewiesen werden: Da keine degenerierenden Spermakerne in der Zentralzelle eingezeichnet worden sind, wohl aber Endospermzellen, bleibt die Frage offen, wie das Endosperm zur Entwicklung angeregt worden ist. Cytologische

Untersuchungen des Endosperms von Artkreuzungen könnten die Frage klären, ob hier einer der seltenen Fälle von autonomer Entwicklung des Endosperms unter dem alleinigen Einfluß der Bestäubung vorliegt.

Die gleiche Frage stellt sich für die haploide Parthenogenese bei *Lilium*, *Bergenia delavayi* und *Erythraea centaurium*, nur daß bei den genannten drei Arten die haploiden Embryonen aus unbefruchteten Synergiden entstanden, während die

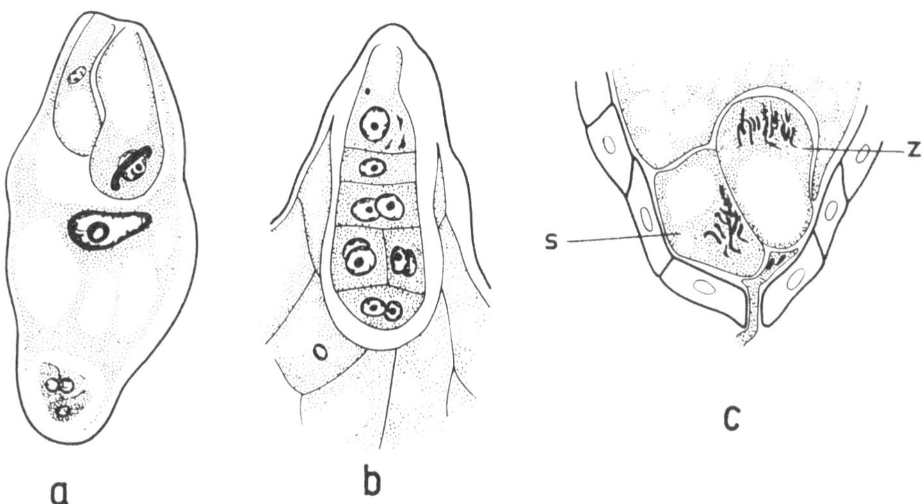

Abb. 49. Haploide Parthenogenese bei *Solanum nigrum* (*a, b*) und *Lilium martagon* (*c*). *a* gebogener Spermakern (schwarz) in der Eizelle. *b* mehrzelliger Embryo mit Resten des Spermakerns, darunter Endosperm. *c* mikropylarer Pol des Embryosacks, Zygote (Z) und Synergide (S) in Teilung. (*a, b* nach Jørgensen 1928, *c* nach Cooper 1943)

Eizellen und auch das Endosperm in der Regel befruchtet waren (Abb. 49 *c*). Meist degenerierten die Synergidenembryonen, so daß es nicht zur Entwicklung haploider Nachkommen kam. In den Synergiden konnten keine degenerierenden Spermakerne gefunden werden, so daß in diesen Fällen wohl keine Merospermie vorliegt. Es bleibt daher nur die Annahme, daß die Synergiden unter dem Einfluß der sich entwickelnden und befruchteten Eiembryonen oder des Endosperms zur Teilung angeregt worden sind. Haploide Parthenogenese unter dem Einfluß der Bestäubung ist ferner für eine Reihe von Arten angegeben worden, ohne daß aber der Frage der Auslösung durch den befruchteten Eiembryo oder das Endosperm Beachtung geschenkt wurde. Beispiele dafür sind von Correns (1937, S. 89) zusammengestellt worden, so *Crepis capillaris*, *Datura stramonium*, *Nicotiana*, *Oenothera*, *Triticum* und andere.

Besondere Verhältnisse liegen bei den *Orchideen* vor, da hier in der Regel kein Endosperm ausgebildet wird. Die Entwicklung von haploiden Embryonen aus Synergiden kann bei *Orchis*, *Listera* und *Platanthera* (Hagerup 1947) auf den Einfluß des befruchteten Eiembryos zurückgeführt werden, obwohl der entwicklungserregende Einfluß der Polkernbefruchtung (die allerdings nicht erwähnt wird) nicht ausgeschlossen werden kann. Die Teilung haploider Eizellen bei *Epipactis latifolia* (Hagerup 1945) konnte in einem Fall auf das Eindringen des Pollenschlauches zurückgeführt werden, in einem zweiten Fall wird nichts derartiges erwähnt.

Die bis jetzt besprochenen Beispiele haploider Parthenogenese sind, wie man sieht, so unvollständig bekannt, daß es schwer hält, die Mechanismen anzugeben, die dem Vorgang zugrunde liegen. Tiefere Einblicke in das Phänomen der haploiden Parthenogenese gestatten dagegen die Untersuchungen von Gaines et al. (1926), Katayama (1933), Kihara (1940), Kappert (1933), Stomps (1930) und neuerdings von Wangenheim et al. (1960).

Gaines et al. (1926) zogen eine matrokline Haploide von *Triticum compactum* aus einer Karyopse auf, die deutlich größer war als die übrigen und die aus der Kreuzung *Triticum compactum* ($2\,n = 42$) $\times$ *Aegilops cylindrica* ($2\,n = 28$) hervorgegangen war. Sie schlossen daraus, daß in diesem Falle eine doppelte Befruchtung der Polkerne stattgefunden hatte, während die Eizelle nicht befruchtet worden sei. Das würde Merospermie ausschließen und müßte zu dem Schluß führen, die Auslösung der Eientwicklung sei allein auf die Befruchtung und Entwicklung des Endosperms zurückzuführen. Daß dem Endosperm bei der Entwicklung haploider Pflanzen tatsächlich eine Bedeutung zukommt, geht einwandfrei aus den Versuchen von Katayama (1933) und Kihara (1940) hervor. Zunächst konnte Katayama zeigen, daß die Eizellen von *Triticum monococcum* eine Tendenz zu parthenogenetischer Entwicklung haben. Die Embryosäcke kastrierter und nicht bestäubter Blüten von *T. monococcum* wachsen nach der Anthese noch weiter aus, nach neun Tagen degenerieren die Synergiden und zum Teil auch die Polkerne, während sich einige Eizellen zu teilen beginnen, zum Teil sogar schon mehrzellig sind. Von 18 Embryosäcken hatten 4 ungeteilte Eizellen, 14 mehrzellige Embryonen. Die Eizellen von *Triticum monococcum* haben also offenbar eine Tendenz zu haploider Parthenogenese, die aber nicht zur Ausbildung keimfähiger Samen führt.

Kihara (1940, in Zusammenarbeit mit Katayama und Yamashita) benützte die Ergebnisse Katayamas zu einer weiteren Analyse der haploiden Parthenogenese. Zwei Versuchsreihen wurden durchgeführt:

1. Kastrierte Blüten von *Triticum monococcum* wurden mit bestrahltem Pollen bestäubt; dabei wurden die in Tab. 9 zusammengestellten Resultate erhalten. Die Frequenz der Haploiden steigt, wenn röntgenbestrahlter Pollen verwendet wird, von 0,54% auf 13,66%.

2. Aufschlußreich waren die Versuche mit normalem Pollen, aber verspäteter Bestäubung (Tab. 10). Vor und kurz nach der Anthese bestäubte Blüten ergaben nur diploide Nachkommen, so daß also in all diesen Fällen die Eizelle befruchtet worden war. Mit zunehmendem Alter erscheinen hingegen immer mehr haploide Pflanzen. Diese Ergebnisse stimmen gut mit Katayamas Kastrationsversuchen überein, nach denen in älteren unbestäubten Samenanlagen

Tabelle 9. *Nachkommen kastrierter Blüten von Triticum monococcum nach Bestäubung mit röntgenbestrahltem Pollen*

Versuchsjahr	Polyploidiegrad der Nachkommen				Autoren
	3x	2x	1x		
1930	–	36	2		KIHARA und KATAYAMA
1932	–	75	16		KATAYAMA
1933	(1)	8	1		KIHARA und YAMASHITA
	1	119	19	(13,66%)	
Kontrolle (nicht bestrahlter Pollen):					
1931	–	41	1		KIHARA und KATAYAMA
1932	–	1237	6		KATAYAMA
	–	1278	7	(0,54%)	

Tabelle 10. *Nachkommen kastrierter Blüten von Triticum monococcum mit verspäteter Bestäubung*

Tage nach Kastration[1]	Kreuzungs-erfolg %	Polyploidiegrad der Nachkommen		Haploide %
		2x	1x	
2	31,9	15	0	0
5	65,0	26	0	0
6	40,0	8	2	20,0
7	40,0	40	4	9,1
8	31,7	13	5	27,8
9	21,7	5	3	37,5

[1] Die Kastration erfolgte 3 bis 4 Tage vor der Anthese.

anstelle von Eizellen kleine Embryonen vorhanden sind: In verspätet bestäubten Samenanlagen können sie noch zu keimfähigen Embryonen heranwachsen. KIHARA und KATAYAMA nehmen an, daß diese Differenz auf die Ausbildung von Endosperm zurückgeht, die im Bestäubungsversuch nachgewiesen werden konnte. Vermutlich fand in den Karyopsen mit haploiden Embryonen eine Befruchtung der Polkerne statt, und die im Anschluß daran ausgebildeten Endosperme haben dann die Entwicklung der Embryonen in normale Bahnen geleitet. Die Versuche KIHARAS und KATAYAMAS machen daher wahrscheinlich, daß der entscheidende Anstoß zur Entwicklung keimfähiger Samen vom Endosperm ausgeht, das befruchtet werden muß.

Für die Bedeutung des Endosperms für die Auslösung der Entwicklung haploider Pflanzen ist kürzlich ein eleganter Nachweis erbracht worden (VON WANGENHEIM et al. 1960). Kreuzungen zwischen *Solanum tuberosum* ($2n = 48$)

und *S. phureja* ($2n=24$) ergaben gehäuft Haploide. Die cytologische Analyse der Endosperme ergab selten pentaploide, meist aber hexaploide Zahlen. Die pentaploiden Endosperme zeigten zudem Anzeichen von Degeneration. VON WANGENHEIM et al. halten es daher für wahrscheinlich, daß bei diesen Kreuzungen beide Spermakerne mit dem sekundären Embryosackkern verschmelzen und daß die Eizelle nicht befruchtet wird. Dann müssen hexaploide Endosperme entstehen ($24+24+12+12=72$), also Endosperme des Polyploidietyps, der für *Solanum tuberosum* normal ist ($24+24+24=72$).

Nun wäre es allerdings verfehlt, nur dem Endosperm allein eine Bedeutung bei der Bildung haploider Pflanzen zuzuschreiben; viele Pflanzen haben bis jetzt noch keine Haploiden hervorgebracht, während bei anderen die Tendenz dazu ausgeprägt ist. Es ist wahrscheinlich, daß noch eine zweite Ursache für die Bildung von Haploiden maßgebend ist.

Worin diese zweite Ursache bestehen könnte, ist unter anderem von KAPPERT (1933) für *Linum usitatissimum* angegeben worden. Manche Leinsippen sind dadurch ausgezeichnet, daß sie gehäuft sogenannte Zwillingskeime ausbilden, Samen, die einen diploiden und einen haploiden Embryo enthalten. Es ist wahrscheinlich, daß der diploide Keimling aus der befruchteten Eizelle, der haploide aus einer unbefruchteten Synergide hervorgeht. Die Tendenz zur Zwillingsbildung ist verschieden groß und kann durch geeignete Kreuzung erhöht werden. KAPPERT nimmt an, daß in solchen Fällen rezessive Gene, welche die Zwillingsbildung begünstigen, durch die Kreuzung zusammengebracht worden sind. Allerdings fehlen klare Aufspaltungszahlen, so daß KAPPERT gezwungen ist, ein kompliziertes polygenes Schema zu Hilfe zu nehmen.

Weitere Hinweise auf den genetischen Hintergrund der haploiden Parthenogenese geben Versuche an *Oenotheren*. Homozygote *Oenotheren*, wie *Oe. franciscana* (STOMPS 1930), haben nach Fremdbestäubung Haploide erzeugt, während es unmöglich war, komplex-heterozygote *Oenotheren* zur Bildung von Haploiden zu zwingen. Die Ursache wird darin gesucht, daß Haploide alle für das normale Leben einer Pflanze notwendigen Gene besitzen müssen und dies zudem in einer Kombination, die wohl ausbalanciert sein sollte. Letalfaktoren müssen sich in haploiden Individuen sofort auswirken, während sie bei diploiden durch Heterozygotie überdeckt sein können. Es ist daher zu erwarten, daß Haploide von annähernd homozygoten Pflanzen eher Aussicht haben, lebensfähig zu sein.

Fassen wir die Ergebnisse über haploide Parthenogenese zusammen, so ergibt sich folgendes Bild: Die reduzierten Eizellen sexueller Pflanzen haben eine von Pflanze zu Pflanze wechselnde Tendenz zu autonomer Entwicklung. Um die Ausbildung eines keimfähigen Embryos zu gewährleisten, müssen jedoch noch andere Bedingungen erfüllt werden. Es ist möglich, wenn auch vermutlich nur selten verwirklicht, daß die Auslösung der Eientwicklung vom eingedrungenen Spermakern ausgeht (Merospermie). In den meisten Fällen dürfte es aber das Endosperm sein, das die Umgebung schafft, in welcher sich ein haploider

Embryo normal entwickeln kann. Das Endosperm selbst ist wohl immer befruchtet. Die meisten bekannten Beispiele von haploider Parthenogenese unterscheiden sich also nur dadurch von sexueller Fortpflanzung, daß bei ihnen statt einer doppelten eine einfache Befruchtung (bzw. doppelte Befruchtung nur der Polkerne) der Samenbildung vorausgegangen ist. Wir können sie daher auch als Fälle von haploider Pseudogamie betrachten.

Haploide Nachkommen sind von Arten verschiedener Polyploidiegrade erhalten worden. In bezug auf die Anzahl der Chromosomensätze unterscheiden sie sich daher wesentlich. Die Chromosomenzahl einiger haploider Pflanzen entspricht der Basiszahl, d. h. also der niedrigsten Chromosomenzahl, die innerhalb einer Gattung bisher gefunden worden ist. Dazu gehören z. B. die Haploiden von *Triticum monococcum* mit $n = 7$, von *Oenothera franciscana* mit $n = 7$, von *Crepis capillaris* mit $n = 3$ und vermutlich auch jene von *Datura stramonium* mit $n = 12$ Chromosomen. Ob auch die haploiden *Solanum*-Individuen mit $n = 12$ Chromosomen echte Haploide sind, scheint hingegen fraglich zu sein, da die Möglichkeit einer Basiszahl von $x = 6$ für *Solanum* nicht ausgeschlossen ist. Sicher besitzt aber die „Haploide“ von *Solanum nigrum* mit $n = 36$ mindestens drei, wenn nicht sogar sechs Chromosomensätze, ist also zumindest triploid. Dies zeigt sich auch im meiotischen Verhalten der *Solanum-nigrum*-Haploiden: Statt 36 Univalenten werden in der RT_I Bi- und Univalente, meist $12_{II} + 12_I$, gefunden. Die Pflanze scheint somit zwei homologe und einen nicht homologen Chromosomensatz zu besitzen. Um solche „Haploiden“ mit polyploidem Charakter von den echten Haploiden zu unterscheiden, werden sie als Polyhaploide bezeichnet.

VI. Die Entwicklung des Embryos (Embryologie i. e. S.)

Die Methoden und Ergebnisse der Embryologie (i. e. S.) und vor allem auch der experimentellen Embryologie sind noch nicht so weit fortgeschritten, daß die Gesetze, welche die Embryoentwicklung kontrollieren, schon heute einwandfrei formuliert werden könnten (WARDLAW 1954). Immerhin lassen sich doch einige Regelmäßigkeiten erkennen, als erste und wichtigste die heterogene Verteilung der Metabolite über die polarisierte Zygote. In der Regel entsteht, wenn die Zygote auswächst, im basalen (gegen die Mikropyle zu gerichteten) Teil eine Vakuole, während sich im apikalen Teil die Hauptmenge des Plasmas bildet. (NB. Bei der Sporogenese und der Gametophytenentwicklung wird der chalazale Pol als „basal“ bezeichnet [Basis des Nuzellus], bei der Embryogenese jedoch als „apikal“ [Apex des Embryos]!) Bei wenigen anderen Arten der Angiospermen, besonders deutlich z. B. bei *Korthalsella dacrydii* (RUTISHAUSER 1935), unterbleibt aber diese Polarisierung der Zygote; der Zygotenkern ist dann von einer großen Zahl kleiner Vakuolen umgeben, die keine Differenzierung in eine apikale und eine basale Region erkennen lassen (Abb. 35, 50). Es ist auffällig und möglicherweise durch diesen Unterschied bedingt, daß bei den polarisierten Zygoten stets eine Querwand gebildet wird, die je nach der Verteilung des Plasmas eine asymmetrische Lage hat, während im Falle von *Korthalsella dacrydii* und vielen anderen Arten ohne Polarisierung der Zygote die Stellung der ersten Zellwand nicht fixiert zu sein scheint. Bei *Korthalsella* ist sie parallel oder schief, bei *Rafflesia patma* quer zur Längsachse orientiert (Abb. 50 *g*). Parallele Lage der Zellmembran herrscht aber vor.

Auch das weitere Verhalten der beiden Embryokategorien wird durch die Polarisierungsdifferenz bestimmt. Im Falle der polarisierten Zygote wird der apikale Pol zum Hauptpol der Proteinsynthese, des Wachstums und der Differenzierung (WARDLAW 1954); der basale Pol ist durch die Akkumulierung osmotisch aktiver Substanzen ausgezeichnet und wird als Konsequenz davon vakuolisiert und schwillt an. Er liefert später den Suspensor, der nur eine ephemere Bildung des Embryos ist. Die Ausdifferenzierung zweier Pole mit verschiedenen Wachstumstendenzen kann so extrem sein (*Caryophyllaceen*-Typus, *Sagina procumbens*), daß die ersten Zellen des zweizelligen Proembryos (cellule basale [cb] und cellule apicale [ca] nach SOUÈGES) völlig verschiedene Entwicklungstendenzen aufweisen, indem die apikale Zelle allein zum eigentlichen Embryo auswächst, die basale als Suspensor funktioniert (Abb. 56, 58). In anderen

Fällen erfolgt die Ausdifferenzierung des Embryos in mehreren Schritten, indem auch apikale Zellen, die von der basalen Zelle abstammen, am Aufbau des eigentlichen Embryos teilnehmen. Je nach dem Anteil von Abkömmlingen der Basalzelle am Aufbau des Embryos werden verschiedene Typen der Embryoentwicklung unterschieden. Meist entwickelt sich aus dem Proembryo basal der Suspensor und apikal der eigentliche Embryo, d. h. die Zellen, die allein den reifen Embryo und damit die Tochterpflanze aufbauen.
Nichtpolarisierte Zygoten bilden oft Embryonen ohne Suspensor aus, wachsen also als Ganzes zur neuen Tochterpflanze heran. Sie bilden einen besonderen Typus der Embryoentwicklung, den *Piperaceen*-Typus, der aber, weil keine sicheren Angaben über die Bestimmung der ersten Zellen des Proembryos erhältlich sind, von manchen Embryologen zu den unklassierten, abnormen Entwicklungstypen gezählt wird.

Die Typen der Embryoentwicklung

1. Dicotyledonen

a) Der Piperaceen-Typus

Dieser Typus der Embryoentwicklung soll am Beispiel von *Korthalsella dacrydii* (RUTISHAUSER 1935) beschrieben werden. Die Eizellen (Abb. 16) und Zygoten (Abb. 35, 50 *a*) von *K. dacrydii* sind nicht polarisiert, der Ei- bzw. Zygotenkern ist vielmehr von mehreren Vakuolen gleicher Größe umgeben. (Die „basale Vakuole" in Abb. 16 *c* hat sich bei einer Nachuntersuchung als Artefakt herausgestellt.)
Die erste Teilung der Zygote erfolgt meist longitudinal zur Längsachse des Embryosacks. Die Wandstellung kann von Embryo zu Embryo variieren (Abb. 50 *a*, *b*); Querstellung der ersten Wand ist aber bisher nicht gefunden worden. Die zweite Teilung erfolgt stets senkrecht zur ersten (Abb. 50 *c*), und es entsteht so ein kugeliger Embryo, der seine Kugelgestalt beibehält und keinen Suspensor ausbildet (Abb. 50 *d*, *e*). Der Embryo ist zunächst vollständig von Endosperm umgeben, streckt sich aber dann und durchstößt das Endosperm. Die Bestimmung der verschiedenen Zelletagen ist nicht verfolgt worden, doch ist anzunehmen, daß der gesamte Proembryo am Aufbau des definitiven Embryos teilnimmt.
Diese Embryoentwicklung hat eine gewisse Ähnlichkeit mit jener von *Scabiosa succisa*, nur daß dort nach der ersten Teilung zwei ungleiche Zellen ausgebildet werden und ein rudimentärer Suspensor vorhanden zu sein scheint. Wie bei *Korthalsella* war es aber nicht möglich, die exakte Reihenfolge der Zellteilungen zu verfolgen, so daß auch bei *Scabiosa* über die Bestimmung der Zellen keine sicheren Angaben gemacht werden können.
Vertikale Teilung der Zygote ist von ZWEIFEL (1939) auch für *Balanophora abbreviata* beschrieben worden. Sie findet wieder in nichtpolarisierten Zygoten

statt. Die befruchtete Eizelle macht zuerst eine Gestaltveränderung durch, indem die meisten Vakuolen verschwinden. Im Gegensatz zu *Korthalsella* und *Scabiosa succisa* ist auch die zweite Teilung vertikal, desgleichen oft auch die dritte. Erst später entstehen in einzelnen Zellen Querwände. Suspensoren werden nicht ausgebildet. Das Schicksal der verschiedenen Zellen der ersten Tei-

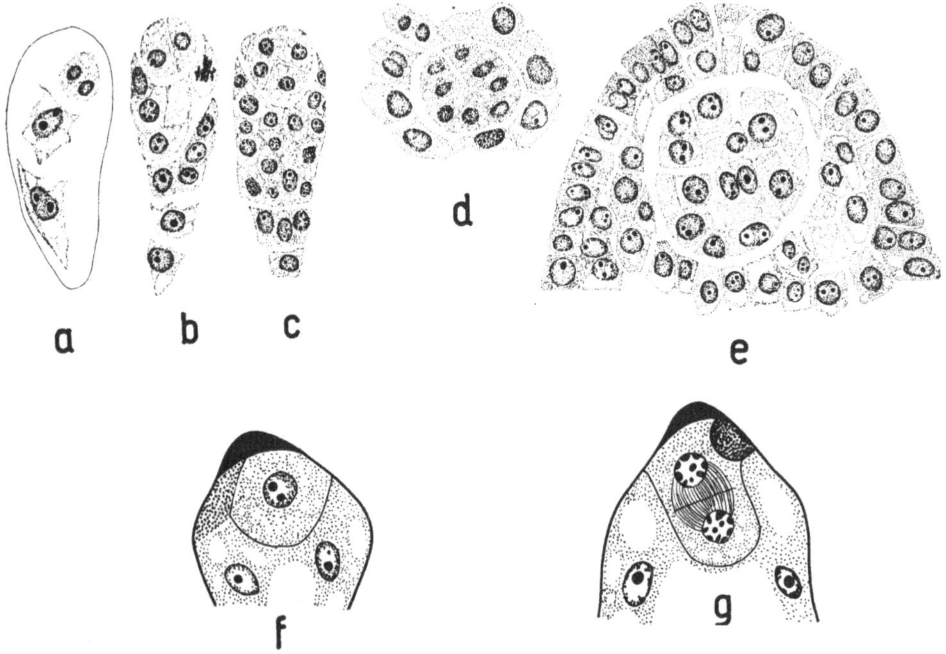

Abb. 50. Embryoentwicklung nach dem *Piperaceen*-Typus. *a–e* bei *Korthalsella dacrydii*. *f*, *g* bei *Rafflesia patma*: *f* Zygote, *g* Querteilung der Zygote. (*a–e* nach RUTISHAUSER 1935, *f*, *g* nach ERNST und SCHMID 1913)

lungen ließ sich nicht verfolgen. Bei *Balanophora elongata* scheint die erste Teilung der (hier unbefruchteten) Eizelle sowohl längs wie quer zu erfolgen. Abweichend von *Korthalsella dacrydii* und *Balanophora elongata* erfolgt die erste Teilung der nichtpolarisierten Zygote bei *Rafflesia patma* (ERNST und SCHMID 1913) quer zur Längsachse (Abb. 50 *f*, *g*).

Die Stellung der ersten Wand ist somit beim *Piperaceen*-Typus nicht fixiert. Teilung der Zygote in verschiedenen Richtungen des Raumes sowie schwache Ausdifferenzierung oder völliges Fehlen eines Suspensors scheinen für den *Piperaceen*-Typus charakteristisch zu sein. Daß es in keinem Falle gelang, die Bestimmung der Zellen der ersten Teilungen zu eruieren, geht vermutlich auf Unregelmäßigkeiten im Ablauf des Embryowachstums zurück. Zum *Piperaceen*-Typus gehören auch einige Arten der Gattung *Peperomia* und *Heckeria* (*Piperaceae*).

Die übrigen Typen der Embryoentwicklung gehen alle von polarisierten Zygoten aus, d. h. also von Zygoten mit großer mikropylarer Vakuole, apikaler Anhäufung des Plasmas und apikaler Lage des Zygotenkernes. Vermutlich als Folge davon wird die polarisierte Zygote stets durch eine Querwand in eine apikale (cellule apicale [ca]) und eine mikropylare, basale Zelle (cellule basale [cb]) geteilt. Die weitere Entwicklung des Embryos verläuft ebenfalls gesetzmäßig, so daß es möglich wird, fünf Entwicklungstypen aufzustellen, welche oft für ganze Gattungen oder sogar für ganze Familien charakterisitsch sind. Zwischen einzelnen Typen existieren jedoch viele Übergangsformen.
Die fünf Entwicklungstypen werden von SCHNARF als *Cruciferen-* (= *Onagraceen-*), *Astereen-*, *Solanaceen-*, *Chenopodiaceen-* und *Caryophyllaceen-*Typus bezeichnet. Als Einteilungsprinzip dient vor allem die Stellung der Zellwände und die Bestimmung der ersten Zellen des Proembryos, d. h. die Rolle, die ihnen in der weiteren Entwicklung (bei der Bildung der Cotyledonen, Sproßvegetationspunkte, Wurzeln usw.) zukommt.

b) Der Astereen-Typus

Die Zygote wird bei *Lactuca sativa* zunächst durch eine Querwand in eine obere und eine untere Zelle unterteilt (Abb. 51 *a*). SOUÈGES bezeichnet die beiden Zellen als cellule apicale (ca) bzw. cellule basale (cb). Im nächsten Teilungsschritt wird die apikale Zelle ca durch eine Längswand in zwei Zellen (a und b), die basale Zelle cb durch eine Querwand in zwei übereinanderliegende Zellen (m und ci) geteilt (Abb 51 *b*). Diese beiden Teilungen, wie die Teilungen der Embryogenese ganz allgemein, sind nicht synchron. 3. Stadium: Die Zellen a und b werden auf vier vermehrt (Abb. 51 *c*): sie bilden das Quadrantenstadium q. Durch perikline Teilungen jeder der vier Quadrantenzellen wird der Quadrant in einen Oktanten unterteilt (Abb. 51 *d*), dessen Zellen alle in einer Etage liegen. m teilt sich durch eine Längswand in zwei nebeneinanderliegende Zellen, ci durch eine Querwand in die Zellen n und n'. Später bildet die Mittelzelle m eine weitere Quadrantengruppe (Abb. 51 *d*). n' wird durch eine Querwand in o und p unterteilt (Abb. 51 *e*); n und o erfahren weitere Teilungen; p wächst aus und teilt sich nicht mehr.

Die Bestimmung der so gebildeten Zellen ist die folgende:

1. Alle von ca abstammenden Zellen (q) bilden die Cotyledonarregion pco und den Sproßvegetationspunkt pvt, was so geschrieben wird: q = pco + pvt.
2. m bildet die Hypocotyledonarregion phy, aus welcher das Hypocotyl und die Wurzel abstammen, ferner die Initialzellen des Zentralzylinders des Sprosses icc. Die Formel lautet: m = phy + icc.
3. ci liefert die Initialen der Wurzelrinde iec', die Wurzelhaube co und den Suspensor s; ci = iec' + co + s.

Da m und ci von cb abstammen, beteiligen sich in diesem Falle ca und cb am Aufbau des Keimlings. Als Formel geschrieben:

$$\left.\begin{array}{l} ca = pco + pvt \\ cb = phy + icc + iec' + co + s \end{array}\right\} = \text{Formel der ersten Zellgeneration.}$$

Dieser Entwicklungsablauf zusammen mit der durch die obigen Embryonalformeln beschriebenen Bestimmung der Zellen ist charakteristisch für die so-

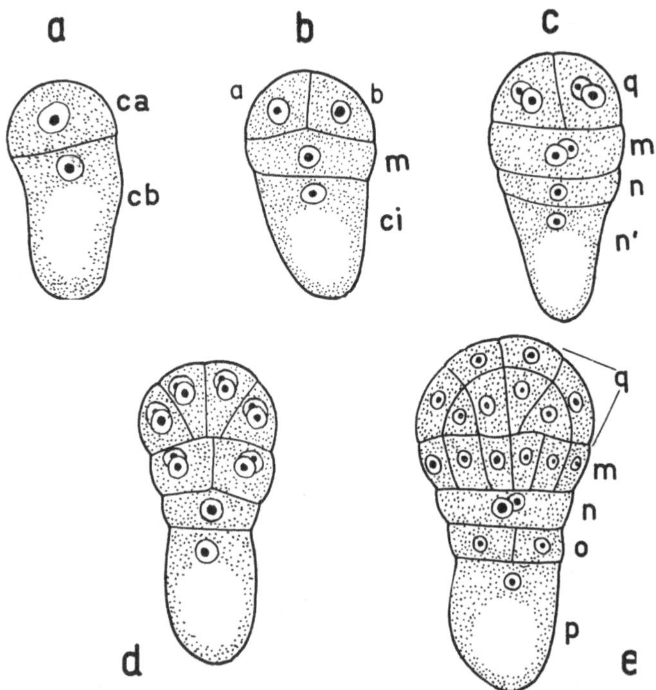

Abb. 51. Embryoentwicklung, *Astereen*-Typus (*Senecio*-Variation, *Lactuca sativa*). ca (cellule apicale) teilt sich durch eine Längswand in a und b, eine zweite, dazu senkrechte Längswand erzeugt den Quadranten q (*c*). Durch ± perikline Teilungen der Quadrantenzellen entsteht ein Oktant (*d*), dessen Zellen alle auf gleicher Höhe liegen. cb (cellule basale) teilt sich durch eine Querwand in m+ci (*b*). m bildet durch Längswände eine weitere Etage des eigentlichen Embryos (*e*). ci teilt sich quer in n+n′ (*c*). n′ teilt sich quer in o+p (*e*). (Nach Jones 1927)

genannte *Senecio*-Variation des *Astereen*-Typus. Andere Variationen sind vom reinen *Astereen*-Typus nur wenig verschieden. Größere Unterschiede weist die *Geum*-Variation auf: Die Zelle ca teilt sich mit einer schiefen statt mit einer Längswand (Abb. 52 *a*). Auf dieser schiefen Wand wird später eine antiklinale Wand aufgesetzt, so daß am Scheitel des Proembryos eine einzelne dreieckige Zelle e herausgeschnitten wird (Abb. 52 *b*, *c*). Nach ihrer histogenetischen Bestimmung handelt es sich um eine Epiphyseninitiale, aus der später die Sproßspitze hervorgeht (Abb. 52 *d*).

Bei Arten mit *Astereen*-Typus sind einige experimentelle Untersuchungen durchgeführt worden, die einerseits die Richtigkeit des Bestimmungsgesetzes (law of destination) des ersten Grades (Bestimmung der Zellen ca und cb) nachweisen, andererseits aber auch eine Beinflussung der Embryoentwicklung durch umgebende Gewebe (Endosperm).

Daß der Embryo aus ca und cb aufgebaut wird, ergab sich aus Bestrahlungsversuchen an *Crepis capillaris* (L. Husted, zit. nach Johansen 1950). Achänen von *Crepis capillaris* wurden nach der Befruchtung, aber vor der ersten Teilung bestrahlt. Die cytologische Analyse des eigentlichen Embryos ergab normale

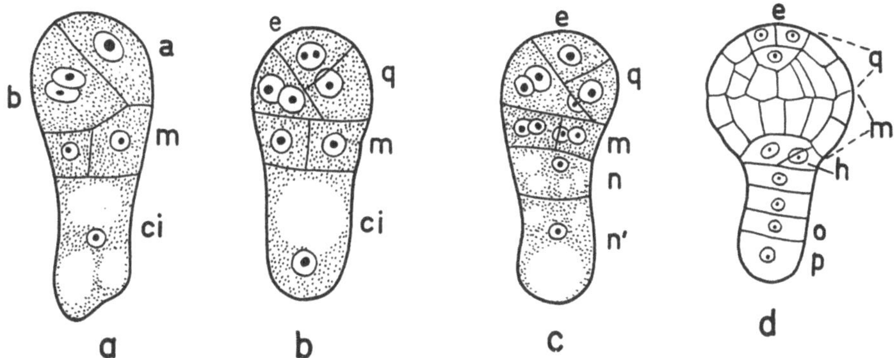

Abb. 52. Embryoentwicklung, *Astereen*-Typus (*Geum*-Variation, *Geum urbanum* L.). ca teilt sich mit einer schiefen Wand in a und b (*a*). Auf der schiefen Wand wird eine antiklinale Wand aufgesetzt (*b*), so daß eine dreieckige Zelle, die Epiphyse e, herausgeschnitten wird. Die Entwicklung von cb ist die gleiche wie beim typischen *Astereen*-Typus (*Senecio*-Variation, Abb. 51). (Nach Souèges 1923)

Chromosomenkomplemente in der basalen Partie des Embryos. In der Region, die den Cotyledonen benachbart war, wurden dagegen aberrante A-Chromosomen gefunden. Offenbar haben die Strahlen also einen Chromatidbruch erzeugt. Bei der ersten Teilung wurde dann das aberrante Chromatid A in die terminale Zelle ca abgeschoben, während die basale cb das normale Chromatid A erhielt. Damit ist gezeigt, daß der Embryo beim *Astereen*-Typus aus Zellen aufgebaut wird, die sowohl von ca wie auch von cb abstammen.

Die Abhängigkeit der Entwicklung des Embryos vom Endosperm wurde an kastrierten und nichtbestäubten Achänen pseudogamer *Potentillen* aufgezeigt (z. B. *P. canescens* und *P. praecox*), wo nur dann Endosperm ausgebildet wird, wenn die Blüten bestäubt worden sind. Die Embryoentwicklung wird aber in unbestäubten Blüten doch auf parthenogenetischem Wege eingeleitet. Zum Teil werden in solchen endospermlosen Samen überhaupt keine Suspensoren mehr ausgebildet, ferner scheinen besonders der Teilungsablauf und die Lage der Zellwände in der Gegend der Epiphyse stark gestört zu sein (Abb. 53), was nach Souèges (1923) allerdings bisweilen auch in endospermhaltigem Samen der Fall zu sein scheint. Aus diesen Untersuchungen folgt, daß dem Endosperm eine organisatorische Funktion zukommt.

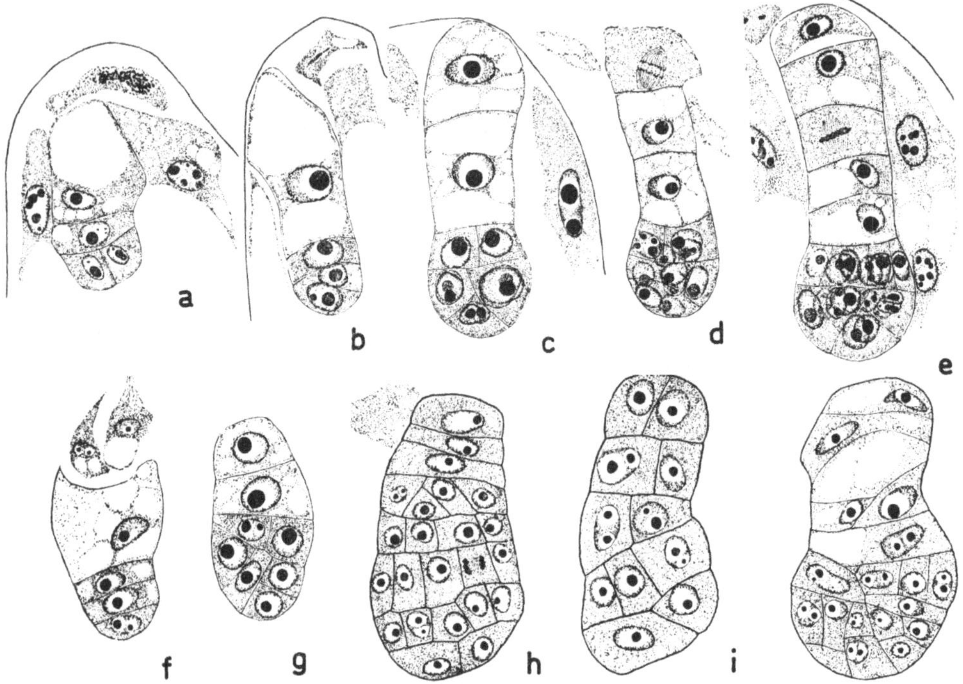

Abb. 53. Die Embryoentwicklung bestäubter (*a–e*) und unbestäubter (*f–k*) Blüten von *Potentilla canescens* (*c–e*), *P. argentea* (*a*) und *P. praecox* (*b, f–k*). (Nach RUTISHAUSER 1967)

c) Der Onagraceen-Typus = Cruciferen-Typus

Die Entwicklung erfolgt zunächst gleich wie beim *Astereen*-Typus: die Zygote wird durch eine Querwand in ca und cb unterteilt (Abb. 54 *b*). Darauf teilt sich ca durch zwei aufeinander senkrecht stehende Längswände zur Bildung des Quadranten q (Abb. 54 *e*). Durch Querwände wird der Quadrant q in zwei Quadrantenetagen l und l′ aufgeteilt (Abb. 54 *f*), die zusammen den Oktanten ausmachen.

cb wird durch eine Querwand in cm und ci unterteilt (Abb. 54 *c*). ci und cm teilen sich noch weiter quer (zu d und f bzw. g und v) und die daraus entstandenen Tochterzellen nochmals, so daß eine lange Zellreihe entsteht (Abb. 54 *g*). In älteren Embryonen wird die Hypophyseninitiale h (Abb. 54 *g*) durch eine uhrglasförmige Wand noch weiter unterteilt (Abb. 54 *h*). Die Bestimmung der Zellen der ersten und zweiten Generation kann durch folgende Formeln wiedergegeben werden:

1. Generation: ca = pco + pvt + phy + icc
cb = iec′ + co + s

2. Generation: q = pco + pvt + phy + icc
cm = iec′ + co
ci = s

Im Gegensatz zum *Astereen*-Typus wird also nur noch ein sehr kleiner Teil des Embryos aus cb aufgebaut, nämlich die Initialen des Zentralzylinders der Wurzel und die Wurzelhaube. Der Suspensor ist stark verlängert und endigt mit einer erweiterten, blasigen Zelle (v). Zu dieser sogenannten *Capsella*-Variation des *Onagraceen*-Typus wird auch die Embryoentwicklung von *Cochlearia officinalis* gerechnet, obwohl hier der Suspensor aus wenigen Zellen besteht.

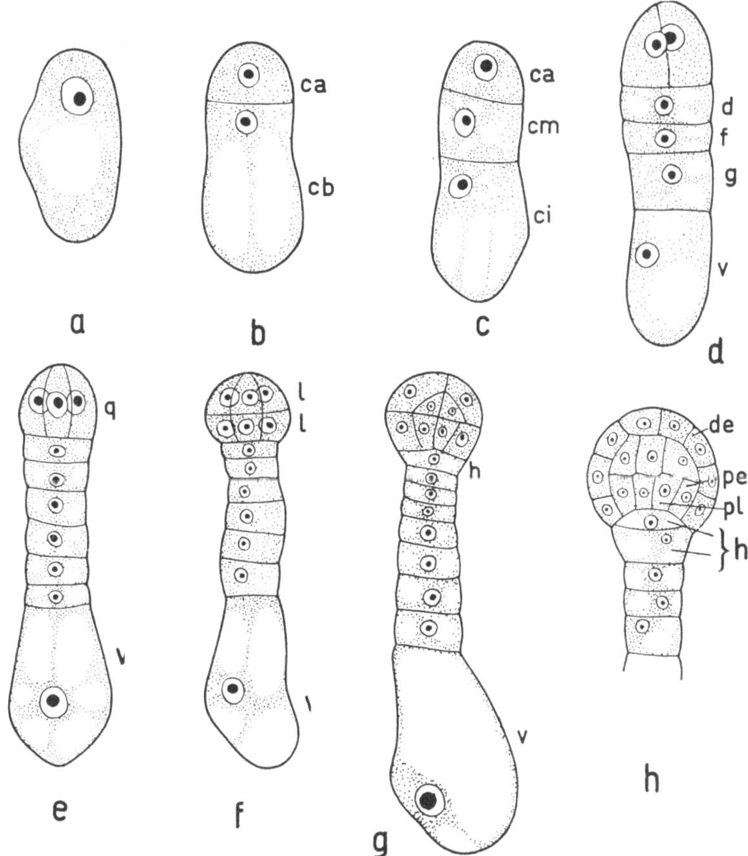

Abb. 54. Embryoentwicklung, *Onagraceen*-Typus (*Capsella*-Variation, *Capsella bursa-pastoris* MOENCH). ca teilt sich durch zwei Längswände und bildet den Quadranten q (*e*). Die vier Zellen von q teilen sich durch Querwände und bilden die beiden Quadrantenetagen l und l′. l und l′ stellen den Oktanten dar (*f*); daraus werden dann die Meristeme (Dermatogen de, Periblem pe, Plerom pl) ausdifferenziert (*h*). cb teilt sich quer in cm+ci (*c*), ci in g+v (*d*). h = Hypophyse, wird durch eine uhrglasförmige Wand geteilt (*h*). [Nach SOUÈGES 1919 (*a–g*), 1914 (*h*)]

In Abb. 54 *h* ist die Ausgestaltung des eigentlichen Embryos dargestellt, vor allem die Ausdifferenzierung der Meristeme Dermatogen de, Periblem pe und Plerom pl, ferner die Entwicklung der Hypophyse mit der charakteristischen uhrglasförmigen Wand der ersten Teilung der Zelle h.

Der *Onagraceen*-Typus ist charakteristisch für die ganze Familie *Onagraceae*, erscheint aber in vielen Variationen auch bei verschiedenen anderen Familien, wie den *Cruciferae* (*Capsella*- und *Alyssum*-Variation) und den *Labiatae* (*Mentha*-Variation) usw.

d) Der Solanaceen-Typus

Im Gegensatz zu den oben beschriebenen Typen teilen sich ca und cb beide quer (Abb. 55 *b*) und bilden ein Vierzellstadium mit den vier übereinander

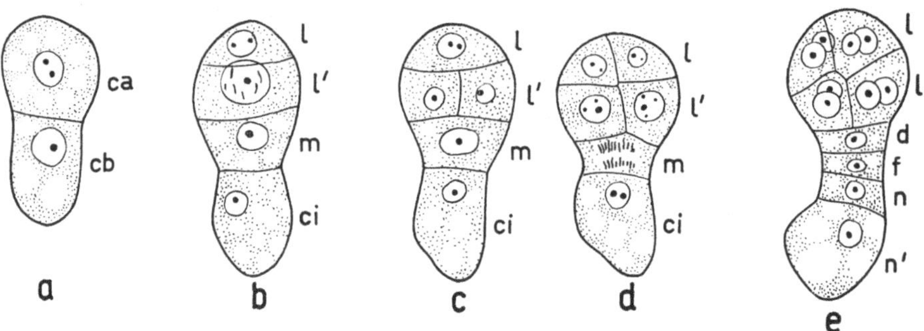

Abb. 55. Embryoentwicklung, *Solanaceen*-Typus (*Nicotiana tabacum*). ca teilt sich quer in l+l'. l und l' bilden je eine Etage des Oktanten. cb teilt sich in m+ci. m teilt sich quer in d+f, ci in n+n'. (Nach Souèges 1922)

gelagerten Zellen l, l' (aus ca) und m, ci (aus cb). l und l' bilden die Oktantengruppe, die aus zwei Quadrantenetagen aufgebaut ist. m teilt sich quer in d und f, ci in n und n' (Abb. 55 *e*). Die Embryonalformeln der ersten und zweiten Zellgeneration lauten:

1. Generation: ca = pco + pvt + phy + icc + iec'
cb = co + s

2. Generation: l = pco + pvt
l' = phy + icc + iec'
m = co + s (zum Teil)
ci = s (zum Teil)

m und ci stammen von cb, ab, d. h. cb beteiligt sich am Aufbau des Embryos, allerdings nur noch an der Bildung der Wurzelspitze (co).
Auch der *Solanaceen*-Typus erscheint in mehreren Variationen und ist nicht ganz auf die Familie der *Solanaceae* beschränkt.
Eine gewisse Ähnlichkeit mit dem *Solanaceen*-Typus hat

e) Der Chenopodiaceen-Typus

Das Vierzellstadium entsteht wie beim *Solanaceen*-Typus durch Querwände $\left(\text{ca}\left\langle{}^{\text{l}}_{\text{l}'},\ \text{cb}\left\langle{}^{\text{m}}_{\text{ci}}\right.\right.\right)$. l und l' bilden in zwei Etagen die Oktantengruppe.

Anders als beim *Solanaceen*-Typus entwickelt aber m ebenfalls eine Quadranten-etage; auch m beteiligt sich also (wie beim *Astereen*-Typus, Abb. 51 *e*) am Aufbau des Embryos. Die Zellen n und n′ (aus ci entstanden) teilen sich nochmals quer und bilden den Suspensor. Die Bestimmung der sieben Etagen ist die folgende:

1\. Zellgeneration: $\text{ca} = \text{pco} + \text{pvt} + \frac{1}{2}\text{phy}$
$\text{cb} = \frac{1}{2}\text{phy} + \text{icc} + \text{iec}' + \text{co} + \text{s}$

2\. Zellgeneration: $\text{l} = \text{pco} + \text{pvt}$
$\text{l}' = \frac{1}{2}\text{phy}$
$\text{m} = \frac{1}{2}\text{phy} + \text{icc} + \text{iec}'$
$\text{ci} = \text{co} + \text{s}$

Dem *Chenopodiaceen*-Typus liegt der Embryo von *Chenopodium bonus-henricus* zugrunde. Er erscheint in wenigen Variationen noch bei *Polemonium* und *Myosotis*.

f) Der Caryophyllaceen-Typus

Er wurde zuerst für *Sagina procumbens* beschrieben (*Sagina*-Variation) und zeigt ebenfalls viele Variationen. Charakteristisch ist die extreme Differenzierung von cb. Die Zelle cb teilt sich nicht mehr, sondern vergrößert sich und bildet

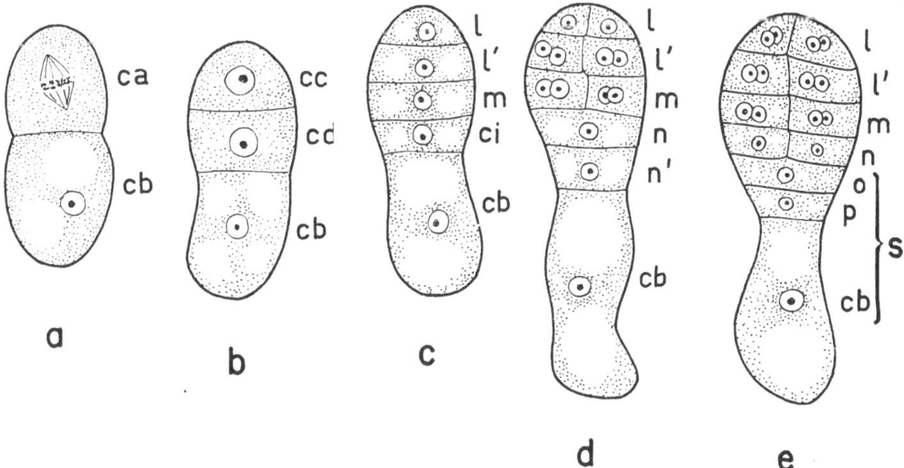

Abb. 56. Embryoentwicklung, *Caryophyllaceen*-Typus (*Sagina procumbens*). ca teilt sich quer in cc+cd (*b*). cc teilt sich quer in l+l′, cd in m+ci (*c*), ci in n+n′ (*d*). cb teilt sich überhaupt nicht. (Nach Souèges 1924)

zusammen mit zwei Zellen von ca (o, p, aus n′) den Suspensor. Der Embryo wird ganz aus ca aufgebaut. ca teilt sich quer zu cc und cd (Abb. 56 *b*), cc nochmals quer zu l und l′ und cd zu m und ci (Abb. 56 *c*), die beide je einen Quadranten aufbauen. Die Embryonalformeln der ersten und zweiten Zellgeneration lauten wie folgt:

1. Zellgeneration:

$$ca = \begin{cases} cc = pco + pvt \\ + \\ cd = phy + icc + iec' + co + s \end{cases}$$

2. Zellgeneration:

$$\begin{aligned} l &= pvt \\ l' &= pco \\ m &= phy + icc + iec' \\ ci &= co + s \text{ (zum Teil)} \end{aligned}$$

Die Zelle cb bildet den Suspensor (s) zusammen mit zwei Zellen von ci (o + p).

Dabei ist zu beachten, daß die Zellen mit den Symbolen m und ci hier eine andere Herkunft haben: sie stammen beide von ca ab und nicht von cb wie beim *Astereen-* und *Onagraceen*-Typus. (Buchstabensymbole werden bei verschiedenen Entwicklungstypen der Embryogenese in Spezialarbeiten nicht selten sehr inkonsequent verwendet. So wird z. B. beim *Onagraceen*-Typus die obere Tochterzelle von cb statt mit m mit cm bezeichnet, mit m jedoch die drittunterste Zelle des Suspensors [in Abb. 54 *g* nicht eingezeichnet].)

g) Zusammenfassung

Fassen wir die Ergebnisse der Untersuchungen über die Embryoentwicklung zusammen, so ergeben sich, wenn der *Piperaceen*-Typus mit unpolarisierter Zygote beiseite gelassen wird, folgende Entwicklungstendenzen:

α) Zellgenerationen 1 bis 3

1. Im Vier- bzw. Fünfkernstadium sind drei Varianten realisiert:
a) ca teilt sich quer, desgleichen cb. Es entsteht eine Reihe von vier Zellen, l, l', m und ci (Abb. 57 *b*, *c*, *Chenopodiaceen-* und *Solanaceen*-Typus).
b) ca teilt sich längs und bildet die zwei Zellen q; cb teilt sich quer in m und ci (Abb. 57 *d*, *Astereen-* und *Onagraceen-*[*Cruciferen-*]*Typus*).
c) ca teilt sich zweimal quer und bildet die Zellen l, l', m und ci, also wie unter a), nur daß m und ci von ca abstammen. cb teilt sich überhaupt nicht. Es entsteht über ein Drei- direkt ein Fünfzellstadium (*Caryophyllaceen*-Typus; Abb. 56, 58).
2. Die nächsten 2 Zellgenerationen führen zur Entwicklung von Quadranten und Oktanten des Proembryos. Dabei können folgende Verhaltensweisen beobachtet werden:
a) Im Falle von 1 a) werden die Zellen l und l' je durch zwei zueinander senkrechte Längswände aufgeteilt. Es entstehen so zwei übereinanderliegende Quadranten (Abb. 57 *c*).
b) Im Falle von 1 b) entsteht zunächst in q eine zweite Längswand. Der so gebildete Quadrant wird nun durch Querwände in jeder Zelle in zwei vierzellige Etagen aufgeteilt, womit das Stadium des Falles a) erreicht wird (Abb. 57 *e*).

c) Fall 1 b) kann sich auch so weiterentwickeln, daß zunächst wieder eine Längswand (senkrecht zur ersten) ausgebildet wird. Darauf folgen in jeder Zelle perikline Wände, die einen Oktanten entstehen lassen, dessen Zellen alle in einer Etage liegen (Abb. 57 *f*).

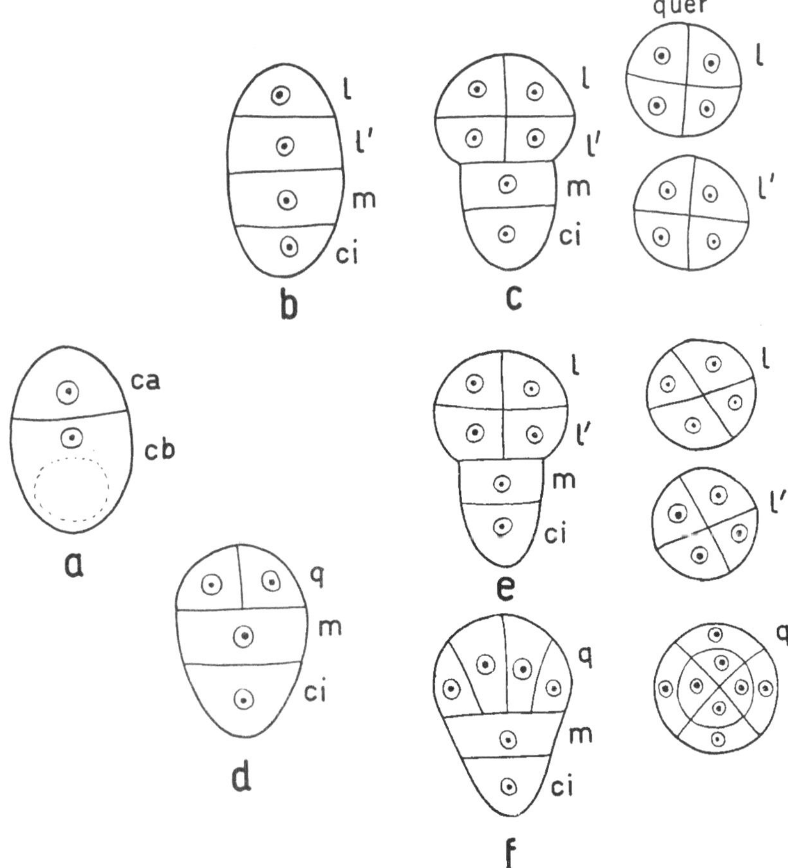

Abb. 57. Die ersten drei Zellgenerationen des Dicotyledonen-Proembryos. *a* Zweizellstadium, *b, d* Vierzellstadium, *c, e, f* Achtzellstadium. *c Solanaceen-* und *Chenopodiaceen*-Typus, *e Onagraceen*-Typus, *f Astereen*-Typus. Der *Caryophyllaceen*-Typus ist nicht eingetragen. (Nach Swamy aus Maheshwari 1962, verändert)

β) Die Bestimmung der Zellen der ersten und zweiten Generation des Proembryos (law of destination)

1. Generation: Der Anteil der beiden Zellen ca und cb am Aufbau des eigentlichen Embryos ist bei den einzelnen Typen verschieden. Das eine Extrem (*Astereen-* und *Chenopodiaceen*-Typus) ist charakterisiert durch die Einbeziehung großer Teile von cb in den Embryo: cb hilft mit am Aufbau des Sprosses, der Hypocotyledonarregion und der Wurzel. Beim anderen Extrem (*Caryo-*

phyllaceen-Typus) beteiligt sich cb überhaupt nicht am Aufbau des eigentlichen Embryos.

Bildung der Stengelspitze und der Cotyledonen:

Sproßvegetationspunkt und Cotyledonen entstehen ausschließlich aus den Abkömmlingen q bzw. l und l′ von ca. Es lassen sich drei Varianten unterscheiden:

a) Der Sproßvegetationspunkt entsteht direkt aus Zellen der obersten Etage l. Andere Zellen der gleichen Etage und der Etage l′ bilden die Cotyledonen.

b) Es wird aus den Zellen der Etage l eine spezielle Zelle, die Epiphyse, ausgegliedert, welche als Initiale für den Sproßvegetationspunkt funktioniert (e in Abb. 52). Die Cotyledonen entstehen wie im Fall a).

c) Der Sproßvegetationspunkt entsteht aus l, die Cotyledonen aus l′. Das ist der Fall bei *Papaveraceen*, *Leguminosen* und *Gesneriaceen*.

2. Monocotyledonen

Entwicklung und Aufbau des Proembryos folgt den gleichen Gesetzen wie bei den Dicotyledonen. Es ist daher nicht notwendig, für die Monocotyledonen eine besondere Typologie aufzustellen, sofern die Anordnung der Zellen der ersten und zweiten Zellgeneration berücksichtigt wird. Nur die Bestimmung

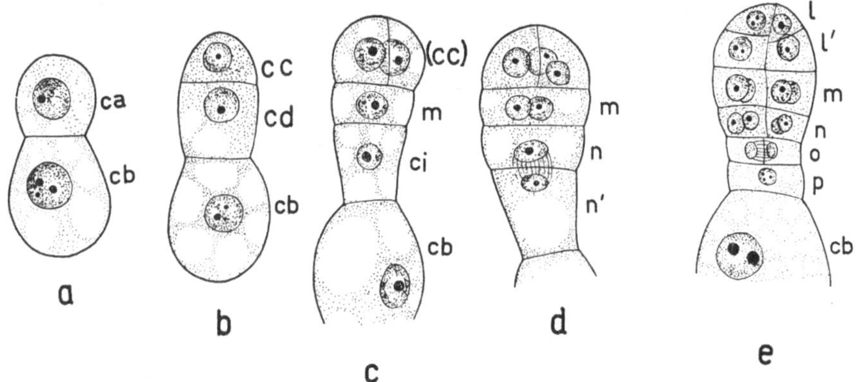

Abb. 58. Die Embryoentwicklung von *Sagittaria sagittaefolia* L. ca teilt sich quer in cc und cd. cc teilt sich zweimal längs zur Bildung eines Quadranten. Durch Querteilung der vier Zellen entstehen die beiden Quadrantenetagen l und l′ des Oktanten (*e*). cd teilt sich in m+ci (*c*). m bildet eine weitere Quadrantenetage. ci teilt sich quer in n+n′ (*d*), n′ in o+p (*e*), p in h+s (nicht eingezeichnet). Am Aufbau des eigentlichen Embryos beteiligen sich l, l′, m, n, o und h. cb teilt sich nicht und bildet mit s bzw. dessen Abkömmlingen den Suspensor. (Nach Souèges 1931)

der Zellen des Proembryos unterscheidet sich nach Schnarf (1929), Johansen (1950) und Maheshwari (1950) wesentlich von jener der Dicotyledonen. Als Beispiel diene die Embryonalentwicklung von ***Sagittaria sagittaefolia*** (Abb. 58). Die Entwicklung folgt dem *Caryophyllaceen*-Typus: cb teilt sich nicht und bildet mit einer Zelle (p) aus der Nachkommenschaft von ca den Suspensor, beteiligt sich somit nicht am Aufbau des eigentlichen Embryos. ca teilt sich quer in cc und cd (Abb. 58 *b*); cc bildet die beiden Quadrantenetagen l und l', cd die Zellen m und ci. m bildet eine weitere Quadrantenetage, ci teilt sich quer in n und n' und n' in o und p (Abb. 58 *e*). Die Zellen n und o beteiligen sich am Aufbau des Embryos; p teilt sich nochmals und bildet mit cb den Suspensor. Die Embryonalformeln lauten:

1. Zellgeneration: cc = pco
cd = phy + pvt + icc + iec' + co + s

2. Zellgeneration: q = pco
m = phy (zum Teil) + pvt
ci = phy (zum Teil) + icc + iec' + co + s

Es wird also angenommen, daß die beiden obersten Quadranten das eine Keimblatt aufbauen, während der Sproßvegetationspunkt vom dritten Quadranten m gebildet wird. Die Embryoentwicklung von *Sag. sagittaefolia* wird als *Sagittaria*-Variation des *Caryophyllaceen*-Typus aufgefaßt.

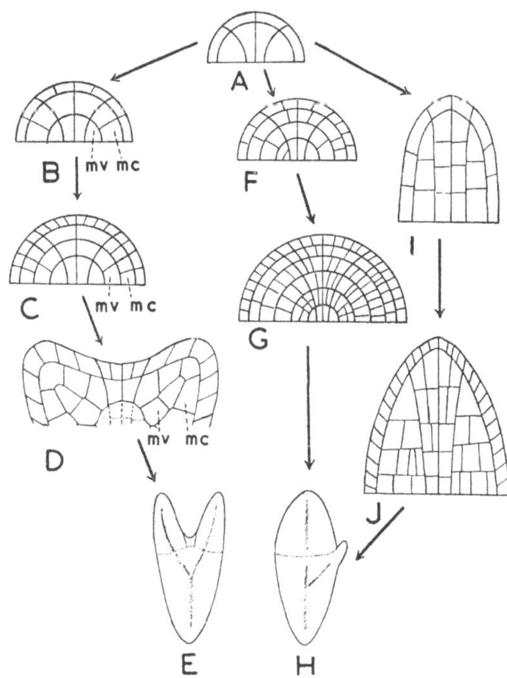

Abb. 59. Die Entwicklung der Cotyledonen und des Sproßvegetationspunktes bei Dicotyledonen (A–E) und bei Monocotyledonen (A, F–H, I–H). (Nach SWAMY aus MAHESHWARI 1962)

Neuerdings wird diese Auffassung über die Herkunft des einen Keimblattes aber angezweifelt (SWAMY in MAHESHWARI 1962). SWAMY verfolgte die Entwicklung der terminalen Etage für die Dicotyledonen und Monocotyledonen auf Grund von Arbeiten von NOLL (1935) und STEFFEN (1952) und stellte fest, daß bei den Dicotyledonen die Cotyledobildung nach der Ausdifferenzierung der Epidermis durch perikline Zellwände beginnt, welche von anti- und periklinen Teilungen gefolgt werden. Dadurch werden die Cotyledoprimordien über den Sproßvegetationspunkt emporgehoben. Der Sproßvegetationspunkt selbst führt keine oder nur wenige Teilungen durch und dann nur in antiklinaler Richtung.

Die Monocotyledonen hingegen folgen zwei verschiedenen Entwicklungsmustern, die aber beide darin übereinstimmen, daß die Initialzellen des Sproßvegetationspunktes nicht ruhen, sondern sich ebenso oft teilen wie jene des Cotyledos (Abb. 59). Swamy stellt auf Grund dieser Beobachtungen eine Hypothese auf, nach der das eine Keimblatt und der Sproßvegetationspunkt aus der terminalen Etage hervorgehen. Das Wachstum beider Organe beginnt im Gegensatz zu den Dicotyledonen gleichzeitig.

VII. Die Apomixis

Dieses Kapitel stützt sich in erster Linie auf meine in „Protoplasmatologia" (Bd. VI/F/3, 1967) veröffentlichte Darstellung des Fortpflanzungsmodus und der Meiose apomiktischer Blütenpflanzen.

A. Definition

Apomixis wurde ursprünglich (Winkler 1908, S. 300) definiert als der „Ersatz der geschlechtlichen Fortpflanzung durch einen anderen, ungeschlechtlichen, nicht mit Kern- und Zellverschmelzung verbundenen Vermehrungsprozeß". Diese Definition, an der vielfach auch heute noch festgehalten wird, hat den Nachteil, einen bei vielen Pflanzen vorkommenden Reproduktionstypus, die vegetative Vermehrung, mit einzuschließen. Deren Erscheinungsformen sind außerordentlich mannigfaltig und werfen viele Probleme auf, die jedoch in diesem Zusammenhang nicht diskutiert werden können (vgl. dazu Weber 1967). Die vegetative darf nicht als Alternative zur sexuellen Vermehrung aufgefaßt werden, hat doch die Pflanze als ausgesprochene „offene Gestalt" sehr häufig auch dann eine starke Tendenz zu vegetativer Vermehrung, wenn ihre sexuelle Fortpflanzung völlig ungeschwächt ist. Vegetative Vermehrung braucht also sexuelle Fortpflanzung nicht auszuschließen, wenn auch Fälle bekannt sind, wo die Samenproduktion z. B. durch Bulbillenbildung erschwert wird. Winklers Definition läßt aber eine scharfe Abgrenzung der vegetativen Vermehrung nicht zu.

Um diesen Mangel der Winklerschen Definition zu umgehen, ziehen wir in diesem Buche, das sich nur mit der Fortpflanzung der *Angiospermen* befaßt, eine etwas engere, auf die Angiospermen zugeschnittene Definition vor. Sie wurde zuerst von Darlington (1937) formuliert und lautet in leicht abgeänderter Form wie folgt: Unter Apomixis soll asexuelle Samenentwicklung verstanden werden, die nicht mit Kernphasenwechsel, Kern- oder Zellverschmelzungen derjenigen Zellen verbunden ist, die sich zum neuen Sporophyten entwickeln (die Befruchtung braucht nicht völlig auszufallen, sie kann sogar, was die Polkerne anbetrifft, obligatorisch sein [Pseudogamie]).

B. Die embryologischen Mechanismen der Apomikten

1. Die Embryosackentwicklung

Apomiktische Vermehrung hat, was den Phänotypus der Nachkommenschaft anbetrifft, viel Ähnlichkeit mit vegetativer Reproduktion: die Tochterpflanzen sind meist genetisch und phänotypisch identisch mit der Samenpflanze, aus der sie hervorgegangen sind. Die Pollenpflanze hat keinerlei Einfluß auf den Phänotypus der Nachkommen. Dennoch bestehen zwischen den beiden Fortpflanzungsformen prinzipielle Unterschiede. Im Gegensatz zu den Pflanzen mit vegetativer Vermehrung führen die Apomikten mit wenigen Ausnahmen (Nuzellarembryonie, s. S. 117 ff.) wie die sexuellen Arten einen Generationswechsel durch, d. h. sie entwickeln in den Samenanlagen weibliche Gametophyten (Embryosäcke), aus denen später neue Sporophyten hervorgehen. Diese Embryosäcke entstehen entweder aus Archesporzellen, aus Zellen also, die auch bei sexuellen Pflanzen Ausgangspunkt der Embryosackentwicklung sind, oder sie gehen aus gewöhnlichen vegetativen (somatischen) Zellen der Samenanlagen, aus aposporen Initialen, hervor. Im ersteren Falle sprechen wir von Diplosporie,

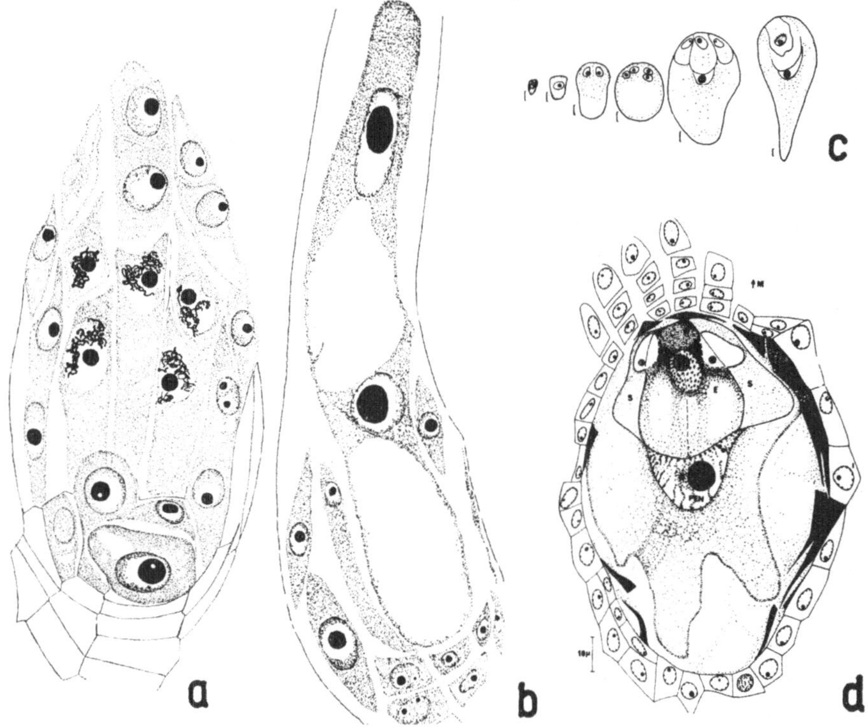

Abb. 60. Entstehung und Entwicklung aposporer Embryosäcke. *a, b* nach dem *Hieracium*-Typus bei *Potentilla canescens*. *c* nach dem *Panicum*-Typus bei *Dichanthium aristatum*. *d* fertig entwickelter Embryosack vom *Panicum*-Typus bei *Dichanthium aristatum*. (*a* nach Hunziker 1954, *b* nach Rutishauser 1943, *c, d* nach Knox und Heslop-Harrison 1963)

(ältere Synonyma: generative Aposporie, aposporia goniale), im letzteren von Aposporie (somatische Aposporie, aposporia somatica). Die Kerne dieser Embryosäcke sind unreduziert, nicht meiotisch, sondern apomeiotisch entstanden: Der Generationswechsel geht nicht mit Kernphasenwechsel einher.

a) Die Embryosackentwicklung aposporer Apomikten

Die Embryosackinitialen stammen bei den aposporen Apomikten meist aus der unmittelbaren Umgebung der Archesporzellen oder EMZ, können aber ausnahmsweise weiter entfernt davon, z. B. im Integument, auftreten. Die aposporen Initialen machen sich durch Vakuolisierung des Cytoplasmas, meist dunklere Plasmafärbung und große Nukleolen des Kernes bemerkbar (Abb. 60 *a*). Sie wachsen unter Ausbildung einer basalen Vakuole rasch aus, und die

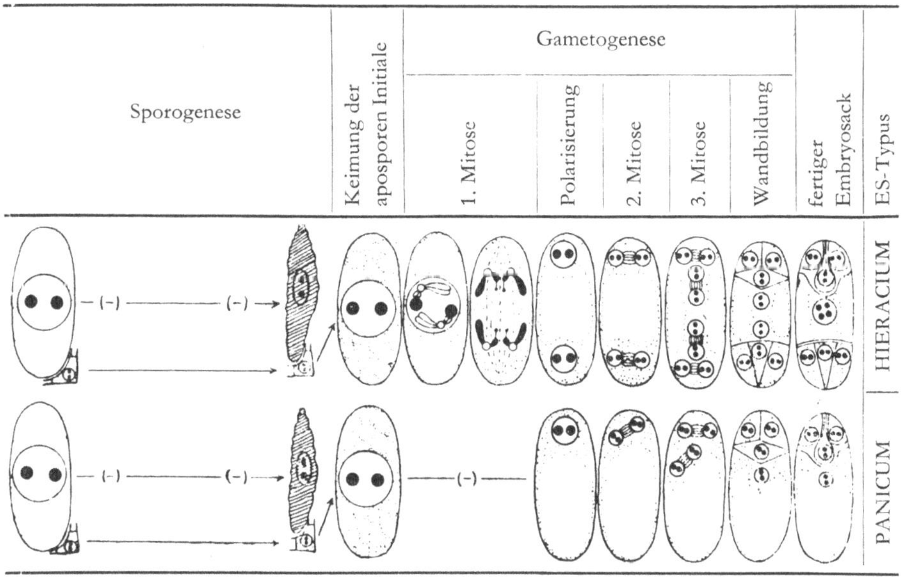

Abb. 61. Schematische Darstellung der aposporen Embryosackentwicklung. (Nach BATTAGLIA 1963)

erste Teilung ihres Kernes ist eine normale Mitose, manchmal allerdings mit meiotisch verkürzten Chromosomen. In bezug auf die Gametogenese lassen sich zwei Typen unterscheiden, die nach der ersten Gattung bezeichnet werden, bei der sie gefunden worden sind (Abb. 61).

Der Hieracium-Typus. Die Embryosackinitiale bildet einen bipolaren zweikernigen Embryosack aus (Abb. 60 *b*), der in zwei weiteren Teilungsschritten einen achtkernigen Embryosack mit zwei Vierkerngruppen aufbaut und damit, abgesehen vom diploiden Zustand der Kerne, dem *Polygonum*-Typus entspricht. Es ist bemerkenswert, daß der *Hieracium*-Typus ausnahmslos bei Arten vorkommt, deren sexuelle Verwandte durch *Polygonum*-Typus des reduzierten

Embryosacks charakterisiert sind, so z. B. in der Untergattung *Pilosellae* der Gattung *Hieracium*, bei *Crepis*, bei den *Rosaceen*-Gattungen *Potentilla*, *Alchemilla*, *Malus*, *Sorbus* und *Rubus*, bei den *Auricomi* der Gattung *Ranunculus*, bei der *Gamineen*-Gattung *Poa* u. a. Die aposporen Arten mit *Hieracium*-Typus haben die Mechanismen der Embryosackentwicklung ihrer sexuellen Verwandten beibehalten, obwohl ihr Embryosack aus einem ganz anderen Zelltyp hervorgeht und keine Sporogenese durchmachte. Unterschiede ergeben sich nur in bezug auf den Polyploidiegrad der Zellkerne, die unreduziert und deshalb genetisch mit den Zellkernen des Sporophyten identisch sind. Dies gilt natürlich auch für die Eizelle; die Tochterpflanzen der aposporen Apomikten sind daher uniform und genetisch identisch mit der Mutterpflanze (Synonyma: maternell, metromorph).

Der Panicum-Typus. Im Gegensatz zum *Hieracium*-Typus mit bipolarer Verteilung der Kerne im zweikernigen Embryosack werden die beiden Tochterkerne des ersten Teilungsschrittes der Gametogenese in einer mikropylaren Plasmaanhäufung eingeschlossen: der Embryosack ist somit monopolar (Abb. 60 *c*). Da offenbar auch bei apomeiotischen Embryosäcken die Vierkerngruppe des mikropylaren Pols Ziel der Entwicklung ist, braucht es bis zur Vollendung des Embryosacks nur noch einen Teilungsschritt und nicht zwei wie beim *Hieracium*-Typus. Der fertig ausgebildete Embryosack zählt vier Kerne bzw. Zellen, nämlich die Eizelle, zwei Synergiden und die „Zentralzelle" mit einem einzelnen Polkern (Abb. 60 *d*). Antipoden werden nicht ausgebildet.
Partiell apospore Arten mit *Panicum*-Typus entwickeln ihre haploiden Embryosäcke nach dem *Polygonum*-Typus, woraus sich ergibt, daß in diesem Falle die Entwicklungsmechanismen der Gametogenese beim Übergang zur Aposporie modifiziert werden. Sie erfahren mehrere Abweichungen, die aber alle auf der Ersetzung des bipolaren durch einen monopolaren zweikernigen Embryosack beruhen. Die Unterschiede zwischen dem *Hieracium*- und dem *Panicum*-Typus sind in Tab. 11 zusammengefaßt.

Tabelle 11. *Die charakteristischen Merkmale des Hieracium- und Panicum-Typus*

	Hieracium-Typus	*Panicum*-Typus
Polarität	bipolar	monopolar
Anzahl Vierkerngruppen	2	1
Anzahl Teilungsschritte	3	2
Anzahl Kerne im reifen Embryosack	8	4
Anzahl Polkerne	2	1

Panicum-Typus wurde bisher ausschließlich bei Arten der Unterfamilie *Panicoideae* gefunden. Die Beschränkung auf eine Unterfamilie und ihre weite Verbreitung innerhalb derselben deuten darauf hin, daß dieser Typus nur einmal, wohl durch Mutation, entstanden ist und sich vermutlich auf genetischem Wege über die ganze Unterfamilie ausgebreitet hat. Bei manchen aposporen *Panicoideae* erfolgt jedoch die Bildung unreduzierter Embryosäcke mindestens teilweise auch nach dem *Hieracium-Typus.*

*

Die weibliche *Meiose aposporer Apomikten* kann normal, mehr oder weniger gestört oder ganz degeneriert sein. Aposporie scheint also von Meiosestörungen völlig unabhängig zu sein.

b) Die Meiose diplosporer Apomikten

Wie oben schon angedeutet, entstehen die Embryosäcke diplosporer Apomikten aus den dafür bestimmten generativen Zellen der Samenanlagen, den Archesporzellen selbst. Vergleichende Untersuchungen von diplosporen Apomikten und sexuellen Arten zeigen, daß auch die diplosporen Apomikten in der Regel die Mechanismen der Embryosackentwicklung ihrer sexuellen Verwandten beibehalten. Sie unterscheiden sich von den letzteren nur insofern, als sie meist keine typische Meiose mehr durchführen, was zur Folge hat, daß die Zellkerne des Embryosacks nicht reduziert sind. Der Generationswechsel der diplosporen Apomikten ist wie jener der aposporen nicht mit einem Kernphasenwechsel gekoppelt.

Die diplosporen Apomikten unterscheiden sich somit von den sexuellen Pflanzen nur in der Sporogenese, nicht aber in der Gametogenese. Die Abweichungen betreffen dabei meist nur den ersten Teilungsschritt der Meiose, die RT_I. Diese wird nicht mehr in typischer Weise durchgeführt, sondern zeigt Abweichungen, die häufig, aber wohl nicht mit Recht, als Degeneration der Meiose gedeutet werden. In Wirklichkeit handelt es sich meist um eine Verkürzung der Meiose oder um eine Annäherung der Meiose an die Mitose. Im Extrem fällt die Meiose ganz aus. Die Folge dieser Aberrationen der weiblichen Meiose ist stets dieselbe: die Reduktion der Chromosomenzahl wird unterdrückt, die Kerne des Gametophyten sind unreduziert.

Die vier Typen aberranter Meiosen, die zu unreduzierten Embryosäcken führen, werden im folgenden anhand des Schemas Abb. 62 beschrieben. Die ersten beiden werden auch als semiheterotype Teilungen bezeichnet.

Die Restitutionskernbildung. Ausgangspunkt für diesen semiheterotypen Teilungsvorgang ist eine partielle (*Boreale*-Typus) oder totale (*Laevigatum*-Typus) Asyndese der homologen Chromosomen: Es werden nur noch wenige bzw. gar keine Bivalente mehr ausgebildet, meist nicht wegen fehlender Homologie der Chromosomen, sondern aus zellphysiologischen Gründen. Die Chromosomen sind in beiden Fällen meiotisch verkürzt. Die Bivalente und auch ein Teil der Univalente sammeln sich in der Äquatorialebene. Die Bivalente werden in der Anaphase I getrennt, die Univalente zum Teil aufgespalten, wobei die Spaltprodukte unregelmäßig in zwei Gruppen aufgeteilt werden und sich gegen die Pole zu bewegen. Im Anschluß an diese Vorgänge kann es zur Ausbildung von zwei Tochterkernen kommen, deren Chromosomenzahl mehr oder weniger reduziert ist. Sie sind aber nur selten haploid, sondern meist aneuploid. Häufig wird diese ungeregelte Form der Meiose unterbrochen, oft erst in der Anaphase, manchmal aber auch in der Metaphase, und die Chromosomen werden in einen einzigen Kern, einen Restitutionskern, eingeschlossen. Seine Form hängt vom Stadium ab, in dem er gebildet wird. In Abb. 62, wo die Anaphase als Zeitpunkt seiner Entstehung anzunehmen ist, hat er Hantelform. Restitutionskerne führen natürlich die unreduzierte Chromosomenzahl, und da keine Veranlassung zu einer Zellteilung besteht, wird die Dyadenbildung unterdrückt. Die Restitutionskerne verbleiben einige Zeit in der Interkinese. Die zweite Reduktionsteilung (homöotype Teilung) beginnt mit der Ausdifferenzierung von Chromosomen, die eine deutliche Doppelstruktur aufweisen. Im Anschluß an die homöotype Teilung werden zwei Tochterkerne ausgebildet, welche die unreduzierte Chromosomenzahl führen.

Der Pseudoillyricum-Typus. Dieser aberrante Meiosetypus läßt sich über den *Hieracium-lacerum*-Typus aus dem Restitutionskern ableiten (Abb. 62). Beim *Lacerum*-Typus kommen die völlig asyndetischen Meiosen nicht über die Prophase hinaus, sondern bilden schon in diesem Stadium einen Restitutionskern, der von einer Kernkontraktion begleitet ist und deshalb als Kontraktionskern bezeichnet wird. Beim *Pseudoillyricum*-Typus (zuerst für PMZ von *Hieracium pseudoillyricum* beschrieben) kann nicht einmal mehr eine Prophase I gefunden werden; die Kontraktion des Kerns erfolgt schon in der prämeiotischen Interphase. Später wird wie beim Restitutionskern eine RT_{II} durchgeführt.
Während die oben beschriebenen und andere Modifikationen des *Pseudoillyricum*-Typus an PMZ von *Hieracium*arten beobachtet worden sind, scheint z. B. bei den Apomikten der Gattung *Antennaria* auch die EMZ eine solche aberrante Meiose durchzuführen, allerdings mit der Abweichung, daß die RT_{II} gänzlich unterdrückt wird. Diese Angabe gründet sich indessen nur auf indirekte Schlüsse, die aus dem weiteren Verhalten der EMZ gezogen werden, und ist nicht unbestritten.

Die pseudohomöotype Teilung (Abb. 62). Dieser Typus aberranter Meiosen, von Gustafsson (1935, 1946/47) aufgestellt, ist noch nicht mit Sicherheit nachgewiesen, soll aber dennoch erwähnt werden, da vom theoretischen Standpunkt aus keine triftigen Gründe gegen sein Vorkommen angeführt werden können. Er ist dadurch charakterisiert, daß die meist univalenten Chromosomen in der RT_I in die Äquatorialebene eingeordnet, dort in ihre Chromatiden aufgespalten und diese in der Anaphase I auf zwei Tochterkerne verteilt werden. Eine RT_{II} findet nicht statt.

Der Allium-nutans-Typus (Abb. 62). Dieser Typus ist für *Allium nutans* und *A. odorum* nachgewiesen. Die Meiose beginnt mit der doppelten somatischen Chromosomenzahl, was vermuten läßt, daß eine prämeiotische Endomitose stattfindet. Die Meiose verläuft normal, mit der einzigen Abweichung, daß sogenannte Autobivalente ausgebildet werden, Bivalente, die durch Paarung von Tochterchromosomen der vorausgegangenen Endomitose zustande kommen. Also paaren nicht homologe Chromosomen, sondern genetisch völlig identische Spaltprodukte eines Chromosoms, so daß ein Chiasma keinen geneti-

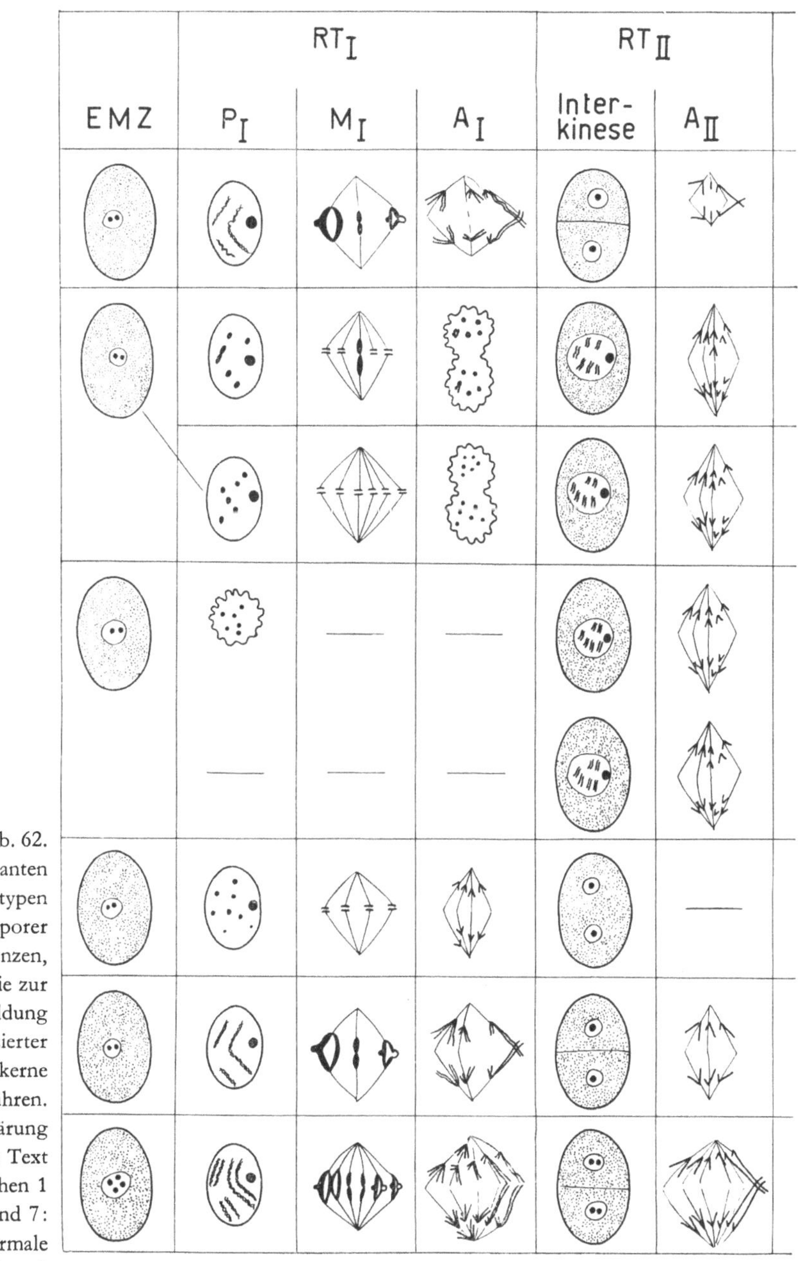

Abb. 62. Die aberranten Meiosetypen diplosporer Pflanzen, die zur Ausbildung unreduzierter Dyadenkerne führen. Erklärung im Text (Reihen 1 und 7: normale Meiosen)

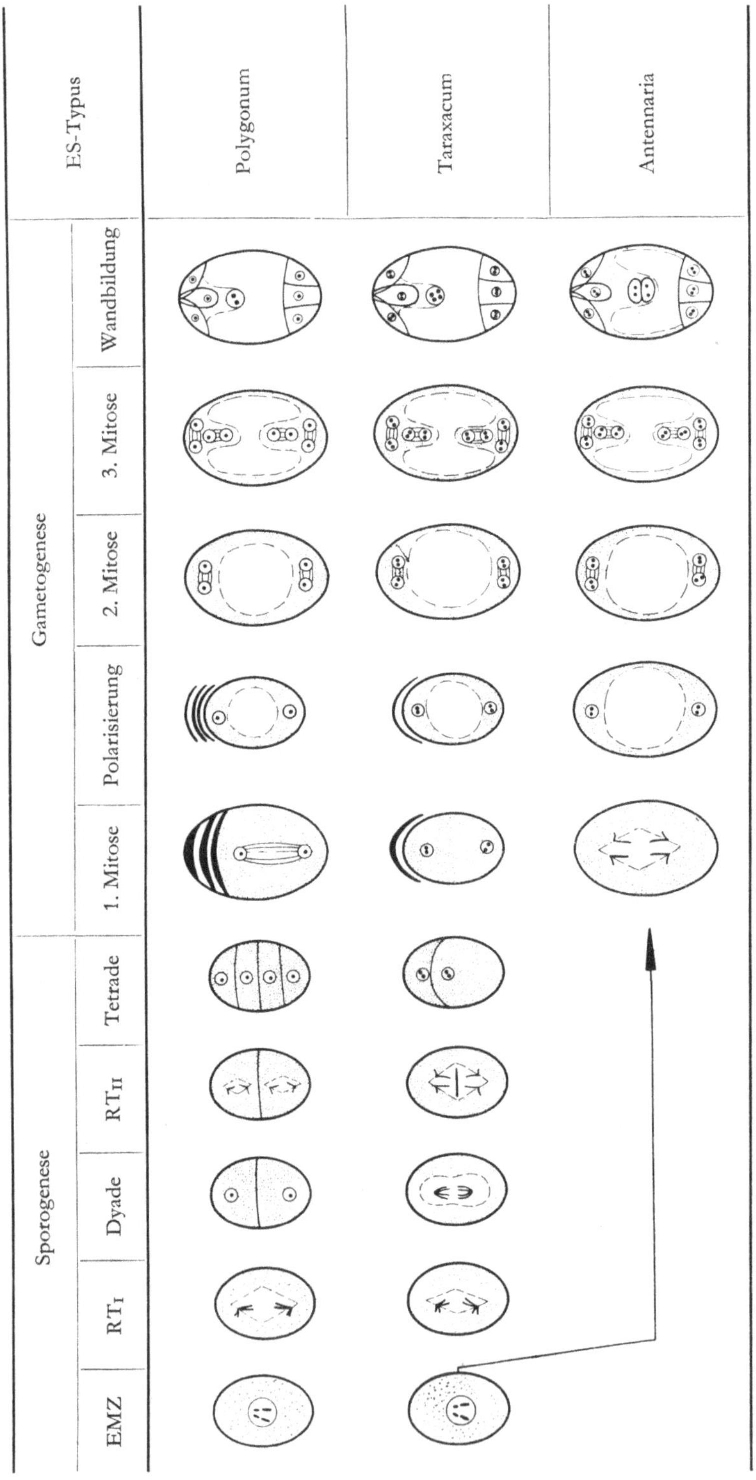

ES-Typus	Sporogenese					Gametogenese				
	EMZ	RT_I	Dyade	RT_{II}	Tetrade	1. Mitose	Polarisierung	2. Mitose	3. Mitose	Wandbildung
Polygonum										
Taraxacum										
Antennaria										

Abb. 63. Ableitung des *Taraxacum*- und *Antennaria*-Typus aus dem *Polygonum*-Typus

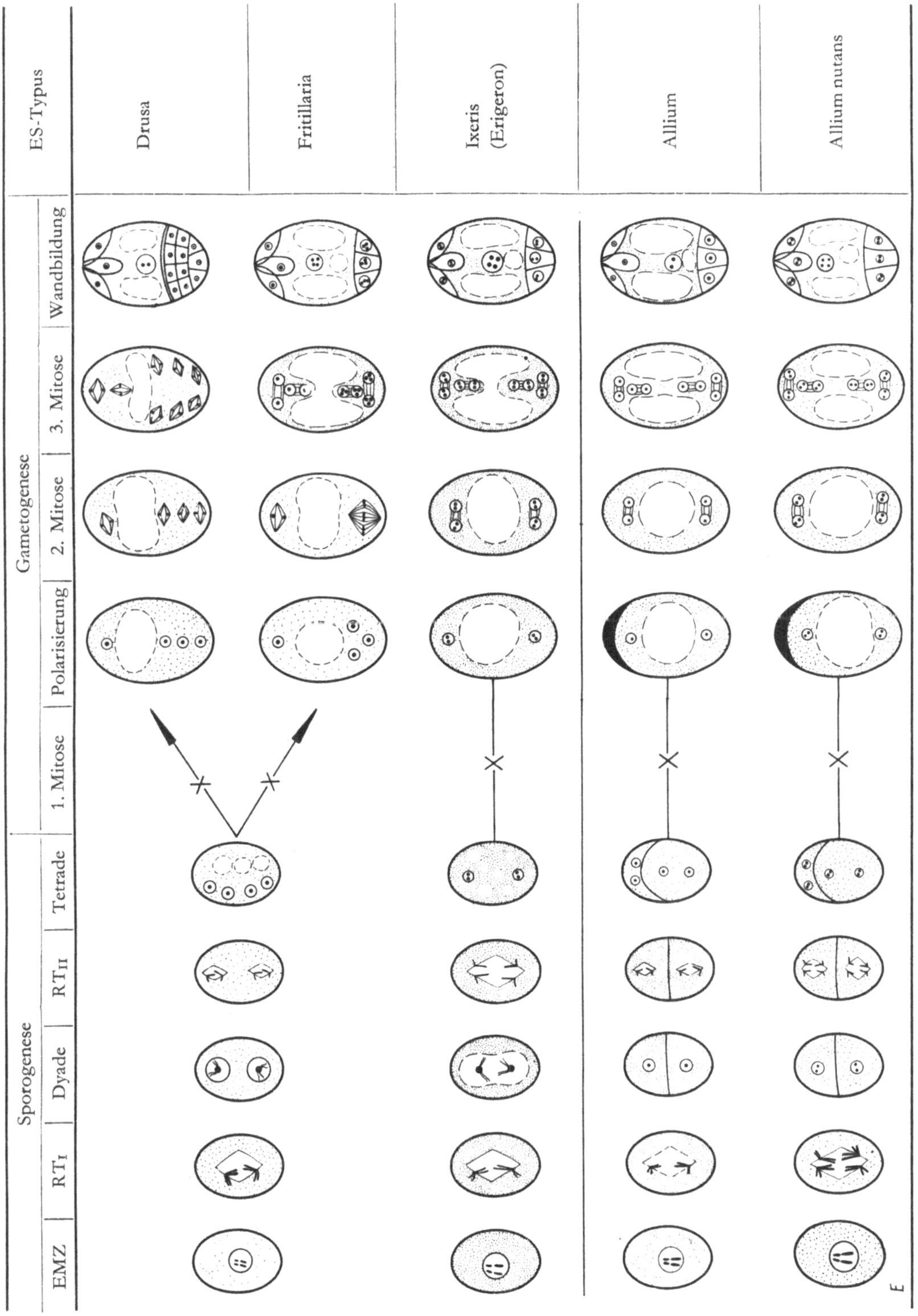

Sporogenese
EMZ
RT_I
Dyade
RT_{II}
Tetrade
Gametogenese
1. Mitose
Polarisierung
2. Mitose
3. Mitose
Wandbildung
ES-Typus
Drusa
Fritillaria
Ixeris (Erigeron)
Allium
Allium nutans
E

Abb. 64. Oben: Ableitung des *Ixeris-(Erigeron-)*Typus aus dem *Drusa-* und *Fritillaria*-Typus; unten: Ableitung des *Allium nutans-* aus dem *Allium*-Typus

schen Effekt hat. Im Anschluß an die RT_I werden zwei unreduzierte Dyaden ausgebildet.

c) Die Embryosackentwicklung diplosporer Apomikten

Wie oben schon betont, unterscheidet sich die Gametogenese der diplosporen Apomikten nicht von jener ihrer sexuellen Verwandten. Der Entwicklungstyp des unreduzierten Embryosacks wird nur so weit verändert, als sich aus den Abweichungen der Sporogenese (Ausfall der RT_I und/oder RT_{II}) zwangsläufig ergibt. Die Entwicklungstypen der Embryosäcke apomiktischer Arten lassen sich daher aus jenen ihrer sexuellen Verwandten ableiten. In den Schemata Abb. 63 und 64 sind diese Entwicklungstypen zusammen mit ihren mutmaßlichen Entsprechungen sexueller Typen dargestellt. Es lassen sich folgende Typen unterscheiden:

Der Taraxacum-Typus (Abb. 63). Es wird nach einer partiellen (*Boreale*-Typus) oder totalen (*Laevigatum*-Typus) Asyndese ein Restitutionskern ausgebildet. Auf die homöotype Teilung folgt eine Cytokinese, so daß zwei unreduzierte Zellen entstehen, die eigentlich unreduzierten Tetradenzellen entsprechen, aber gewöhnlich als Dyaden bezeichnet werden. Die chalazale „Dyade" wächst zum unreduzierten achtkernigen Embryosack aus.
Der *Taraxacum*-Typus wurde zuerst für apomiktische *Taraxacum*arten, später auch für apomiktische Arten der Gattungen *Chondrilla*, *Balanophora*, *Arabis* und *Elatostema* nachgewiesen. Die sexuellen Arten all dieser Gattungen entwickeln, eventuell mit Ausnahme von *Balanophora*, reduzierte Embryosäcke nach dem *Polygonum*-Typus. Auch der *Taraxacum*-Typus leitet sich daher vom *Polygonum*-Typus ab. Wegen des Ausfalls der RT_I werden nur zwei statt vier Tetradenzellen ausgebildet.

Der Ixeris-(Erigeron-)Typus (Abb. 64). Dieser Typus unterscheidet sich vom *Taraxacum*-Typus nur dadurch, daß auf die homöotype Teilung keine Cytokinese folgt; am Aufbau des unreduzierten Embryosacks sind also beide Tochterkerne der RT_{II} beteiligt. Der *Ixeris*-Typus wurde zuerst für *Ixeris dentata*, später auch für Apomikten der Gattungen *Erigeron* und *Rudbeckia* beschrieben.
Interessant ist dabei, daß er sich, aus Untersuchungen an sexuellen Arten der gleichen Gattungen und an partiellen Apomikten zu schließen, sowohl aus dem *Drusa*-Typus wie auch aus dem *Fritillaria*-Typus ableiten kann (vgl. S. 38 sowie Schema Abb. 64). In beiden Fällen hat der Ausfall der RT_I zur Folge, daß die Zahl der Sporenkerne der Cœnomakrospore von vier auf zwei reduziert wird. Daraus ergibt sich dann beim *Drusa*-Typus eine Reduktion der Zahl der Kerne des reifen Embryosacks von 16 (15) auf 8 (7), beim *Fritillaria*-Typus der Ausfall des Carano-Bambacioni-Effektes, was zu einer Egalisierung der Chromosomenzahl der mikropylaren und antipodialen Vierkerngruppe führt. Gegenüber dem *Fritillaria*-Typus wird der Polyploidiegrad des sekundären Em-

bryosackkerns nicht verändert, so daß die Endospermbildung mit der gleichen Chromosomenzahl wie bei den sexuellen Embryosäcken starten kann.

Der Antennaria-Typus (Abb. 63). Wie oben schon ausgeführt, wird der *Antennaria*-Typus (in Abweichung von der üblichen Auffassung und in Übereinstimmung mit BATTAGLIA [1963]) als extreme Reduktion der RT_{I} (Kontraktionsstadium) und Ausfall der RT_{II} interpretiert. Die scheinbar erste Teilung der EMZ, die rein mitotisch ist, wird als erste Teilung der Embryosackzelle, also als erster Teilungsschritt der Gametogenese, aufgefaßt. Auch der *Antennaria*-Typus leitet sich, nach Untersuchungen an sexuellen Verwandten und partiellen Apomikten, vom *Polygonum*-Typus ab und hat daher weite Verbreitung. Außer für apomiktische *Antennaria*-Arten wurde er für apomiktische Arten der Gattungen *Poa*, *Calamagrostis*, *Potentilla*, *Rubus*, *Eupatorium*, *Parthenium*, *Archieracium*, *Leontopodium*, *Cooperia*, *Zephyranthes* u. a. nachgewiesen.

Der Allium-nutans-Typus (Abb. 64). Dieser Typus, für *Allium nutans* und *A. odorum* nachgewiesen, ist charakterisiert durch eine prämeiotische Endomitose und eine RT_{I} mit Autobivalenten, die in die Bildung unreduzierter Dyadenzellen ausmündet. Die RT_{II} fällt mit dem ersten Teilungsschritt der Gametogenese zusammen: Aus der chalazalen Dyade entwickelt sich der unreduzierte Embryosack. Der Typus kann vom *Allium*-Typus abgeleitet werden. Die sexuellen Arten der Gattung *Allium* sind alle durch den *Allium*-Typus ausgezeichnet.

2. Die Pollenentwicklung

Die Pollenentwicklung der Apomikten, die wie die Embryosackentwicklung meist Abweichungen vom normalen Verhalten aufweist, hängt in erster Linie vom Fortpflanzungsmodus ab, kann aber auch durch Außenfaktoren beeinflußt werden. Wie wir im nächsten Abschnitt zeigen werden, existieren bei Apomikten mit Generationswechsel zwei verschiedene Fortpflanzungsformen, eine solche, die zur Auslösung der Samenentwicklung der Bestäubung (Befruchtung der Polkerne) bedarf und die als Pseudogamie bezeichnet wird, ferner ein Fortpflanzungsmodus mit autonomer Embryo- und Samenentwicklung, die diploide Parthenogenese. Pseudogame tolerieren nicht so große Aberrationen der männlichen Meiose wie diploid parthenogenetische Arten; ihre Pollenfertilität ist daher im allgemeinen besser.

a) Die Pollenentwicklung der pseudogamen Apomikten

Die pseudogamen Apomikten führen oft völlig normale männliche Meiosen durch. Meiotische Störungen treten zwar auf; diese rühren aber nur davon her, daß die Apomikten sehr häufig allo- oder autoalloploid sind und daher Uni- und Multivalente ausbilden. So können, um nur ein Beispiel für viele zu nennen, bei der tetraploiden *Sorbus subsimilis* ($2n = 68$) 1 bis 2 Quadrivalente, 2 bis 5 Trivalente, 28 bis 20 Bivalente und 4 bis 6 Univalente nachgewiesen werden. Aus solchen Analysen kann unter Beiziehung morphologischer Merkmale und bei einer genauen Kenntnis der Syndeseverhältnisse natürlicher und künstlich erzeugter Bastarde auf die Genese des betreffenden Apomikten geschlossen werden. So wird für *S. subsimilis* angenommen, daß die Art aus der Kreuzung zwischen *S. aria* (Genom A) und *S. aucuparia* (Genom B) hervorging und die Genomformel AAAB habe.

Die Uni- und Multivalentbildung hat oft Teilungsstörungen zur Folge und wirkt sich damit ungünstig auf die Pollenfertilität aus. Diese beträgt z. B. für *S. subsimilis* nur noch 5,7%, gegenüber 60 bis 90% bei den diploiden Elternarten. Differenzen im Ausmaß der Pollenfertilität können aber auch auf Grund jahreszeitlicher Unterschiede auftreten. Bei einer Rasse von *Potentilla verna* z.B. betrug die Pollenfertilität im Frühjahr 0 bis 14,5%, im Herbst bei derselben Pflanze bis 40,5%. Da die Pseudogamen nur nach Bestäubung (und Befruchtung der Polkerne) Samen ansetzen, haben solche Differenzen natürlich auch auf den Samenansatz großen Einfluß. So sind viele triploide *Sorbus*apomikten mit einer Pollenfertilität von 0% nur noch in der Lage, Samen auszubilden, wenn sie in der Nähe pollenfertiler *Sorbus*arten wachsen.

b) Die Pollenentwicklung der diploid parthenogenetischen Apomikten

Während die pseudogamen Apomikten durchschnittlich normale männliche Meiosen durchführen (mit einigen Ausnahmen allerdings, wie z. B. *Arabis holboellii* und vielen *Poae*), ist die männliche Meiose der diploid parthenogenetischen Arten sehr häufig stark gestört. Die bei Diplosporen vorkommenden aberranten Meiosen sind schon weiter oben (S. 107 ff.) bei der Besprechung der EMZ beschrieben worden. Es braucht deshalb nur noch darauf hingewiesen zu werden, daß in den PMZ auch solche Teilungsabläufe gefunden werden, die nicht unreduzierte Pollenkörner zur Folge haben. Der *Boreale*- und *Laevigatum*-Typus z. B. endet häufig mit unregelmäßiger Verteilung der homologen Chromosomen und nicht mit einer Restitutionskernbildung. Die Pollenkörner sind dann mehr oder weniger haploid, wegen der Verteilungsanomalie aber meist aneuploid und deshalb oft steril.

Die starken meiotischen Störungen der diplosporen Apomikten rühren nur selten von mangelnder Homologie der Chromosomen her. Das geht schon aus der Tatsache hervor, daß die Syndeseverhältnisse in den EMZ und PMZ oft nicht gleich sind. In den PMZ ist die Paarungstendenz meist bedeutend größer als in den EMZ. So wurden bei *Taraxacum kalbfussii* ($2n = 24 = 3x$) in den PMZ unter anderem Konfigurationen wie $1_{III} + 6 - 7_{II} + 9 - 7_{I}$ gefunden, in EMZ hingegen völlige Asyndese. Es muß daher angenommen werden, daß die aberranten Meiosen der diplosporen Apomikten eher durch genetisch bedingte zellphysiologische Störungen hervorgerufen werden. Diese Störungen spielen, soweit sie in den PMZ auftreten, für die Fertilität der Trägerpflanze keine Rolle, da die Samenbildung ja autonom, unabhängig von Bestäubung, erfolgt.

3. Die Entwicklung des Sporophyten der Apomikten

Die Embryonen der Apomikten können aus unreduzierten Eizellen von weiblichen Gametophyten oder direkt aus vegetativen Zellen der Samenanlage entstehen. Ihre Entwicklung ist ferner entweder autonom oder muß durch Bestäubung induziert werden. Es sind somit vier Typen apomiktischer Embryoentwicklung möglich. Sie werden als Pseudogamie, diploide Parthogenese, als induzierte und autonome Nuzellarembryonie bezeichnet (Tab. 12).

Tabelle 12. *Die Samenbildung der Apomikten*

Herkunft der Embryoinitialen	Auslösung der Samenentwicklung	
	durch Bestäubung	autonom
aus Eizellen des unreduzierten Gametophyten	Pseudogamie	diploide Parthenogenese
aus vegetativen Zellen der Samenanlage	induzierte Nuzellarembryonie	autonome Nuzellarembryonie

a) Die Pseudogamie

Der Ausdruck Pseudogamie stammt von FOCKE (1881) und wurde definiert als „parthenogenetische Entwicklung der Eizelle unter dem entwicklungserregenden Einfluß des Pollens". Manche Embryologen legen mehr Gewicht auf die Auslösung der Samenentwicklung und rechnen zur Pseudogamie auch die induzierte Nuzellarembryonie. Wir halten uns hier an die ursprüngliche Definition FOCKES.

Es hat lange gedauert, bis die Mechanismen der Pseudogamie richtig erkannt wurden. Dies war erst möglich, als es gelang, die Chromosomen des Endosperms auszuzählen. Die Analysen der bestuntersuchten pseudogamen Pflanzen, wie *Hypericum perforatum*, *Ranunculus auricomus*, *Poa alpina* und mancher Arten mit *Panicum*-Typus, wie *Panicum maximum*, *Themeda triandra*, *Pennisetum ciliare* und *Setaria macrostachya*, führten alle zum selben Resultat: Die Befruchtung der Eizelle fällt zwar aus, aber jene der Polkerne bleibt erhalten, d. h. anstelle einer doppelten findet eine einfache Befruchtung statt. Nur das Endosperm muß durch Befruchtung zur Entwicklung angeregt werden. Es scheint, daß, mindestens bei manchen Arten, sowohl die Zahl der Polkerne als auch jene der Spermakerne erheblichen Schwankungen unterworfen sein kann, weshalb die Chromosomenzahl des Endosperms bei pseudogamen Pflanzen stärker variiert als bei sexuellen. Die Abb. 65 gibt das Ergebnis von Analysen der tetraploiden Sammelart *Ranunculus auricomus* wieder und zeigt, daß 1 bis 3 Polkerne von 1 bis 2 Spermakernen befruchtet werden können. Ob alle gefundenen cytologischen Varianten die normale Ausbildung eines keimfähigen Samens gewährleisten, ist nicht bekannt.

Die Bedeutung der Polkernbefruchtung und der damit verbundenen Auslösung der Endospermentwicklung ergibt sich aus Untersuchungen über die Entwicklung des Embryos. Die unreduzierten Eizellen mancher Pseudogamer, wie

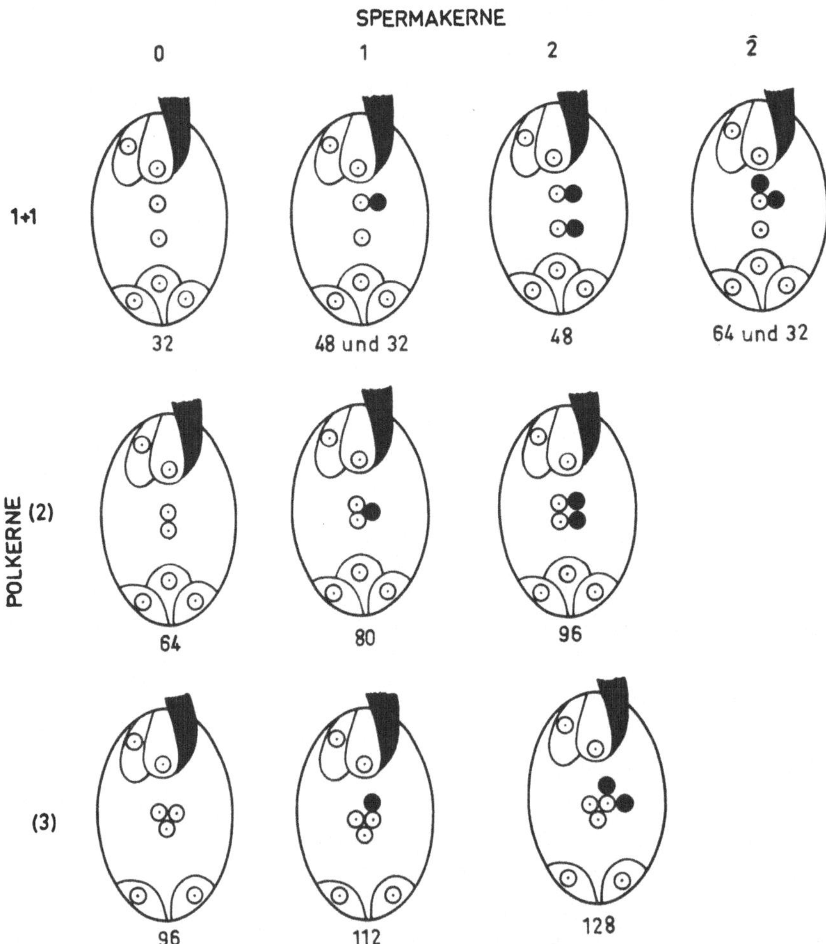

Abb. 65. Interpretation der im Endosperm von *Ranunculus auricomus* (2n=4x=32) gefundenen Chromosomenzahlen. (Nach RUTISHAUSER 1954 b)

Potentilla praecox, entwickeln sich auch ohne Bestäubung zu mehrzelligen Embryonen. Die Richtung der Zellwände und die Form des Embryos sind aber abnorm, indem z. B. die Differenzierung in Suspensor und eigentlichen Embryo unterbleibt (Abb. 53). Bei diesen Pseudogamen erfolgt also die Embryobildung autonom, das Endosperm hat nur die Aufgabe, den Ablauf der Embryoentwicklung zu regulieren. Bei anderen Pseudogamen, z. B. *Ranunculus auricomus*, teilt sich die unreduzierte Eizelle nur, wenn sich Endosperm entwickelt hat. Die Eizelle muß also in diesem Falle durch das Endosperm zur Entwicklung angeregt werden.

Es wird behauptet, daß neben diesen beiden Entwicklungsmechanismen der Pseudogamen noch andere existieren, wo keine Befruchtung des Endosperms stattfindet, sondern wo sich der Same allein unter dem entwicklungserregenden Einfluß der Bestäubung an sich ausbildet. Alle diese Angaben sind unsicher, zum Teil sogar widerlegt. Wir sind daher der Ansicht, daß Pseudogamie stets mit Befruchtung der Polkerne gekoppelt ist und sich in diesem Punkte deutlich und übergangslos von der diploiden Parthenogenese unterscheidet.

b) Die diploide Parthenogenese

Die Samen entwickeln sich, was das Endosperm und das mütterliche Gewebe betrifft, ohne jeden äußeren Anstoß. Die Embryonen hingegen verhalten sich verschieden. In vielen Fällen, z. B. bei den *Taraxacum*-Apomikten, teilt sich die Eizelle autonom und eilt sogar oft der Endospermentwicklung voraus. Auch die weitere Entwicklung scheint nicht an ein parallel dazu wachsendes Endosperm gebunden zu sein. Bei diesen Arten ist somit die Autonomie der Samenentwicklung total. Andere Apomikten hingegen beginnen mit der Embryoentwicklung erst nach den ersten Entwicklungsschritten des Endosperms; ihre Embryoentwicklung ist vermutlich vom Endosperm abhängig. Der einzige Unterschied zu den Pseudogamen besteht dann in der Autonomie der Endospermbildung.

c) Die Nuzellarembryonie

Die Erkenntnis, daß dem Endosperm für die Embryoentwicklung eine Bedeutung zukommt, entweder als auslösender Faktor oder als Entwicklungsregulator, wirkt sich auch auf die Interpretation der Nuzellarembryonie aus. Zwei Vorgänge sind es, denen bei der Nuzellarembryonie besondere Bedeutung zukommt und die streng auseinandergehalten werden müssen:

- die Aussonderung embryonaler Zellen aus dem vegetativen Gewebe des Nuzellus, die als Embryoinitialen funktionieren, und
- die Regulation der Embryoentwicklung und die Ausbildung eines keimfähigen Samens.

Nuzellarembryonie kommt bei Pflanzen vor, deren sexuelle Verwandte kein Endosperm ausbilden *(Orchideen)*, oder bei Pflanzen, deren sexuelle Verwandte endospermhaltige Samen entwickeln. Diese beiden Gruppen müssen getrennt beschrieben werden.

Die Nuzellarembryonie der Orchideen (Abb. 66). Es ist schon lange bekannt, daß manche sexuelle *Orchideen* Embryosäcke erst nach Bestäubung ausbilden. Andere sind in dieser Hinsicht autonom, brauchen aber Bestäubung für die Entwicklung keimfähiger (aber endospermloser) Samen. Diese beiden *Orchideen*kategorien scheinen auch bei den Apomikten vorzukommen. Bei manchen Apomikten, z. B. *Zeuxine sulcata* und *Nigritella nigra f. apomicta*, werden die Embryoinitialen und die Embryosackinitialen autonom angelegt, und auch

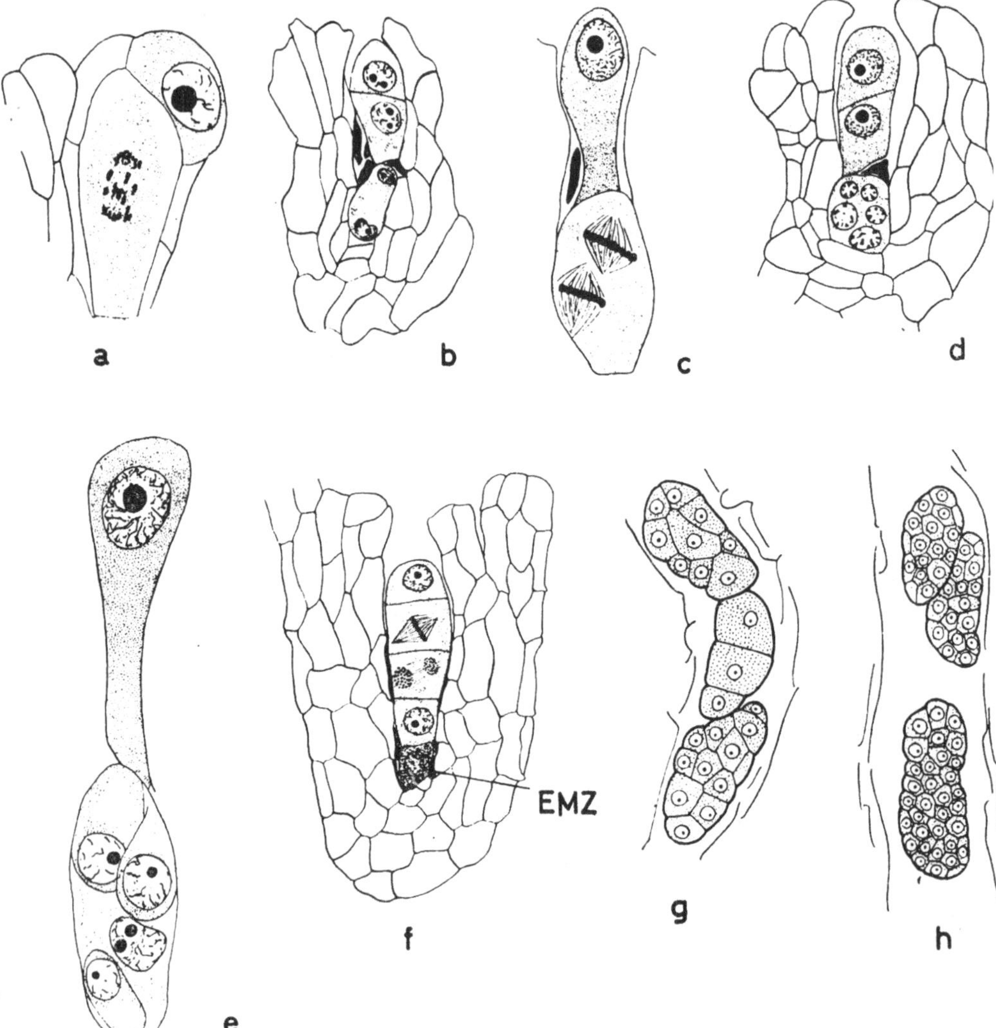

Abb. 66. Nuzellarembryonie bei *Zeuxine sulcata* LINDL. *a* EMZ in RT_I, darüber Initialzelle des Nuzellarembryos. *b* zweikerniger Embryosack, darüber zweizelliger Nuzellarembryo. *c*, *d* Entwicklungsstadien von Embryosäcken, darüber ein- oder zweikernige Embryonen. *e* reifer Embryosack mit Initialzelle. *f* EMZ in Degeneration, darüber vierzelliger Nuzellarembryo. *g*, *h* Polyembryonie (Nuzellarembryonen). (Nach SWAMY 1946)

die Samenentwicklung ist völlig autonom; d. h. also, daß die Nuzellarembryonie bei diesen Pflanzen unabhängig ist von Bestäubung.

Andere *Orchideen*, wie *Zygopetalum mackayi*, brauchen Bestäubung, damit Embryoinitialen ausgesondert und Embryosäcke ausgebildet werden. Da keine Befruchtung im Embryosack nachgewiesen werden konnte, scheint der spätere Ablauf der Samenentwicklung autonom zu erfolgen.

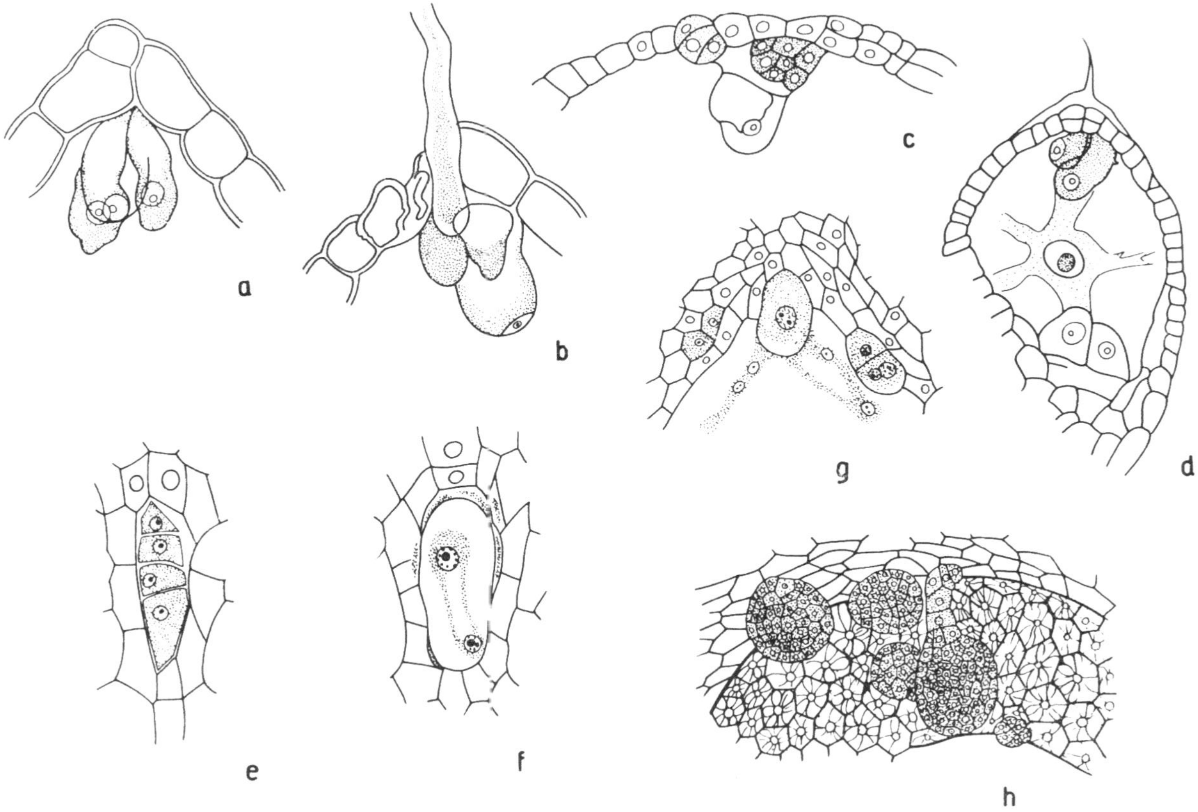

Abb. 67. Nuzellarembryonie von *Hosta coerulea* (*a–d*), *Citrus nobilis* (Lour.) (*e*) und *Citrus trifoliata L.* (*f–h*).

a Nuzellusspitze und Eiapparat.

b Eindringen des Pollenschlauches in den Embryosack.

c Bildung der Adventivembryonen aus dem Nuzellargewebe.

d Längsschnitt durch den Nuzellus mit Embryosack (Eiapparat, Zentralzelle und Antipoden), Beginn der Teilungen in der Nuzelluskappe.

e Tetrade, aus einer EMZ entstanden.

f zweikerniger Embryosack, darüber degenerierende Zellen.

g Nuzellusspitze mit Eizelle und nukleärem Endosperm, in der Nuzelluskappe (rechts) Initialzellen von Nuzellarembryonen.

h Nuzellusspitze mit Nuzellarembryonen.

(*a–d* nach Strasburger 1878, *e–h* nach Osawa 1912)

Die Nuzellarembryonie bei Pflanzen mit Endospermentwicklung (Abb. 67). Auch in dieser Gruppe von Apomikten können zwei Typen unterschieden werden:

- Pflanzen mit induzierter Nuzellarembryonie und
- Pflanzen mit autonomer Nuzellarembryonie.

Da bei beiden Typen auch Embryosäcke ausgebildet werden, können zwei Fortpflanzungssysteme und damit zwei Typen von Embryonen, sexuelle Eiembryonen und asexuelle Nuzellarembryonen, nebeneinander existieren.
Arten mit induzierter Nuzellarembryonie bedürfen der Bestäubung für die Samenbildung, autonome nicht. Die Bedeutung der Bestäubung dürfte nicht für alle Arten mit induzierter Nuzellarembryonie die gleiche sein: die einen Arten, z. B. *Eugenia jambos*, können autonom Embryoinitialen, ja sogar kleine Nuzellusembryonen ausbilden. Die Bestäubung ist aber nötig für die Entwicklung keimfähiger Samen. Vermutlich handelt es sich hier um eine Parallele zum Verhalten der Embryonen z. B. von *Potentilla*, wo die Embryoentwicklung autonom beginnt, die normale Entwicklung aber nur dann gewährleistet ist, wenn sich Endosperm ausgebildet hat. Bei anderen Arten, wie z. B. bei *Hosta coerulea* und einigen Biotypen von *Citrus*, muß schon die Aussonderung von Embryoinitialen induziert werden.
Autonome Nuzellarembryonie schließlich ist dadurch charakterisiert, daß die Aussonderung von Embryoinitialen, die Embryo- und die Samenbildung überhaupt völlig autonom ablaufen. In einem der wenigen genauer untersuchten Fälle von autonomer Nuzellarembryonie, bei *Euphorbia dulcis*, konnte auch die autonome Ausbildung von Endosperm aus der unbefruchteten Zentralzelle des in der gleichen Samenanlage entstandenen Embryosacks nachgewiesen werden. Dies läßt vermuten, daß auch bei Nuzellarembryonie dem Endosperm eine wichtige Funktion zukommt, indem es als Auslöser oder Regulator der Embryoentwicklung funktioniert. Ob es sich wirklich so verhält, muß aber noch bewiesen werden.

C. Die Fortpflanzung der Apomikten

In vielen, besonders älteren Arbeiten über die Apomixis wurde die Ansicht vertreten, daß die apomiktischen Pflanzen einen totalen Geschlechtsverlust erlitten haben und nur noch in der Lage seien, auf asexuellem Wege Nachkommen zu erzeugen. Kreuzungen zwischen Apomikten untereinander oder mit sexuellen Pflanzen haben aber ergeben, daß oft doch noch Spuren von sexueller Vermehrung vorhanden sein können. In Tab. 13 sind Ergebnisse von Kreuzungsversuchen für eine sexuelle und drei apomiktische *Potentilla*-Arten wiedergegeben, die über die mannigfaltigen Mischungen von apomiktischen und sexuellen Fortpflanzungstendenzen Aufschluß geben.
So hat *P. heptaphylla* nur solche Nachkommen erzeugt, die durch Befruchtung reduzierter Eizellen entstanden sein können (dies ergibt sich aus den Chromo-

Tabelle 13. *Die Fortpflanzung sexueller und pseudogamer Potentilla-Arten* (nach RUTISHAUSER 1948)

Samenpflanze	2 *n*	Zusammensetzung der F_1-Generation			Apomeiosegrad %	Pseudogamiegrad %
		maternelle Pflanzen	B_{II}	B_{III}		
P. heptaphylla	14	0	22	0	0	0
P. canescens	42	145	1	1	99,32	98,64
P. argentea	42	338	0	6	100	98,26
P. verna 4	42	198	0	25	100	88,79

somenzahlen der Bastarde, die der Summe der haploiden Chromosomenzahlen der Eltern entsprechen). Diese sogenannten B_{II}-Bastarde zeigen, daß *P. heptaphylla* nur befruchtungsfähige, reduzierte Eizellen ausbildet, also total sexuell ist.

Die Kreuzungen mit *P. canescens* als Samenpflanze ergaben drei Kategorien von Nachkommen: maternelle Pflanzen, die asexuell aus unbefruchteten, unreduzierten Eizellen entstanden sein müssen und deren Chromosomenzahl jener der Mutterpflanze entspricht; ferner zwei Typen von Bastardpflanzen, nämlich B_{II}-Bastarde, hervorgegangen aus befruchteten, reduzierten Eizellen, und B_{III}-Bastarde, die gemäß ihrer Chromosomenzahl (63 statt 42 wie bei den Eltern) durch Befruchtung unreduzierter Eizellen mit reduzierten Pollenkörnern entstanden sind (42+21=63). Dies bedeutet:

- wegen der Erzeugung von B_{II}-Bastarden, daß die apomiktische *P. canescens* neben unreduzierten auch reduzierte Eizellen ausbildet (bezeichnet man die relative Frequenz der unreduzierten Eizellen als Apomeiosegrad, dann beträgt dieser für *P. canescens* 99,32%),
- wegen des Auftretens von B_{III}-Bastarden, daß unreduzierte Eizellen befruchtungsfähig sein können (bezeichnet man die relative Anzahl von Eizellen, die ohne Befruchtung einen Embryo ausbilden, als Pseudogamiegrad, dann beträgt dieser für *P. canescens* 98,64%).

Die *Argentea*-Kreuzungen lassen erkennen, daß Apomeiose und Aposporie total sein, aber doch noch Hybriden, allerdings nur B_{III}-Bastarde, erzeugt werden können. Der Apomeiosegrad von *P. argentea* beträgt daher 100%, der Pseudogamiegrad hingegen nur 98,26%. *P. verna* 4 verhält sich mit einem Apomeiosegrad von 100% und einem Pseudogamiegrad von nur 88,79% ähnlich. Dies zeigt, daß nicht einmal totale Apomeiose völligen Geschlechtsverlust bedingen muß.

Aus den *Potentilla*-Versuchen folgt zusammenfassend,
- daß verschiedene Stufen von Apomixis existieren, und
- daß sich die Sexualität auf verschiedene Weise manifestiert, nämlich durch Ausbildung reduzierter Eizellen einerseits und durch die Befruchtung von reduzierten oder unreduzierten Eizellen andererseits.

Beide Teilerscheinungen der Apomixis, Embryosackentwicklung und Befruchtungsverhältnisse, müssen untersucht werden, wenn man sich über die Fortpflanzung der Apomikten Klarheit verschaffen will.
Ähnliche Beobachtungen sind bei vielen Apomikten gemacht worden, so z. B. bei den pseudogamen Arten *Poa pratensis* und *Poa alpina*, bei *Parthenium incanum* und *P. argentatum*, während sich bis jetzt noch keine Kleinarten von *Ranunculus auricomus* als partiell apomiktisch erwiesen haben.
Auch diploid parthenogenetische Arten können total oder partiell apomiktisch sein. Das hat schon MENDEL 1869 für *Hieracium*-Arten nachgewiesen, ohne allerdings die richtige Interpretation für seine Versuche gefunden zu haben. Ferner ist partielle Apomixis auch für Arten mit Nuzellarembryonie, wie z. B. *Citrus sinensis*, die Orange, und *C. nobilis*, die Mandarine, gefunden worden.

D. Der Bastardcharakter der Apomikten

Mit den oben mitgeteilten Befunden kann nun auch die Erklärung für ein längst bekanntes Phänomen gegeben werden, das zu manchen Spekulationen Anlaß gegeben hat. Aus der vergleichend-morphologischen Untersuchung von Apomikten und ihrer sexuellen Verwandten und der cytologischen Analyse der Meiose von apomiktischen Arten hat sich immer wieder ihre verblüffende Ähnlichkeit mit Artbastarden herausgestellt. Dieser Befund stand mit der asexuellen Fortpflanzungsweise, die man früher als obligatorisch auffaßte, im Gegensatz. Später hat sich allerdings gezeigt, daß manche Beobachtungen dieser Art, besonders die cytologischen, auch anders gedeutet werden konnten, aber experimentelle Untersuchungen, vor allem Kreuzungen zwischen sexuellen und apomiktischen Arten, erbrachten dann doch den schlüssigen Beweis für die Bastardnatur der Apomikten. In Abb. 68–70 sind Ergebnisse einer solchen Analyse wiedergegeben. Es handelt sich um eine Kreuzung zwischen der sexuellen Art *Ranunculus cassubicifolius* ($2n = 16 = 2x$) und einer apomiktischen Verwandten, *R. megacarpus* ($2n = 32 = 4x$), die eine polymorphe F_1-Generation ergab. Die pseudogamen F_1-Pflanzen unterscheiden sich besonders in systematisch wichtigen Merkmalen, wie Form der grundständigen Blätter (Abb. 68) und Zahl der Kronblätter (Honigblätter, Abb. 69), während beide Elternarten selbstbestäubt uniforme Nachkommenschaft hervorbringen. Aus diesen Resultaten ist zu schließen, daß die sexuelle Elternpflanze mehr oder weniger homozygot, die apomiktische Pollenpflanze extrem heterozygot ist und nur deshalb uniforme (maternelle) Nachkommenschaft hervorbringt, weil sie sich apomiktisch vermehrt.

E. Ursachen der Apomixis

Die Bastardnatur der Apomikten führte zu der Hypothese, daß die apomiktische Vermehrung ursächlich mit Bastardierungsvorgängen verknüpft sei und gewissermaßen einen Ausweg aus der Samensterilität darstelle, die oft mit Artbastardierung verbunden ist. Diese an sich einleuchtende Hypothese mußte aber wieder verlassen werden, da es nie gelang, sie experimentell zu beweisen. Aus Versuchen dieser Art ergab sich indessen ein neuer Weg, das Ursachenproblem der Apomixis einer Lösung zuzuführen. Er soll am erwähnten Beispiel *Ranunculus auricomus s. l.* kurz besprochen werden.

Abb. 68. Grundständige Blätter von *Ranunculus cassubicifolius* (2 Blätter oben links), *R. megacarpus* (2 Blätter oben rechts) und der 6 Hybriden CM_1 bis CM_6 (jede Hybride ist durch ein charakteristisches Blatt vertreten). (Nach RUTISHAUSER 1960 b)

Die Kreuzung *Ranunculus cassubicifolius* ($2n = 16 = 2x$) × *R. megacarpus* ($2n = 32 = 4x$) ergab sechs Bastarde mit der triploiden Chromosomenzahl ($2n = 24 = 3x$)(Abb. 70). Bezeichnet man das Genom von *R. cassubicifolius* als C, jenes von *R. megacarpus* als M, dann haben die F_1-Hybriden die Genomformel CMM. Sie sind mit einer Ausnahme, einer total sterilen Pflanze, alle apomiktisch, aber mit einem wechselnden Einschlag von Sexualität sowohl in bezug auf die Ausbildung reduzierter Embryosäcke wie auch auf die Befruchtungsfähigkeit der Eizellen. Neben maternellen Pflanzen werden B_{II}- und B_{III}-Bastarde ausgebildet. Dies bedeutet, daß die Apomixis durch den Pollen auf die Nachkommen einer rein sexuellen Pflanze übertragen worden, d. h. genetisch bedingt ist. Durch Rückkreuzung der F_1-Bastarde mit *R. cassubicifolius* entstand unter anderem ein B_{III}-Bastard mit der Genomformel CCMM. Dieser

Rückkreuzungsbastard ist rein sexuell: er entwickelt nur reduzierte Embryosäcke und seine Nachkommen sind ausnahmslos B_{II}-Bastarde. Die Genomformel CMM ist also verbunden mit Apomixis, die Genomformel CCMM mit

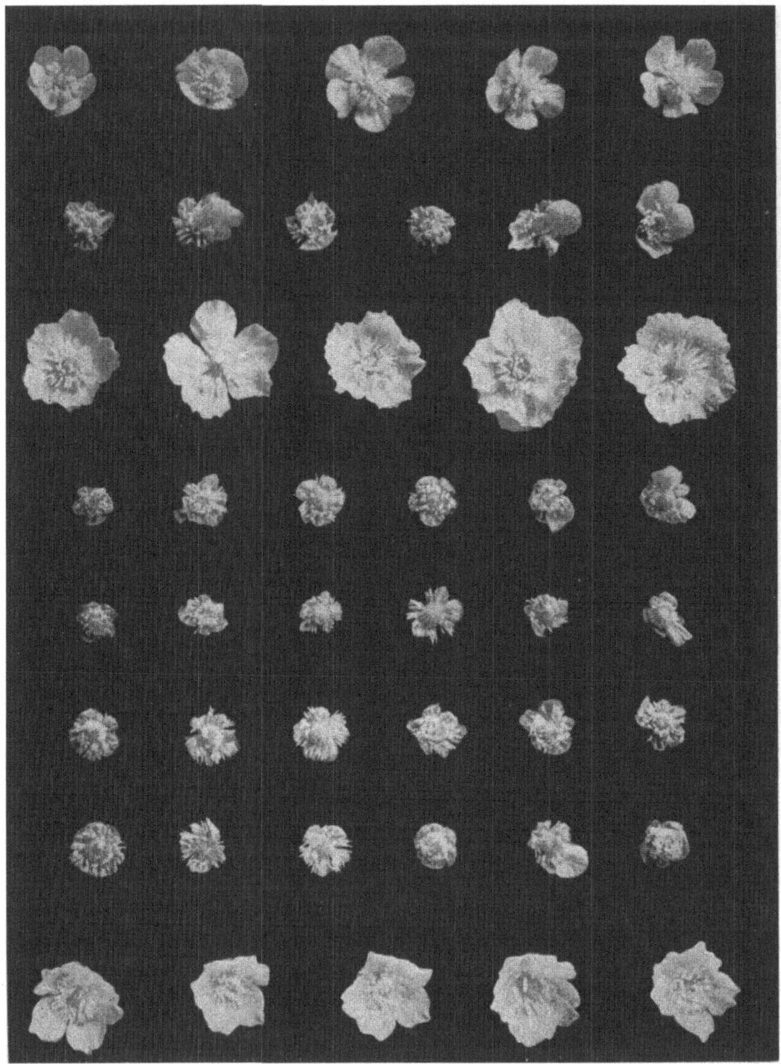

Abb. 69. Blüten von *Ranunculus cassubicifolius* (oberste Reihe), *R. megacarpus* (2. Reihe) und der 6 Hybriden CM_1 bis CM_6 (3.–8. Reihe). (Nach RUTISHAUSER 1960 b)

Sexualität. Daraus wird geschlossen, daß die Apomixisgenome M einen quantitativen Effekt haben: MM ist dominant über C, aber M rezessiv zu C.
Diese Ergebnisse, die auch bei *Parthenium argentatum* und in *Potentilla*-Kreuzungen erhalten wurden, zeigen, daß die Apomixis (Apomeiose und Pseudogamie

bzw. diploide Parthenogenese) genetisch bedingt ist, durch Gene mit quantitativem Effekt kontrolliert wird. Sie kann wie irgendein anderes Merkmal auf die Nachkommen übertragen werden. Es ist somit sehr wahrscheinlich, daß

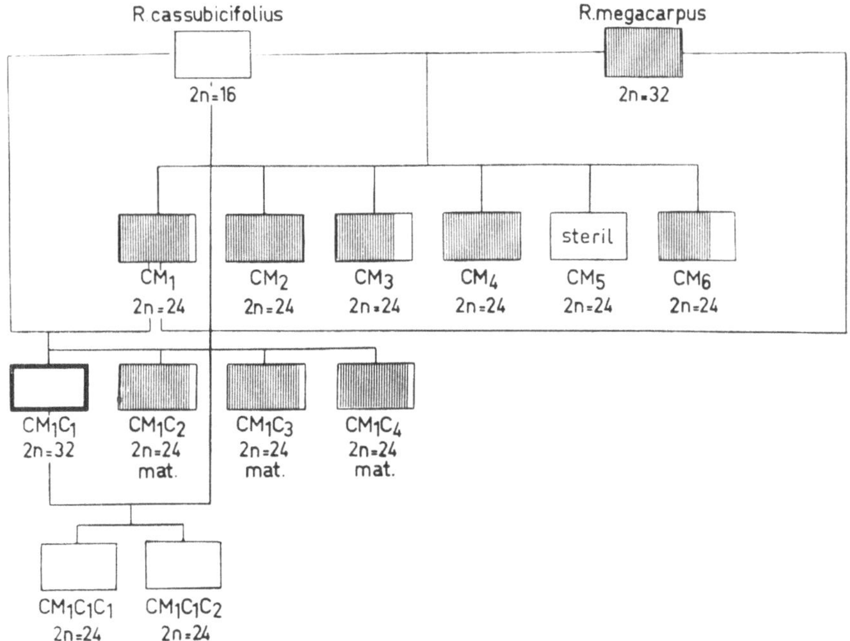

Abb. 70. Stammbaum der Kreuzung *Ranunculus cassubicifolius* (2n = 16, sexuell) × *R. megacarpus* (2n=32, pseudogam); schraffiert: apomeiotisch, weiß: sexuell. (Nach RUTISHAUSER 1965)

die Bastardnatur der Apomikten auf der Stabilisierung ihres Gensystems durch Apomixis beruht und daß die riesige Formenfülle apomiktischer Gattungen wie *Rubus* und *Hieracium* durch fortgesetzte Kreuzung und Introgression von Apomixisgenen zustande gekommen ist.

VIII. Samenbildung und Samenansatz

Bestäubung der Narbe einer Blüte mit eigenem oder fremdem Pollen führt nicht unter allen Umständen zu Samenbildung. Viele Pflanzen sind selbststeril, d. h. der eigene Pollen ist nicht fähig, die Samenbildung auszulösen. Fehlschlagen der Frucht- und Samenentwicklung kann aber auch die Folge artfremder, interspezifischer sowie intraspezifischer Bestäubung sein.

Die Ursachen der Samensterilität können verschiedener Art sein. Die beiden wesentlichsten sind Pollen- und Sameninkompatibilität.

Polleninkompatibilität liegt dann vor, wenn die an sich lebensfähigen Gameten aus irgendwelchen Gründen daran gehindert werden, zu verschmelzen, d. h. Bestäubung findet statt, nicht aber Befruchtung.

Bei der Sameninkompatibilität treten erst nach der Befruchtung Störungen auf, die schließlich zum Abort der Samenanlage oder des jungen Samens führen.

Diese beiden Vorgänge müssen scharf voneinander getrennt werden, da sie, obwohl beide genetisch bedingt, von ganz verschiedenen Faktoren oder Faktorensystemen ausgelöst werden und auch verschiedene Konsequenzen haben können.

A. Die Polleninkompatibilität

Eine eingehende Darstellung dieses Gebietes ist von Brieger (1930) gegeben worden. Wir folgen in diesem Abschnitt seinem Buch und zwei kurzen ausgezeichneten Zusammenfassungen von Kuhn (1940) und M. Ernst-Schwarzenbach (1956) über die Selbstinkompatibilität, die darauf beruht, daß zwischen weiblichen und männlichen Gameten desselben Individuums oder von Individuen derselben genetisch einheitlichen Sippe Inkompatibilität besteht. Wenn dies bei Pflanzen vorkommt, bei denen keine äußerlich erkennbaren Differenzen im Blütenbau nachzuweisen sind, so sprechen wir von Inkompatibilität homomorpher Blüten. Ist die Polleninkompatibilität mit Differenzen in der Architektur der Blüten gekoppelt, wie z. B. bei *Primula*, wo Blüten mit langen und kurzen Griffeln gebildet werden (Heterostylie), haben wir es mit Inkompatibilität heteromorpher Blüten zu tun.

1. Polleninkompatibilität homomorpher Arten

Obwohl die Polleninkompatibilität zuerst bei Heteromorphen entdeckt (Darwin 1862) und hier zuerst in allen Aspekten erforscht worden ist (Bateson und Gregory 1905, Ernst 1925–1959), sollen hier aus methodischen Grün-

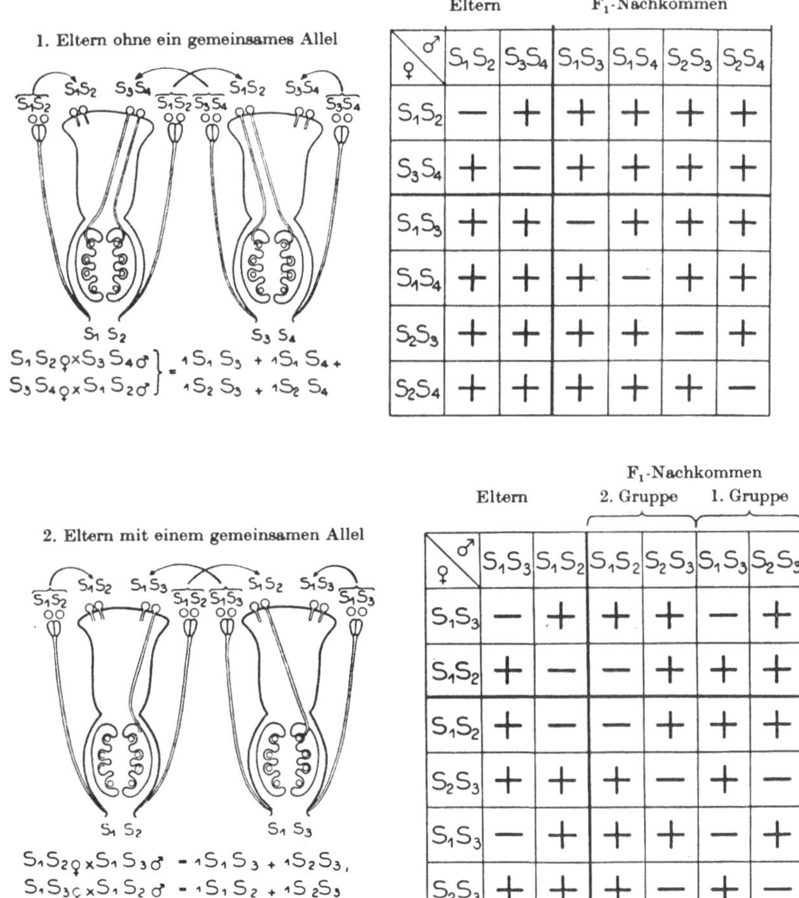

♀ \ ♂	S_1S_2	S_3S_4	S_1S_3	S_1S_4	S_2S_3	S_2S_4
S_1S_2	−	+	+	+	+	+
S_3S_4	+	−	+	+	+	+
S_1S_3	+	+	−	+	+	+
S_1S_4	+	+	+	−	+	+
S_2S_3	+	+	+	+	−	+
S_2S_4	+	+	+	+	+	−

♀ \ ♂	S_1S_3	S_1S_2	S_1S_2	S_2S_3	S_1S_3	S_2S_3
S_1S_3	−	+	+	+	−	+
S_1S_2	+	−	−	+	+	+
S_1S_2	+	−	−	+	+	+
S_2S_3	+	+	+	−	+	−
S_1S_3	−	+	+	+	−	+
S_2S_3	+	+	+	−	+	−

Abb. 71. Schemata des Pollenschlauchwachstums und der Selbst- und Kreuzbestäubungen bei *Personaten*-Typus: + = kompatibel, − = inkompatibel. (Nach Kuhn 1940)

den zuerst die homomorphen Arten behandelt werden. Ihre Genetik ist zuerst für *Nicotiana sanderae*, *Oenothera organensis* u. a. untersucht und geklärt worden. Gemeinsam für alle Homomorphen, wie übrigens auch für die Heteromorphen, ist das folgende Merkmal: Pollen und Stempel müssen bestimmte genetische Determinationen aufweisen, damit normale Samen gebildet werden können. Die genetische Determination des Pollens und des Griffels muß nach East und Mangelsdorf (1925) folgende Bedingungen erfüllen: Das Gen, welches die Kompatibilität determiniert und das mit S bezeichnet wird, tritt in verschiedenen Allelen auf. Haben die Eltern kein gemeinsames Allel, wie z. B. in der Kreuzung $S_1S_2 \times S_3S_4$ (Abb. 71, 1), dann können alle Pollenkörner der Pollenpflanze auf der Narbe der Samenpflanze keimen. Das wäre also der Fall für Eltern mit den Genotypen S_1S_2 (weiblich) und S_3S_4 (männlich). Selbstkompatibilität ist sowohl für S_1S_2 wie auch für S_3S_4 ausgeschlossen, da weder der S_1- oder der S_2-Pollen auf der Narbe S_1S_2, noch der S_3- bzw. S_4-Pollen auf der Narbe S_3S_4 auskeimen können. Kreuzfertilität ist auch schon dann möglich, wenn die Elternpflanzen ein Allel gemeinsam haben, also z. B. im Fall $S_1S_2 \times S_1S_3$, wo wenigstens der S_3-Pollen auf S_1S_2-Narben (bzw. in der reziproken Kreuzung S_2 auf S_1S_3-Narben) auskeimen kann (Abb. 71, 2). Selbstkompatibilität ist in beiden Fällen ausgeschlossen. Allgemein ausgedrückt gilt für diesen sogenannten *Personaten*-Typus der Polleninkompatibilität, daß nur solche Pollenkörner keimen, deren S-Allel nicht im Griffel enthalten ist. Beim *Personaten*-Typus ist also die haploide genetische Struktur des Pollens für seine Kompatibilität maßgebend, d. h. die Determination des Pollens ist gametophytisch, während jene des diploiden Griffels sporophytisch ist. Die Allele sind unabhängig voneinander, d. h. es gibt zwischen ihnen keine Dominanzbeziehung (auch nicht im Griffel, wo sie nebeneinander vorkommen). Der *Personaten*-Typus ist bisher für eine ganze Reihe von Arten nachgewiesen worden, wie *Veronica syriaca*, *Prunus avium*, *Trifolium*, *Nicotiana sanderae*, *Oenothera organensis*.

Dem *Personaten*-Typus steht gegenüber der *Kompositen*-Typus der Polleninkompatibilität, der z. B. für *Cosmos bipinnatus* und *Parthenium argentatum* nachgewiesen wurde (Abb. 72). Der Unterschied gegenüber dem *Personaten*-Typus besteht darin, daß die Inkompatibilität sowohl im Griffel wie auch im Pollen sporophytisch determiniert ist. Ferner sind die Allele nur im Griffel, nicht aber im Pollen voneinander unabhängig. Sie zeigen bei der Determinierung des Pollens Dominanz. Die exakten Dominanzverhältnisse scheinen indessen noch nicht sicher bestimmt zu sein. Fest steht nur, daß dieselben Allele im Griffel nicht gleich wirken wie im Pollen. Bei *Cosmos bipinnatus* scheint Dominanz, allerdings anderer Art, auch im Griffel vorzukommen. CROWE (1954) gibt für die Inkompatibilitätsgene R im Pollen die Dominanzverhältnisse $R_3 > R_4 > R_5$ und im Griffel $\frac{R_3}{R_4} > R_5$ an. Als Konsequenz dieser abweichenden Determinierung des Pollens ergibt sich eine gegenüber dem *Personaten*-Typus erhöhte Anzahl inkompatibler Kombinationen. Die Kreuzungsschemata Abb. 72 geben darüber Aufschluß. Als Beispiel sei die Kreuzung $R_4R_5 \times R_3R_5$ besprochen: Da im Griffel $R_4 > R_5$, ist hier das R_4-Allel wirksam. Im Pollen gilt $R_3 > R_5$, d. h. der Pollen hat den Genotypus des R_3-Allels. Die Kreuzung ist also kompatibel. In der Kombination $R_3R_4 \times R_4R_5$ ist sie inkompatibel, weil im Griffel $R_4 = R_3$, im Pollen $R_4 > R_5$ ist und somit genetische Identität herrscht.

Interessanterweise kann die Polleninkompatibilität des *Personaten*-Typus bei

Polyploidisierung zusammenbrechen. Die Gründe dafür sind von LEWIS (1947) an tetraploiden *Oenothera organensis* eruiert worden. Pollen tetraploider *Oenotheren* sind diploid, d. h. sie besitzen zwei S-Allele. Sind beide Allele gleich, spricht man von homogenem Pollen, sind sie ungleich, von heterogenem Pollen. Im letzteren Falle können sich die Allele gegenseitig beeinflussen. Bei

Parthenium argentatum

♂ / ♀	Eltern: SP-7 $R_1 R_2$	SP-8 $R_3 R_4$	Klassen der F_1-Nachkommenschaft: A $R_1 R_3$	B $R_1 R_4$	C $R_2 R_3$	D $R_2 R_4$
SP-7 $R_1 R_2$	−	+	−	−	−	−
SP-8 $R_3 R_4$	+	−	−	+	+	+
A $R_1 R_3$	+	−	−	−	+	+
B $R_1 R_4$	+	+	−	−	+	+
C $R_2 R_3$	−	−	−	+	−	−
D $R_2 R_4$	−	+	+	+	−	−

Cosmos bipinnatus

♂ / ♀	Eltern: P I $R_3 R_5$	P II $R_4 R_5$	Klassen der F_1-Nachkommenschaft: G I $R_3 R_4$	G II $R_3 R_5$	G III $R_4 R_5$	G IV $R_5 R_5$
P I $R_3 R_5$	−	+	−	−	+	+
P II $R_4 R_5$	+	−	+	+	−	+
G I $R_3 R_4$	−	−	−	−	−	+
G II $R_3 R_5$	−	+	−	−	+	+
G III $R_4 R_5$	+	−	+	+	−	+
G IV $R_5 R_5$	+	+	+	+	+	−

Abb. 72. Die Inkompatibilität bei *Kompositen*-Typus: + = kompatibel, − = inkompatibel. (Nach GERSTEL 1950 und CROWE 1954 aus ERNST-SCHWARZENBACH 1956)

extremer Dominanz hat der Pollen den Genotypus des dominanten Allels. Sind beide Allele gleich stark, so stören sie sich gegenseitig in ihrer Wirkung (als „competition" der Allele bezeichnet) und keines kann seine Inkompatibilität durchsetzen. Die Barriere bricht zusammen: anstelle von Inkompatibilität tritt Kompatibilität. Als Beispiel diene die Selbstung einer tetraploiden Pflanze vom Genotypus $S_4S_4S_6S_6$ und einer solchen vom Genotypus $S_3S_3S_4S_4$. Der Pollen S_4S_6 von $S_4S_4S_6S_6$ ist kompatibel auf Griffeln ohne S_6, aber mit S_4; er ist inkompatibel auf Griffeln ohne S_4, aber mit S_6. Daraus ist abzuleiten, daß $S_6 > S_4$ ist. Dann nämlich hat der Pollen S_4S_6 die Wirkung von S_6 und kann daher auf S_4-Griffeln wachsen, während er auf S_6-Griffeln inkompatibel sein muß; denn diese sind phänotypisch S_6. Im Falle von $S_3S_3S_4S_4$, wo zwischen S_3 und S_4 „competition" herrscht, also sich weder S_3 noch S_4 auswirken können, bricht die Inkompatibilitätsbarriere zusammen: S_3S_4-Pollen wachsen auf $S_3S_3S_4S_4$-Griffeln aus. Das läßt sich direkt an der Länge der Pollenschläuche ablesen. Bei Kompatibilität messen sie >100 mm. S_3S_4-Pollen hat z. B. bei Selbstung eine Länge von 122,0 mm, S_4S_6 dagegen eine solche von nur 13,6 mm.

2. Polleninkompatibilität heteromorpher Arten

Das bestuntersuchte Objekt dieser Kategorie ist *Primula* mit seinen heterostylen Arten, wie *P. sinensis*, *hortensis*, *viscosa* usw. Es werden zwei Blütentypen, sogenannte Langgriffel und Kurzgriffel, ausgebildet, d. h. die genannten Arten sind heterodistyl. Das Heterostylieproblem wurde zuerst von DARWIN (1862, 1877) aufgegriffen, dann von BATESON und GREGORY (1905) einer ersten genetischen Analyse unterzogen und schließlich von ERNST (1925–1959) in jahrzehntelanger experimenteller Arbeit einer Lösung zugeführt.

Ursprünglich – und vielfach auch heute noch – wurde angenommen, daß die Kompatibilität der Heterostylen durch die relative Stellung der Antheren und die Höhe der Griffel bestimmt wird, in der Meinung, daß nur solche Kreuzungen kompatibel sind, bei welchen Pollen tiefstehender Antheren auf Kurzgriffel oder Pollen hochstehender Antheren auf Langgriffel gelangt. Es ist das Verdienst A. ERNSTS, diese Auffassung der Polleninkompatibilität erweitert zu haben, indem er feststellte, daß nicht die relative Stellung von Antheren und Griffellängen über Pollenkompatibilität oder -inkompatibilität entscheidet, sondern die Qualität des Pollens und der Griffeltypus (Abb. 73 *a*, *b*). Auch bei den Heterostylen hängt die Samenbildung von der Relation von Pollen einer bestimmten Qualität zu Griffeln einer bestimmten Qualität ab. Kompatibel (legitim) ist großer Pollen auf langen Griffeln und kleiner Pollen auf Kurzgriffeln. Damit ist die Polleninkompatibilität der heteromorphen Arten auf jene der homomorphen zurückgeführt. Diese Erweiterung der Inkompatibilitätsregel der heteromorphen Arten wurde möglich durch die Entdeckung homostyler, sogenannter h^-- und $h^{\cup}$-Individuen[1]. ERNST fand, daß jede homostyle Kategorie in zwei Typen vorkommt, solche mit großem und solche mit kleinem Pollen. Kreuzungen und Selbstungen mit und an solchen homostylen Pflanzen führten dann zum entscheidenden Resultat: Alle Kurzgriffel ($h^{\cup}$- und normale $n^{\cup}$-Pflanzen) sind kompatibel mit kleinem Pollen, alle Langgriffel (h^-- und normale n^--Individuen) mit großem Pollen.

Damit war erst eine tragfähige Grundlage für die genetische Analyse der Heterostylen gelegt. BATESON und GREGORY (1905) hatten zwar vorher schon ein Vererbungsschema für die Heterostylie aufgestellt. Danach haben Kurzgriffel den Genotypus Aa oder AA, Langgriffel den Genotypus aa. Die Kreuzung Kurzgriffel × Langgriffel muß sich dann folgendermaßen abspielen:

P_1	Aa	×	aa	oder	AA	×	aa
Gameten	A a		a		A		a
F_1-Generation	Aa	und	aa			Aa	
im Verhältnis	1	:	1				

Die Existenz klein- und großpolliger Homostyler h^- und $h^{\cup}$ erforderte hinsichtlich des Vererbungsmodus der Heterostylen eine Modifikation der Inter-

---

[1] Heterostyle (normale) Individuen:
n^- Langgriffel, tiefstehende Antheren, kleiner Pollen
$n^{\cup}$ Kurzgriffel, hochstehende Antheren, großer Pollen
Homostyle Individuen (Antheren auf gleicher Höhe wie Narben):
h^- Langgriffel, hochstehende Antheren
$h^{\cup}$ Kurzgriffel, tiefstehende Antheren

pretation von Bateson und Gregory. Es wurde die Annahme von Genen für die Blütenplastik postuliert, die, wenigstens für den Formenkreis *P. hortensis*, in acht „Zuständen“ oder Typen vorhanden sind und Blütenbau, An-

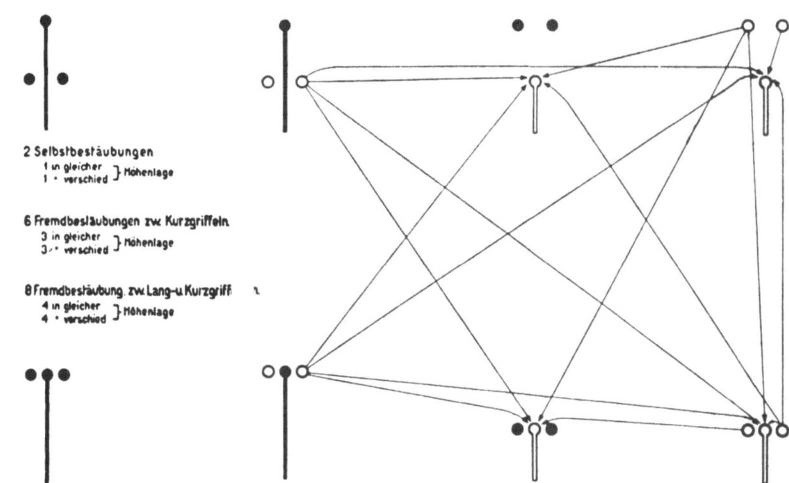

Pollenkorngröße und Kompatibilität bei *Primula viscosa*.
Legitime Bestäubungen an Kurzgriffeln. Nach A. Ernst 1936.

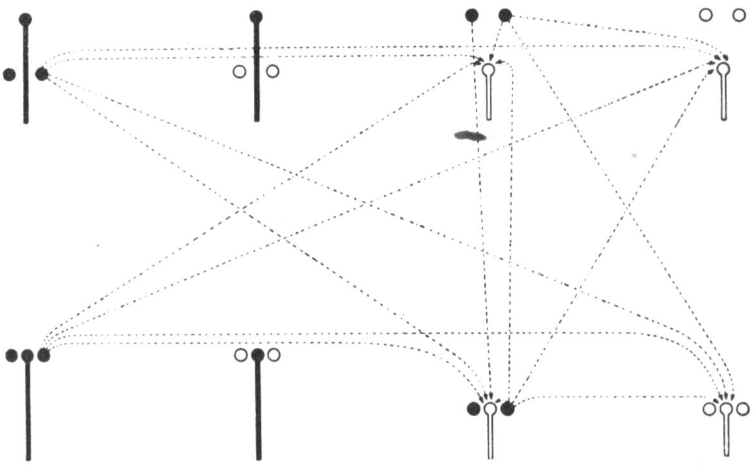

Pollenkorngröße und Kompatibilität bei *Primula viscosa*.
Illegitime Bestäubungen an Kurzgriffeln. Nach A. Ernst 1936.

Abb. 73. Pollenkorngröße und Kompatibilität bei *Primula viscosa*. ○ kleiner Pollen, ● großer Pollen. (Nach Ernst 1936 aus Ernst-Schwarzenbach 1956)

droeceum, Gynoeceum und auch die Corolla beeinflussen. Es handelt sich also um ein Gen mit verschiedenen Allelen, die pleiomorphe Wirkung haben.
Die Hypothese der multiplen Allelie mit pleiomorpher Wirkung wurde später

ersetzt (ERNST 1959) durch die Annahme von Komplex- oder Supergenen P (nach LEWIS S), welche aus drei Teil- oder Subgenen zusammengesetzt sind. Die Subgene G, A, P kontrollieren die Griffellänge, die Antherenstellung und die Pollengröße (LEWIS fügt ihnen noch ein Gen für die Inkompatibilitätsreaktion I hinzu) und werden in der Regel en bloc vererbt, können aber doch getrennt mutieren. Auf diese Weise kann es nachträglich zur Ausbildung homomorpher Individuen kommen, die sich oft dadurch von primären Homomorphen unterscheiden, daß sie selbstkompatibel sind (wenn nämlich das Gen P nicht ebenfalls mutiert).

Die neueren Untersuchungsergebnisse über die Inkompatibilität homomorpher und heteromorpher Arten lassen sich somit folgendermaßen zusammenfassen:

a) Für die Inkompatibilität ist die genetische Determination der Pollenkörner zu derjenigen der Griffel entscheidend.

b) Die Inkompatibilität wird durch ein Komplexgen bestimmt, das aus verschiedenen Teilgenen besteht.

Während wir über die genetischen Grundlagen der Polleninkompatibilität gut orientiert sind und es hier möglich geworden ist, allgemeingültige Gesetzmäßigkeiten zu finden, sind die biochemischen und entwicklungsphysiologischen Vorgänge, die zu Polleninkompatibilität führen, also die Wirkungsmechanismen der S-Gene, noch ungenügend erforscht. Es scheint zwar festzustehen, daß in allen oder mindestens in der überwiegenden Anzahl aller Fälle Hemmstoffe des Pollenschlauchwachstums über die Befruchtungsfähigkeit der Pollenkörner entscheiden (LEWIS 1954). Das gegenteilige Prinzip, Stimulation des Pollenschlauchwachstums als Voraussetzung für Pollenkompatibilität, wird zwar nicht völlig abgelehnt, ist aber nur dort denkbar, wo die Zahl der Allele begrenzt ist, also z. B. beim distylen System. Im folgenden werden zwei Arbeitshypothesen diskutiert, die besonders gut begründet zu sein scheinen, von denen aber eine später widerlegt worden ist.

Die erste Hypothese ist von MOEWUS (1950) auf Grund von Experimenten an distylen Sträuchern des Artbastardes *Forsythia intermedia* aufgestellt worden. Danach beruht die Polleninkompatibilität auf dem Gehalt an Hemmstoffen im Pollenkorn, nämlich Rutin im Kurzgriffel- und Quercitrin im Langgriffelpollen. Diese Hemmstoffe, beides Flavonolglucoside, wirken schon in einer Konzentration von 1:1000000 hemmend auf die Pollenkeimung. Die Pollenkörner können auf der Narbe des zugehörigen Griffels nicht auswachsen. Die Wachstumshemmung der Pollenschläuche kann aber dadurch aufgehoben werden, daß im Langgriffel ein rutinspaltendes Ferment gebildet wird, das Rutin in die beiden inaktiven Substanzen Quercetin und Rhamnose zerlegt. Damit ist die Ursache für die Wachstumshemmung des Kurzgriffelpollens aufgehoben; Kurzgriffelpollen kann deshalb auf der Narbe eines Langgriffels auskeimen, die Kreuzung lang × kurz ist pollenkompatibel. Der Kurzgriffel seinerseits enthält ein Enzym, das Quercitrin in die inaktiven Verbindungen Quercetin, Rhamnose und Glucose zerlegt, so daß Langgriffelpollen auf der Narbe des Kurzgriffels auswachsen können; die Kreuzung kurz × lang ist daher ebenfalls kompatibel.

Diese elegante These ist später von ESSER und STRAUB (1954) kritisiert worden. Es konnte nachgewiesen werden, daß Langgriffelpollen nach Selbstbestäubung auf der Narbe auskeimen und daß das Wachstum der Pollenschläuche erst in der Griffelmitte gestoppt wird. Damit ist die Annahme einer schon im Pollen vorkommenden Hemmsubstanz widerlegt. Ferner erwies es sich auch als unmöglich, in Rohrzuckerlösungen von Narbenextrakten Fermentwirkungen aufzuzeigen. Schließlich konnte an Sträuchern von *Forsythia intermedia*, die im Versuchsgarten des John Innes Horticultural Institute wuchsen, sowohl im Kurz- wie auch im Langgriffelpollen nur Rutin nachgewiesen werden; Quercitrin konnte nicht gefunden werden. Damit ist die Hypothese von MOEWUS wohl erledigt. Der Irrtum von MOEWUS beruht vermutlich darauf, daß bei den von ihm untersuchten Sträuchern, Bastarden einer Kreuzung zwischen *F. viridissima* und *F. suspensa*, zufälligerweise Rutin im Kurz- und Quercitrin im Langgriffelpollen enthalten war.

Abgesehen davon wäre die Hypothese auch nicht in der Lage, eine befriedigende Erklärung für die Polleninkompatibilität solcher Pflanzen zu geben, für die eine große Anzahl verschiedener S-Allele nachgewiesen worden ist, wie z. B. für *Oenothera organensis*, wo nicht weniger als 45 S-Allele gefunden worden sind. Man müßte annehmen, daß im Griffel dieser *Oenothera*-Art nicht weniger als 43 verschiedene hemmstoffspaltende Fermente vorhanden wären.

Mehr Aussicht auf allgemeine Anerkennung und Gültigkeit hat daher die von EAST (1929) entwickelte Hypothese, die auf Grund von Sterilitätsuntersuchungen an *Tabak* aufgestellt wurde und die annimmt, daß die Polleninkompatibilität auf einer Reaktion zwischen einem Antigen im Pollen und einem Antikörper im Griffel beruht, also durch eine Art Immunitätsreaktion hervorgerufen würde. Dieser Hypothese würde die große Zahl von S-Faktoren keine Schwierigkeit bereiten, da die Antikörper außerordentlich formenreiche Eiweißstoffe sind. Daß die Hemmung des Pollenschlauchwachstums meist erst im Griffel stattfindet, ließe sich mit EASTS Hypothese gut in Übereinstimmung bringen.

In den letzten Jahren von LINSKENS (1953 ff.) durchgeführte Untersuchungen stehen mit der Antigen-Antikörper-Hypothese von EAST ebenfalls in guter Übereinstimmung: Es gelang mit Hilfe der Elektrophorese für *Petunia hybrida* der Nachweis, daß das Griffelgewebe dieser Art nach inkompatiblen Bestäubungen einen Eiweißstoff enthielt, der nach kompatiblen Kreuzungen und in nichtbestäubten Griffeln nicht vorhanden war. Es ist anzunehmen, daß es sich bei diesem Eiweißkörper um einen Antigen-Antikörper-Komplex handelt.

B. Die Sameninkompatibilität[1]

Als erster hat LAIBACH (1925) für Kreuzungen zwischen *Linum perenne* und *L. austriacum* Sameninkompatibilität nachgewiesen. Er konnte zeigen, daß in Kreuzungen des Typus *Linum perenne* × *L. austriacum* und reziprok, allerdings nur bei bestimmten Rassen von *L. perenne*, kugelige, voll entwickelte, keimungsfähige und kleine, geschrumpfte Samen ausgebildet werden, die nicht auskeimen. Die Sektion beider Samentypen ergab große, wohlentwickelte Embryonen bei der ersten Kategorie und kleine, aber ebenfalls normal gebaute Embryonen bei den geschrumpften Samen. Aufzuchtversuche der Embryonen geschrumpfter Samen in vitro führten zur Entwicklung von Hybridpflanzen, die ebenso kräftig und fertil waren wie jene aus kugeligen, keimungsfähigen Samen. Damit konnte nachgewiesen werden, daß die Entwicklungshemmung der durch interspezifische Bestäubung entstandenen Embryonen nicht wegen der Inkompatibilität ihrer beiden artfremden Genome erfolgt, sondern daß sie auf anderen, außerhalb des Embryos liegenden Faktoren beruhen muß. Schon LAIBACH vermutete als Ursache der Entwicklungshemmung fehlende Harmonie in der Entwicklung der Samengewebe.

---

[1] Vgl. RUTISHAUSER 1968.

Die Idee, daß die Ausbildung keimfähiger Samen eine gut aufeinander abgestimmte, harmonische Entwicklung der verschiedenen am Aufbau des Samens beteiligten Gewebe voraussetzt, hat sich in der Folge als sehr fruchtbar erwiesen. Sie hat mindestens als Arbeitshypothese sehr gute Dienste geleistet. Der Nachweis der Entwicklungsfähigkeit von Embryonen keimungsunfähiger Samen konnte dank einer immer subtiler gestalteten Technik und durch die Anwendung von Wuchsstoffen vor allem von BLAKESLEE und seinen Mitarbeitern verbessert werden, so daß es heute gelingt, Embryonen bis hinunter auf 0,15 mm in vitro aufzuziehen.

Es darf deshalb heute als gesichert gelten, daß eine große Zahl von Bastardembryonen keimungsunfähiger Samen durchaus normal entwicklungsfähig ist, wenn ihnen die notwendigen Nährstoffe, Hormone und Vitamine in der verlangten Zusammensetzung geboten werden. Die Annahme, daß die Keimungsfähigkeit, d. h. die Samenkompatibilität, auf äußere Faktoren, vor allem auf das Zusammenspiel der verschiedenen Samengewebe, zurückgeht, ist daher gut begründet.

Schon früh ist vermutet worden, daß das quantitative Verhältnis der Genome in den verschiedenen Samengeweben für die normale Entwicklung des Samens entscheidend sei. Diese Ansicht wird vor allem gestützt durch die Ergebnisse von Kreuzungen zwischen diploiden und autotetraploiden Rassen der gleichen Art, wo sich die drei Gewebetypen des Samens, das mütterliche Gewebe, das Endosperm und der Embryo, nur im Polyploidiegrad unterscheiden. Dagegen ist man sich nicht einig darüber, welche Gewebe auf die Entwicklung des Samens einwirken. Drei Hypothesen sind darüber aufgestellt worden, nämlich:

– die Hypothese von MÜNTZING (1933), wonach die genomische Relation aller drei am Aufbau des Samens beteiligten Gewebe – des Embryos, des Endosperms und des mütterlichen Gewebes – für die Samenbildung maßgebend sei,

– die Hypothese von WATKINS (1932), nach welcher nur die genomische Relation zwischen Endosperm und Embryo entscheidend sei, und

– die Hypothese von BRINK und COOPER (1947), wonach nur die genomische Relation des Endosperms zum mütterlichen Gewebe die Samenbildung beeinflusse.

Diesen drei Hypothesen steht die Annahme gegenüber, daß das Endosperm allein über Samenkompatibilität oder -inkompatibilität entscheide (S. 144).

1. Die genomische Relation zwischen Embryo, Endosperm und mütterlichem Gewebe

MÜNTZING hat 1933 die Hypothese aufgestellt, daß sich eine befruchtete Samenanlage nur dann normal entwickeln könne, wenn das Verhältnis der Genome in Embryo, Endosperm und mütterlichem Gewebe 2:3:2 betrage. Zur

Begründung dieser Hypothese wird auf die Differenzen hingewiesen, die sich allein aus der Veränderung des Polyploidiegrades in Zellen, Geweben und ganzen Organismen ergeben und welche die verschiedensten Eigenschaften der betroffenen Strukturen, wie Stoffaufnahme, Wachstumsgeschwindigkeit, Metabolismus usw., verändern können. Nach MÜNTZING ist normale Samenbildung auf diese 2:3:2-Relation eingestellt. Jede Veränderung des Verhältnisses führt zu Störungen im Zusammenspiel der verschiedenen Samengewebe und kann schließlich den Zusammenbruch der Samenentwicklung nach sich ziehen.

Eine Reihe von Analysen der Samenentwicklung an *Gramineen* (z. B. *Secale* und *Hordeum*), an *Labiaten* wie *Lamium* und *Galeopsis*, an *Cruciferen* wie *Brassica*, sind zum Beweis der MÜNTZINGschen Hypothese von MÜNTZING und Mitarbeitern, vor allem HÅKANSSON, durchgeführt worden. Als Beispiel seien in erster Linie die Untersuchungen an *Gramineen* angeführt. Eingehend wurden z. B. Kreuzungen zwischen diploidem und autotetraploidem Roggen, *Secale cereale*, der Sorte Stålråg analysiert (HÅKANSSON und ELLERSTRÖM 1950) und dabei, kurz zusammengefaßt, folgende Ergebnisse erzielt:

– Die Samenentwicklung der 4x × 4x-Kreuzungen verläuft, gemessen an der Kontrolle, den 2x × 2x-Kreuzungen, normal. Dies steht in Übereinstimmung mit der Tatsache, daß in beiden Kreuzungskombinationen das genomische Verhaltnis der drei Samengewebe 2:3:2 beträgt.

– Die 4x × 2x- und 2x × 4x-Kreuzungen ergeben hingegen schlecht entwikkelte Samen. Dabei können zwei Samentypen unterschieden werden:
a) Bei der Kreuzung 2x × 4x treten Unregelmäßigkeiten im Ablauf der Mitosen auf, und ferner ist die Zellbildung verspätet oder fällt ganz aus.
b) Bei den Samen der Kreuzung 4x × 2x ist die Endospermentwicklung viel langsamer; mitotische Störungen treten nicht auf, dafür ist aber die Zellbildung gegenüber der Kontrolle verfrüht.
In beiden Fällen tritt früher oder später Degeneration des Endosperms ein.

Die Differenzen zwischen den beiden Kreuzungstypen sind verständlich und nach der Hypothese MÜNTZINGS zu erwarten, wenn man bedenkt, daß das genomische Verhältnis der drei Gewebe verschieden ist. Für die Kreuzung 2x × 4x beträgt die genomische Relation 3:4:2 (statt 2:3:2), für die Kreuzung 4x × 2x 3:5:4.

Übereinstimmende Ergebnisse sind bei diploiden und autotetraploiden *Hordeum vulgare* erzielt worden (HÅKANSSON 1953), interessanterweise aber auch in interspezifischen und Gattungskreuzungen, wie z. B. beim Gattungsbastard *Hordeum vulgare* × *Secale cereale* (THOMPSON und JOHNSTOHN 1945), obwohl hier beide Elternpflanzen diploid sind. In diesem Falle treten offenbar qualitative an Stelle der rein quantitativen Unterschiede zwischen den Eltern. Differenzen zwischen der Samenentwicklung reziproker Kreuzungen sind auch bei Arten anderer Pflanzenfamilien gefunden worden. Sie treten in 2x × 4x- und 4x × 2x-

Kreuzungen von *Galeopsis pubescens* in gleicher Weise auf wie bei *Secale cereale* und *Hordeum vulgare*, werden aber auch in interspezifischen Kreuzungen diploider Arten, z. B. *Brassica oleracea* × *B. rapa* und der reziproken Kreuzungskombination gefunden (HÅKANSSON 1956). Neuerdings sind die gleichen Resultate in Kreuzungen zwischen sexuellen diploiden und pseudogamen tetraploiden Kleinarten von *Ranunculus auricomus* erhalten worden (RUTISHAUSER 1954 a). Tab. 14 gibt einen Überblick über die Arten, bei denen Differenzen gefunden wurden, die analog zu jenen der *Secale*-Versuche sind.

Tabelle 14. *Typus der Sameninkompatibilität reziproker Kreuzungen zwischen diploiden und autotetraploiden Individuen derselben Art und interspezifischer Kreuzungen zwischen Arten desselben Polyploidietypus*

Typ 1: Endosperm bleibt nukleär, Mitosestörungen, Degeneration
Typ 2: Endosperm wird früh zellulär, keine Mitosestörungen, Degeneration

Samenpflanze	2*n*	Pollenpflanze	2*n*	Samen-inkompatibilität		Autor
				Typ 1	Typ 2	
Secale cereale	14	*Secale cereale*	28	+	–	HÅKANSSON und ELLERSTRÖM 1950
Secale cereale	28	*Secale cereale*	14	–	+	HÅKANSSON und ELLERSTRÖM 1950
Hordeum vulgare	14	*H. vulgare*	28	+	–	HÅKANSSON 1953
Hordeum vulgare	28	*H. vulgare*	14	–	+	HÅKANSSON 1953
Hordeum vulgare	14	*Secale cereale*	14	+	–	THOMPSON und JOHNSTOHN 1945
Galeopsis pubescens	16	*G. pubescens*	32	+	–	HÅKANSSON 1952
Galeopsis pubescens	32	*G. pubescens*	16	–	+	HÅKANSSON 1952
Lolium perenne	14	*Festuca pratensis*	14	–	+	REUSCH 1959 a, b
Festuca pratensis	14	*Lolium perenne*	14	+	–	REUSCH 1959 a, b
Brassica oleracea		*Brassica rapa*		+	–	HÅKANSSON 1956
Brassica rapa		*Brassica oleracea*		–	+	HÅKANSSON 1956
Ranunculus cassubicifolius	16	*R. megacarpus*	32	+	–	RUTISHAUSER 1954 a
Ranunculus megacarpus	32	*R. cassubicifolius*	16	–	+	RUTISHAUSER 1954 a

Der Befund, daß sich Sameninkompatibilität sowohl nach 2x × 4x-Kreuzungen wie auch in interspezifischen und Gattungskreuzungen zwischen Arten derselben Polyploidiestufe einstellen kann, verträgt sich nicht mit der Annahme rein quantitativer Ursachen der Entwicklungsstörungen und spricht damit gegen die Hypothese MÜNTZINGS, wonach die Sameninkompatibilität allein durch quantitative Störung der genomischen Relation der drei Samengewebe, Embryo, Endosperm und mütterliches Gewebe, zustande komme. Bei interspezifischen Kreuzungen zwischen diploiden Arten derselben Chromosomenzahl können, vorausgesetzt allerdings, daß es sich um primäre Diploide und nicht um diploidisierte Polyploide handelt, nur qualitative genetische Differenzen eine Rolle spielen. Wenn daher MÜNTZINGS Hypothese aufrechterhalten werden soll, dann muß sie erweitert und allgemeiner gefaßt werden. Für eine allgemeinere Fassung der Hypothese spricht auch der Umstand, daß die 2:3:2-Relation nur für eine beschränkte Anzahl von Angiospermen Geltung haben kann, nämlich für solche Arten, deren Endosperm triploid ist, was nur bei Arten mit *Polygonum-*, *Allium-*, *Drusa I-*, und *Adoxa*-Typus der Embryosackentwicklung der Fall ist. Arten mit *Fritillaria-*, *Plumbagella- Plumbago-* und *Penaea*-Typus entwickeln pentaploides Endosperm, sind also vermutlich an die Relation 2:5:2 angepaßt. Arten mit *Oenothera*-Typus der Embryosackentwicklung bilden diploide Endosperme aus; die Genomrelation muß hier lauten 2:2:2, und wieder eine andere Relation, nämlich 2:ca. 9—10:2, dürfte typisch für Arten mit *Peperomia*-Typus der Embryosackentwicklung sein. Es kann somit weder ein Genomverhältnis von genereller Gültigkeit für die Angiospermen angegeben werden, noch darf die Annahme von rein quantitativen Beziehungen zwischen den Geweben allein als Ursache für die Samenkompatibilität und ihre Störung als Ursache für die Sameninkompatibilität betrachtet werden. Die Hypothese MÜNTZINGS hat wohl als Arbeitshypothese gute Dienste geleistet und vermag eine Reihe von Befunden zu erklären; sie ist aber noch zu wenig allgemein gefaßt, um allen Ergebnissen der Inkompatibilitätsforschung gerecht zu werden. Ferner konnten bis jetzt die exakten genetischen Grundlagen für die Störungen des Entwicklungsgeschehens auf der Grundlage der Hypothese MÜNTZINGS nicht erfaßt werden.

2. Die genomische Relation zwischen Endosperm und Embryo

Die Resultate von Kreuzungen zwischen hexaploiden und tetraploiden *Triticum*-Arten führten WATKINS (1932) zu der Überzeugung, daß das genomische Verhältnis des Endosperms zum Embryo allein die Samenentwicklung beeinflusse. Als Beweis für die Richtigkeit seiner Ansicht führt WATKINS dabei vor allem auch die Ergebnisse von Kreuzungen des Typus 4x × 2x und 2x × 4x bei *Campanula persicifolia* an, die von GAIRDNER und DARLINGTON (1931) erhalten worden waren. Die Kreuzung 2x × 4x ergab neun Nachkommen; davon waren nur zwei triploid, sieben hingegen tetraploid. Die Kreuzung 4x × 2x ergab 32 Nachkommen, nämlich acht tetraploide, 23 triploide und einen diploiden (haploide Parthenogenese). Interessant ist vor allem die hohe Frequenz tetraploider Nachkommen der Kreuzung 2x × 4x, die vermutlich durch Befruchtung eines unreduzierten Embryosacks mit einer reduzierten männlichen Gamete zustande kamen.

Wenn man annimmt, daß in der Kreuzung 2x × 4x unreduzierte Embryosäcke zur Entwicklung von tetraploiden Nachkommen geführt haben, so läßt sich das Verhältnis des Endosperms zum mütterlichen Gewebe mit 6:2, jenes vom Endosperm zum Embryo mit 6:4 angeben. Das erste Verhältnis ist mit 3:1

viel zu hoch (normale Entwicklung würde nach MÜNTZING ein 3:2-Verhältnis verlangen), das zweite entspricht genau dem erfolgreichen Verhältnis 3:2. Daraus folgt nach WATKINS, daß wegen der hohen Anzahl von tetraploiden gegenüber den erwarteten triploiden Nachkommen im 2x × 4x-Versuch von *Campanula persicifolia* für die normale Entwicklung eines keimfähigen Samens das Genomverhältnis 3:2 von Endosperm und Embryo maßgebend ist. Das genomische Verhältnis von Endosperm zu mütterlichem Gewebe soll hingegen keine Rolle spielen.

Die Hypothese WATKINS' (1932) ist später vor allem von HOWARD (1939, 1942, 1947) übernommen und weiter ausgebaut worden. HOWARD arbeitete mit Arten der Gattungen *Brassica* und *Nasturtium* und bezog in seine Untersuchungen neben Kreuzungen zwischen diploiden und tetraploiden Rassen derselben Art auch interspezifische Kreuzungen ein. Aufschlußreich sind besonders die Resultate, die er mit zwei Arten der Gattung *Nasturtium* erhalten hat, und zwar *N. officinale* R. BR. ($2n = 32 = 2x$), *N. officinale*, künstlich polyploidisiert ($2n = 64 = 4x$) und *N. uniseriatum* HOWARD und MANTON ($2n = 64 = 4x$), eine allotetraploide Art mit *N. officinale* als dem einen Elternteil (der andere ist vermutlich *Cardamine amara*).

Tabelle 15. *Samenansatz von Kreuzungen zwischen Nasturtium officinale (2x) sowie auto- und allotetraploiden Rassen und Arten der gleichen Gattung* (nach HOWARD 1947)

Samenpflanze	Pollenpflanze	Samenansatz pro Frucht				Mittleres Samengewicht in g	Standard-Abweichung %
		groß gut	groß leer	klein gut	klein leer		
N. officinale 2 x	*N. officinale* 2 x	26	—	—	—	0,235	9,3
N. officinale 2 x	*N. uniseriatum* 4 x	—	14	—	—		
N. officinale 2 x	*N. officinale* 4 x	—	—	—	9		
N. uniseriatum 4 x	*N. uniseriatum* 4 x	29	—	—	—	0,208	7,8
N. uniseriatum 4 x	*N. officinale* 4 x	—	—	9	—	0,075	35,3
N. uniseriatum 4 x	*N. officinale* 2 x	—	12	—	—		
N. officinale 4 x	*N. officinale* 4 x	11	—	—	—	0,324	10,8
N. officinale 4 x	*N. officinale* 2 x	—	—	—	22		
N. officinale 4 x	*N. uniseriatum* 4 x	—	—	15	—	0,124	27,8

Aus den in Tab. 15 zusammengestellten Resultaten geht hervor, daß unter den intraspezifischen Kombinationen nur die 2x × 2x- und die 4x × 4x-Kreuzungen gute Samen ergeben haben, die Kreuzung autotetraploid 4x × 4x etwas leichtere als die 2x × 2x-Kreuzung. Die Hybridsamen sind bei allen Kreuzungskombinationen bedeutend kleiner. Auffällig ist dabei, daß dies auch für die interspezifischen Kreuzungen vom Typus 4x × 4x gilt, also z. B. für *N. officinale* 4x × *N. uniseriatum* 4x und reziprok, während die intraspezifische Kreuzung *N. officinale* 4x × 4x bessere Samen ergab.

Zur Erklärung dieser Versuchsresultate führte HOWARD die Begriffe Polyploidie- und Hybrideffekt ein. Als Polyploidieeffekt wird die Annahme bezeichnet, daß die Genome derselben Arten einen quantitativen Effekt haben, was bedeutet, daß sich der Einfluß einer Versuchspflanze auf die „Physiologie der Samenproduktion“ mit steigender Anzahl von Genomen erhöht. In einer intraspezifischen Kreuzung vom Typus $2x \times 4x$ wird der Einfluß der Vaterpflanze erhöht und damit auch die harmonische Entwicklung von Endosperm und Embryo gestört. Das Genomverhältnis dieser beiden Gewebe ist dann 4:3 statt 3:2.

Dem Polyploidieeffekt wird in den interspezifischen Kreuzungen ein Hybrideffekt gegenübergestellt, der die Annahme bezeichnen soll, daß die Genome zweier Arten verschieden große Effekte auf die Samenproduktion haben können. Der Einfluß eines Genoms auf die Samenproduktion, seine genetische Stärke oder besser sein genetischer Wert, kann aus den Genomverhältnissen in Endosperm und Embryo bestimmt werden, indem man aus den Genomrelationen zweier Kreuzungen mit gleichem oder ähnlichem Ergebnis eine Proportion bildet. Wie aus Tab. 16 hervorgeht, ist das bei *Nasturtium*, z. B. für die Kreuzungen *N. uniseriatum* $4x \times$ *N. officinale* $2x$ und *N. officinale* $4x \times$ *N. uniseriatum* $4x$, der Fall (die Samen sind in beiden Versuchen klein und voll). Es ergibt sich die Proportion

$$4x + y : 2x + y = 2y + x : y + x$$
$$y^2 = 2x^2$$
$$y = x\sqrt{2} = 1{,}41\,x$$

Wählt man für x den genetischen Wert 1, so ergibt sich also für y der Wert 1,41. Mit Hilfe dieser genetischen Werte wurde nun das Endosperm-Embryo-Verhältnis berechnet, und es ergaben sich die in Tab. 16 reproduzierten Zahlen.

Tabelle 16. *Die Berechnung der Endosperm-Embryo-Genomverhältnisse der Nasturtium-Kreuzungen* (nach HOWARD 1947)

Samenpflanze	Pollenpflanze	Genomischer Wert		Relation Endosperm zu Embryo	Samentypus
		Embryo	Endosperm		
N. officinale 2x	*N. officinale* 2x	$2x = 2{,}0$	$3x = 3{,}0$	1,50	groß, voll
N. officinale 2x	*N. uniseriatum* 4x	$x + y = 2{,}41$	$2x + y = 3{,}41$	1,41	groß, leer
N. officinale 2x	*N. officinale* 4x	$3x = 3{,}0$	$4x = 4{,}0$	1,33	klein, leer
N. uniseriatum 4x	*N. uniseriatum* 4x	$2y = 2{,}83$	$3y = 4{,}24$	1,50	groß, voll
N. uniseriatum 4x	*N. officinale* 2x	**$y + x = 2{,}41$**	**$2y + x = 3{,}83$**	1,59	klein, voll
N. uniseriatum 4x	*N. officinale* 4x	$y + 2x = 3{,}41$	$2y + 2x = 4{,}83$	1,42	groß, leer
N. officinale 4x	*N. officinale* 4x	$4x = 4{,}0$	$6x = 6{,}0$	1,50	groß, voll
N. officinale 4x	*N. officinale* 2x	$3x = 3{,}0$	$5x = 5{,}0$	1,67	klein, leer
N. officinale 4x	*N. uniseriatum* 4x	**$2x + y = 3{,}41$**	**$4x + y = 5{,}41$**	1,58	klein, voll

Die Tabelle zeigt eine schöne Übereinstimmung zwischen Samentypus und genomischer Relation Endosperm: Embryo. Es wurden gebildet:

große, volle Samen beim Verhältnis 1,50,
kleine, volle Samen bei den Verhältnissen 1,58 oder 1,59,
große, leere Samen bei den Verhältnissen 1,41 oder 1,42, und
kleine, leere Samen bei den Verhältnissen 1,33 oder 1,67,

sehr schlechte Samen also bei extremer Abweichung vom Verhältnis 1,50.

Die Experimente HOWARDS bestätigen somit die Annahme WATKINS', daß das Genomverhältnis von Endosperm: Embryo allein für die Samenbildung ausschlaggebend ist und über Samenkompatibilität und -inkompatibilität entscheidet. Sie geben auch einen ersten Einblick in die Beziehungen zwischen intraspezifischen 2x × 4x-Kreuzungen und interspezifischen Hybridisierungen. Sie gestatten, durch Zusatzannahmen (genetischer Wert der Genome) die qualitativen Differenzen der Eltern auf quantitative Unterschiede zurückzuführen, wobei allerdings noch offenbleibt, wie man sich den Mechanismus dieses genetischen Wertes vorstellen soll.

3. Die genomische Relation zwischen Endosperm und mütterlichem Gewebe (somatoplastische Sterilität)

Während WATKINS annimmt, daß die Relation Endosperm: Embryo allein maßgebend sei für die Ausbildung des Samens, schreiben BRINK und COOPER (1947) diese Funktion der Relation Endosperm: mütterlichem Gewebe zu und bezeichnen diesen Typus der Sameninkompatibilität als somatoplastische Sterilität. Der entscheidende Anstoß zur Formulierung der Hypothese von BRINK und COOPER („somatoplastic sterility") ergab sich aus embryologischen Analysen der Samenentwicklung sameninkompatibler intraspezifischer Kreuzungen bei *Medicago sativa* sowie intra- und interspezifischer Kreuzungen von Arten der Gattungen *Lycopersicon* und *Nicotiana*. In allen diesen Experimenten konnten folgende Entwicklungsabläufe der Samen gefunden werden:

a) Das Fehlschlagen der Samenentwicklung beginnt stets mit einer Hemmung der Endospermentwicklung. Die Rate der Zellteilung ist langsamer; die Zellen sind kleiner und weniger vakuolisiert.

b) Die Embryoentwicklung beginnt später als jene des Endosperms. Das Wachstum der Embryonen erfolgt langsamer, ist aber zu Beginn der Samenentwicklung nicht gestört. Die Embryonen stellen ihr Wachstum erst nach dem Zusammenbruch der Endospermentwicklung ein.

c) Die eigentliche Ursache für die Entwicklungsstörungen von Samen inkompatibler Kreuzungen wird in der Reaktion des mütterlichen Gewebes auf die verzögerte Endospermentwicklung gesehen. Embryo und Endosperm entwickeln sich nicht in einem ruhigen Medium, sondern in einem sich rapid vergrößerenden mütterlichen Gewebe. Die Abweichungen vom normalen Entwicklungsgeschehen im mütterlichen Gewebe sind besonders instruktiv bei solchen Samen (z. B. der Kreuzung *Lycopersicon pimpinellifolium* 2x × 4x oder Selbstbestäubungen bei *Medicago sativa*), wo infolge des Wachstums des weiblichen Gametophyten die Zellen des Nuzellus (einschließlich der Nuzellusepidermis) aufgelöst worden sind und das Endosperm direkt an die innerste Zellschicht des inneren Integumentes, das Endothelium (Integumenttapetum, Mantelschicht, m in Abb. 2 *c*), stößt.

In Samen mit normaler Entwicklung teilen sich die Zellen des Endotheliums nur antiklin; das Endothelium (oder bei anderen Arten die Nuzellusepidermis) wächst also flächenförmig und hüllt das Endosperm als stets einschichtiges Gewebe ein, außer an der Chalaza, wo es eine röhrenförmige Gestalt hat. Dieser Teil der Chalaza, als „chalazal pocket", Chalazatasche bezeichnet, dient der Verbindung zwischen dem Endosperm und dem Leitbündel der Samenanlage. Zwischen Leitbündel und Chalazatasche werden Zellen der Samenanlage in leitende Elemente umgewandelt (in Abb. 74 *b* gestrichelt).

Das Zusammenspiel zwischen Endosperm- und Endotheliumwachstum wird nun bei sameninkompatiblen Kreuzungen in der Weise gestört, daß einerseits die meristematische Tätigkeit des Endotheliums erhöht und andererseits die Teilungsrichtung der Endotheliumzellen verändert wird. Anstelle von antiklinen treten perikline Zellwände, d. h. das Endothelium verdickt sich, statt nur flächenförmig zu wachsen (Abb. 74 *c*, *d*). Ferner werden die Zellen zwischen der Chalazatasche und dem Leitbündelende nicht in leitende Elemente umgewandelt, wodurch die Versorgung des Nuzellus mit Nahrung erschwert wird. Die Nahrungszufuhr wird allerdings nicht unterbunden. Die Ablagerung von Stärke im Integument zeigt, daß die Nahrung nur falsch verteilt wird.

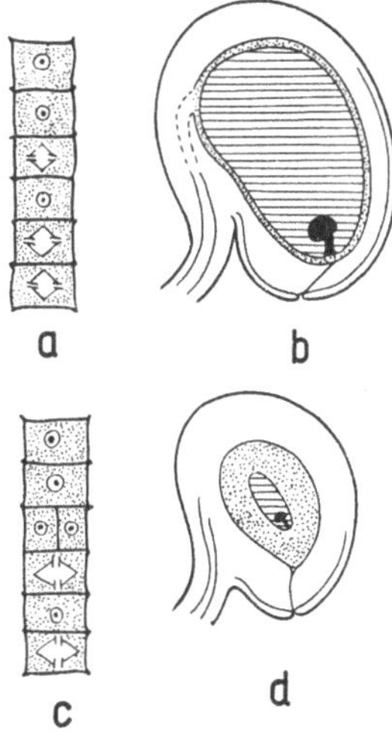

Abb. 74. Schema der Samenentwicklung samenkompatibler (*a*, *b*) und sameninkompatibler (*c*, *d*) Kreuzungen nach der Somatoplastikhypothese von Brink und Cooper. *a*, *b* normale Samenentwicklung bei intraspezifischer Kreuzung von *Nicotiana rustica*: *a* Nuzelluszellen mit antikliner Teilung, *b* Schnitt durch ganzen Samen 96 Stunden nach Bestäubung. *c*, *d* somatoplastische Sterilität bei der Kreuzung *N. rustica* (2n = 48) × *N. glutinosa* (2n = 24): *c* Nuzelluszellen mit perikliner Teilung, *d* Schnitt durch junge Samenanlage 96 Stunden nach Bestäubung. Nuzelluszellen punktiert, Endosperm schraffiert, Embryo schwarz. (Nach Cooper und Brink 1940, verändert)

Die primäre Folge all dieser Anomalien ist die Degeneration des Endosperms. Erst nachträglich degeneriert auch der Embryo, d. h. das Absterben des Embryos ist eine Folge der Endospermdegeneration und kann daher nicht Ursache des Zusammenbruchs der Samenentwicklung sein. Nach BRINK und COOPER sind daher Endosperm und mütterliches Gewebe allein maßgebend für Samenkompatibilität oder -inkompatibilität.

Samenanlagen, deren Nuzelli unter dem Einfluß des Embryosackwachstums nicht völlig aufgelöst werden, zeigen ein ähnliches Störungsmuster der Sameninkompatibilität, nur daß sich hier die Nuzelluszellen stärker vermehren und wegen der falschen Stellung der Kernspindeln eine Verdickung des Nuzellus hervorrufen. Dies ist z. B. bei *Nicotiana* der Fall. Über das Ausmaß des Nuzelluswachstums der sameninkompatiblen Kreuzung *Nicotiana rustica* × *N. glutinosa* im Vergleich zur samenkompatiblen Selbstung bei *Nicotiana rustica* orientieren Tab. 17 und Abb. 74.

Tabelle 17.

Kreuzung	Anteil des Endosperms	Anteil des Nuzellus
Nicotiana rustica selbstbestäubt	77%	23%
Nicotiana rustica × *N. glutinosa*	25%	75%

Die genetische Seite der somatoplastischen Sterilität ist von VALENTINE und WOODELL (1963) bei *Primeln* eingehend untersucht worden. In ähnlicher Weise wie HOWARD versuchten sie Beziehungen zwischen Samenqualität und Wert der genomischen Relation (R) zwischen Endosperm und mütterlichem Gewebe zu finden. Zwei Samentypen A und B wurden unterschieden, wobei der Typ A wegen der starken Verdickung der inneren Integumente an die oben beschriebenen sameninkompatiblen Kreuzungen bei *Nicotiana* und *Lycopersicon* erinnert. Die Tab. 18 und 19 zeigen, daß tatsächlich solche Beziehungen existieren: Mit wachsender Abweichung des Quotienten R vom erfolgreichen Wert $R = 1{,}5$ sinkt auch die Samenqualität. Bei den interspezifischen Kreuzungen war es wieder notwendig, den Hybrideffekt zu berücksichtigen. Für die drei untersuchten *Primula*-Arten, *P. elatior*, *P. vulgaris* und *P. veris*, wurden die genetischen Werte 1, 1,3 und 1,8 angenommen und der Wert R an diese genetischen Werte angepaßt (Tab. 19). Es gelang, die angenommenen genetischen Werte durch Analyse der Samen von Rückkreuzungen der F_1-Bastarde mit den Eltern zu verifizieren.

4. Das Genom- und Genom-Cytoplasma-Verhältnis im Endosperm

Die in den ersten drei Abschnitten dieses Kapitels besprochenen Beispiele von Sameninkompatibilität sind alle auf Grund der Annahme erklärt worden, daß das Verhältnis der Polyploidiestufen der drei Samengewebe für die Ausbildung des Samens von entscheidender Bedeutung ist. Abweichungen ergaben sich

vom erfolgreichen 3:2-Verhältnis ab. Da in beiden Fällen hexaploides Endosperm ausgebildet wird (und nicht pentaploides im 4x × 2x-Versuch bzw. tetraploides im 2x × 4x-Versuch), hexaploide Endosperme aber für *Solanum tuberosum* (4x) normal sind, wird angenommen, daß das Endosperm allein über Samenkompatibilität und -inkompatibilität entscheide. Tatsächlich konnte auch in allen Kreuzungsversuchen mit hexaploidem Endosperm normale Endospermentwicklung nachgewiesen werden (und Anomalien in tetra- bzw. pentaploiden Endospermen). Über die Gründe, die zur normalen Entwicklung der hexaploiden Endosperme bei *Solanum* führen, sind zwei Ansichten geäußert worden. Nach VON WANGENHEIM spielt das Verhältnis aller Erbträger – der Endospermkerne und des Plasmons – eine Rolle. Dieses Verhältnis bleibt erhalten, wenn das Endosperm hexaploid ist (bei *S. tuberosum*). Nach unserer eigenen Ansicht (RUTISHAUSER 1968) entscheidet das Verhältnis ER der weiblichen zu den männlichen Genomen der Endospermkerne (ER = Endospermrelation weiblicher zu männlichen Genomen) über die Entwicklung des Endosperms. Die Endospermentwicklung ist normal, wenn ER = 2:1 beträgt, und wird bei Abweichungen nach oben oder unten gestört. Tatsächlich lassen sich alle bis jetzt erhaltenen Ergebnisse über sameninkompatible Kreuzungen auf dieser Basis erklären. Es muß aber dazu bemerkt werden, daß ein ER von 2:1 nur für Pflanzen mit *Polygonum-*, *Allium-*, *Drusa I-* und *Adoxa*-Typus der Embryosackentwicklung anzunehmen ist. Bei Arten mit *Fritillaria-*, *Plumbagella-*, *Plumbago-* und *Penaea*-Typus muß ER = 4:1, für Arten mit *Oenothera*-Typus 1:1 sein. Über die Sameninkompatibilität von Arten mit einem vom Normaltypus abweichenden ER sind erst sehr wenige Untersuchungen veröffentlicht worden.

Noch ungenügend erforscht ist auch die Genetik der Sameninkompatibilität. Es steht zwar wohl außer Zweifel, daß die Samenkompatibilität eine genetische Grundlage hat. Genauere Angaben über die Zahl und die Aktivität der daran beteiligten Gene sind aber noch nicht erhältlich, und die Forschungsmethoden müssen noch wesentlich verfeinert werden, bevor es möglich wird, die Gene, welche das Entwicklungsgeschehen der Samenbildung kontrollieren, einzeln zu erfassen und schließlich ihr Zusammenspiel zu rekonstruieren. Erst wenn diese Lücken unserer Kenntnisse geschlossen sind, darf das Problem der Sameninkompatibilität vom embryologischen und genetischen Standpunkt aus als gelöst betrachtet werden.

5. Züchterische Auswertung der Sameninkompatibilität von 2x × 4x-Kreuzungen

Die Sameninkompatibilität der 2x × 4x-Kreuzungen kann züchterisch zur Produktion von Tetraploiden herangezogen werden. Als Beispiel seien die Züchtungen mit *Primula malacoides*, der Fliederprimel, besprochen (KOBEL 1927, KOBEL et al. 1937, SKIEBE 1958, 1966). KOBEL hat als erster auf die spontane

Entstehung von Tetraploiden bei der Fliederprimel durch Verschmelzung unreduzierter Gameten hingewiesen. Die von SKIEBE (1958, 1966) durchgeführten systematischen Kreuzungen erlauben aber erst, die Gesetzmäßigkeiten, die zur vorzugsweisen Ausbildung von Tetraploiden führen, zu erkennen. In den ausgedehnten Experimenten von SKIEBE dienten als Versuchspflanzen die diploiden Sorten Schneewittchen (2x), Rosa Korb (2x) und deren F_1-Hybride Schneewittchen × Rosa Korb (2x), ferner die tetraploiden Sorten Alba (4x) und Grandiosa (4x) und deren F_1-Hybride Alba × Grandiosa (4x). Über die Ergebnisse von Kreuzungen innerhalb jeder Polyploidie- oder Valenzstufe und von Valenzkreuzungen vom Typus 2x × 4x orientiert Tab. 21.

Tabelle 21. *Ergebnisse der Kreuzungskombinationen 2x × 2x, 4x × 2x und 2x × 4x bei Primula malacoides* (nach SKIEBE 1958, gekürzt)

Kreuzungskombination	Bestäubte Blüten	Anzahl keimf. Samen	Aufgezogene Pflanzen			
			total	2x	3x	4x
2x Schneewittchen × 2x F_1	150	2883	2144	2143	–	1
2x Rosa Korb × 2x F_1	90	2871	2345	2342	1	2
2x F_1 × 2x F_1	240	4645	3987	3986	–	1
total			8476	8471	1	4
4x Alba × 2x F_1	180	31	25	–	3	22
2x Schneewittchen × 4x F_1	180	23	23	1	3	19
2x Rosa Korb × 4x F_1	180	50	47	3	21	23
total			70	4	24	42
					66 (3x + 4x)	

Wie man sieht, erzeugten die diploiden Ausgangspflanzen in den 2x × 2x-Kreuzungen wie in den Valenzkreuzungen 2x × 4x triploide und tetraploide Nachkommen. Daraus geht hervor, daß sie in allen Kreuzungen auch unreduzierte Gameten ausbildeten, und zwar sowohl auf der weiblichen wie auch auf der männlichen Seite. In den Valenzkreuzungen 2x × 4x ist die relative Anzahl triploider und tetraploider Nachkommen, gemessen an den diploiden Nachkommen, sehr viel größer (66 von 70 Nachkommen, also > 90%) als in der 2x × 2x-Kreuzung, wo nur 5 von 8476, also weniger als 1‰ aller Nachkommen auf unreduzierte Gameten hinweisen. Diese Differenz kann nicht auf Unterschieden in der relativen Anzahl von unreduzierten Gameten beruhen, da die Gameten ja vor der Kreuzung entstehen. Die große Anzahl tetraploider Nachkommen aus 2x × 4x-Kreuzungen und die relativ geringe Anzahl triploider Tochterpflanzen weisen vielmehr darauf hin, daß nachträglich eine Auslese zugunsten der tetraploiden Kombinationen stattgefunden hat. Vermutlich liegen die Verhältnisse ähnlich wie bei den *Solanum*-Kreuzungen: die tetraploiden Tochterpflanzen entstanden aus Samen mit hexaploidem Endosperm, also aus Samenanlagen, deren Embryosäcke unreduziert waren. Die Tochterpflanzen sind daher vornehmlich tetraploid und nicht triploid, wie zu erwarten gewesen wäre. Sie sind in ihrer Entwicklung den Triploiden gegenüber begünstigt, weil das Genomverhältnis ER = 2,0 beträgt und nicht 1,0 wie bei den Triploiden. Wegen der Sameninkompatibilität der Samen mit triploiden Embryonen (und tetraploiden Endospermen) überleben daher aus der Kreuzung 2x × 4x vorwiegend tetraploide Nachkommen. Die Zahl der Tetraploiden und damit auch die Sortenmannigfaltigkeit lassen sich auf diese Weise beliebig erhöhen. Auf analoge Weise sind nach GLASAU (1939/40) die großblumigen, tetraploiden Sorten von *Cyclamen persicum* MILL. entstanden. An *Primula malacoides* diskutiert SKIEBE (1966) allgemein die Möglichkeiten zu züchterischer Auswertung der natürlichen, „meiotischen Polyploidisierung" durch unreduzierte Gameten und ihre Vorteile gegenüber der künstlichen, „mitotischen Polyploidisierung" mittels Colchizin.

Literaturverzeichnis

*Gesamtdarstellungen sind durch * gekennzeichnet*

Bambacioni, V., 1928 a: Ricerche sulla ecologia e sulla embriologia di *Fritillaria persica* L. Ann. Bot. **18**, 7—37.

— 1928 b: Contributo alla embriologia di *Lilium candidum* L. R. C. Acad. Naz. Lincei **8**, 612—618.

— e A. Giombini, 1930: Sullo sviluppo del gametofito femminile in *Tulipa gesneriana*. Ann. Bot. **18**, 373—386.

Bateson, W., and R. P. Gregory, 1905: On the inheritance of heterostylism in *Primula*. Proc. Roy. Soc. London, B. **76**, 581—586.

Battaglia, E., 1941: Contributo all'embriologia delle *Tamaricaceae*. N. Giorn. Bot. Ital. N.S. **48**, 575—612.

— 1947: Ricerche cariologiche e embriologiche sul genere *Rudbeckia*. XII. N. Giorn. Bot. Ital. N.S. **54**, 560—567.

— 1951: The male and female gametophytes of Angiosperms. Phytomorphology **1**, 87—116.

— 1963: Apomixis. Recent advances in the embryology of Angiosperms. Phytomorphology **8**, 221—264.

Blakeslee, A. F., 1945: Removing some barriers to crossability in plants. Proc. Amer. Phil. Soc. **89**, 561—574.

Boyes, J. W., 1939: Development of the embryosac of *Plumbagella micrantha*. Amer. Jour. Bot. **26**, 539—547.

— and E. Battaglia, 1951: The tetrasporic embryosacs of *Plumbago coccinea*, *P. scandens* and *Ceratostigma willenottianum*. Bot. Gaz. **112**, 485—489.

Brewbaker, J. L., 1967: The distribution and phylogenetic significance of binucleate and trinucleate pollen grains in the Angiosperms. Amer. J. Bot. **56**, 1069—1083.

— and G. C. Emery, 1962: Pollen radiobotany. Radiation Botany **1**, 101—154.

Brieger, F., 1930: Selbststerilität und Kreuzungssterilität im Pflanzenreich und Tierreich. 395 S., 118 Abb. Berlin: Springer.

Brink, R. A., and D. C. Cooper, 1947: The endosperm in seed development. Bot. Rev. **13**, No. 8/9.

Brown, W. H., and L. W. Sharp, 1911: The embryosac of *Epipactis*. Bot. Gaz. **52**, 439—452.

Bruhin, A., 1950: Beiträge zur Zytologie und Genetik schweizerischer *Crepis*-Arten. Diss. Univ. Zürich, 101 S.

Campbell, D. H., 1899: Die Entwicklung des Embryosackes von *Peperomia pellucida*. Ber. Dtsch. Bot. Ges. **17**, 452—456.

Carano, E., 1925: Sul particolare sviluppo del gametofito femminile di *Euphorbia dulcis* L. R. C. Acad. Naz. Lincei **1**, 633—635.

Chiarugi, A., 1927: Il gametofito femmineo delle Angiosperme nei suoi vari tipi di costruzione e di sviluppo. N. Giorn. Bot. Ital. N.S. **34**, 5—133.

Cooper, D. C., 1933: Nuclear divisions in the tapetal cells of certain Angiosperms. Amer. Journ. Bot. **20**, 358—364.

— 1935: Macrosporogenesis and development of the embryosac of *Lilium henryi*. Bot. Gaz. **97**, 355—364.

— 1936: Development of the male gametes in *Lilium*. Bot. Gaz. **98**, 169—177.

Cooper, D. C., 1943: Haploid-diploid twin embryos in *Lilium* and *Nicotiana*. Amer. Jour. Bot. **30**, 408—413.

Correns, C., 1901: Bastarde zwischen Maisrassen mit besonderer Berücksichtigung der Xenien. Bibl. Bot. **53**, 1—161.

— 1937: Nicht mendelnde Vererbung. In: Handbuch der Vererbungswissenschaft II, H. 159 S. Berlin 1937.

Coulter, J. M., and C. J. Chamberlain, 1903: Morphology of Angiosperms. 348 S. New York.

Crowe, L. K., 1954: Incompatibility in *Cosmos bipinnatus*. Heredity **8**, 1—11.

Dahlgren, K. V. O., 1924: Studien über die Endospermbildung der *Kompositen*. Svensk Bot. Tidskr. **18**, 177—203.

— 1930: Zur Embryologie der *Saxifragoideen*. Svensk Bot. Tidskr. **24**, 429—448.

— 1939: Endosperm- und Embryobildung bei *Zostera marina*. Bot. Not. 1939, 607—615.

Darlington, C. D., 1937: Recent advances in cytology. 671 S. London: Churchill.

— and L. F. La Cour, 1940: Nucleic acid starvation of chromosomes in *Trillium*. Jour. Genet. **40**, 185—213.

— — 1941: The genetics of embryo-sac development. Ann. Bot. N.S. **5**, 547—562.

Darwin, Ch., 1862: On the two forms, or dimorphic condition in the species of *Primula* and on their remarkable sexual relations. J. Linn. Soc. Bot. **6**, 77—96.

— 1877: Die verschiedenen Blütenformen an Pflanzen derselben Art. (Übers. von J. V. Carus.) 304 S., 15 Abb. Stuttgart.

*Davis, G. L., 1966: Systematic embryology of the Angiosperms. 528 S. New York-London-Sydney.

East, E. M., 1913: Xenia and the endosperm of Angiosperms. Bot. Gaz. **56**, 217—224.

— 1929: Self-sterility. Bibl. Genet. **5**, 331—368.

— and A. J. Mangelsdorf, 1925: A new interpretation of the hereditary behavior of self-sterile plants. Proc. Nat. Acad. Sci. **11**, 166 171.

Ekdahl, I., 1941: Die Entwicklung von Embryosack und Embryo bei *Ulmus glabra* Huds. Svensk Bot. Tidskr. **35**, 143—156.

Emerson, R. A., 1915: Anomalous endosperm development in maize and the problem of bud sport. Zeitschr. ind. Abst.- u. Vererb.lehre **14**, 241—259.

Erbrich, P., 1965: Über Endopolyploidie und Kernstrukturen in Endospermhaustorien. Oesterr. Bot. Zeitschr. **112**, 197—262.

Ernst, A., 1901: Beiträge zur Kenntnis der Entwicklung des Embryosackes und des Embryo (Polyembryonie) von *Tulipa gesneriana* L. Flora **88**, 37—77.

— 1902: Chromosomenreduktion, Entwicklung des Embryosacks und Befruchtung bei *Paris quadrifolia* L. und *Trillium grandiflorum* Salisb. Flora **91**, 1—46.

— 1908: Ergebnisse neuer Untersuchungen über den Embryosack der Angiospermen. Verh. Schweiz. Natf. Ges. **91**, 230—263.

— 1918: Bastardierung als Ursache der Apogamie im Pflanzenreich. 665 S. Jena: G. Fischer-Verlag.

— 1936: Heterostylie-Forschung. Versuche zur genetischen Analyse eines Organisations- und „Anpassungs"merkmales. Z. indukt. Abstamm.- u. Vererb.lehre **71**, 156—230.

— 1959: Stammesgeschichtliche Untersuchung zum Heterostylieproblem. V. Arch. Jul.-Klaus-Stiftg. Vererb.forschg. **34**, 57—191.

— und Ch. Bernard, 1912: Entwicklungsgeschichte des Embryosackes und des Embryos von *Burmannia candida* Engl. und *B. championii* Thw. Ann. Jard. bot. Buitenzorg **10**, 161—188.

— und E. Schmid, 1913: Über Blüte und Frucht von *Rafflesia*. Ann. Jard. bot. Buitenzorg **12**, 1—58.

Ernst-Schwarzenbach, M., 1956: Die genetische Determination der Selbst-Inkompatibilität bei Blütenpflanzen. Arch. Jul.-Klaus-Stiftg. Vererb.forsch. **31**, 3/4, 260—276.

Esser, K., und J. Straub, 1954: Das Pollenschlauchwachstum bei *Forsythia*, eine Stellungnahme zu der Moewusschen Hemmstoff-Ferment-Hypothese. Biol. Ztbl. **73**, 449—455.

Fagerlind, F., 1936: Die Embryologie von *Putoria*. Svensk Bot. Tidskr. **30**, 362—372.

— 1937: Embryologische, zytologische und bestäubungsexperimentelle Studien in der Familie *Rubiaceae* etc. Acta Horti Berg. **11**, 195—470.

FAGERLIND, F., 1938: Der Embryosack von *Plumbagella* und *Plumbago*. Arkiv Bot. **29** B, 1—8.

— 1939: Die Entwicklung des Embryosackes bei *Peperomia pellucida*. Arkiv Bot. **29** A, 1—15.

— 1945: Blüte und Blütenstand der Gattung *Balanophora*. Bot. Not. 1945, 330—350.

FISCHER, A., 1880: Zur Kenntnis der Embryosackentwicklung einiger Angiospermen. Jen. Zeitschr. Naturwiss. **14**, 90—132.

FOCKE, W. O., 1881: Die Pflanzen-Mischlinge. 569 S. Berlin: Borntraeger.

FOGWILL, M., 1958: Differencies in crossing-over and chromosome size in the sex cells of *Lilium* and *Fritillaria*. Chromosoma **9**, 493—504.

GAINES, E., and H. C. AASE, 1926: A haploid wheat plant. Amer. Jour. Bot. **13**, 373—385.

GAIRDNER, A. E., and C. D. DARLINGTON, 1931: Ring-formation in diploid and polyploid *Campanula persicifolia*. Genetica **13**, 113—150.

GERASSIMOVA, H., 1933: Fertilization of *Crepis capillaris* (L.) WALL. La Cellule **42**, 103—148.

GERASSIMOVA-NAVASHINA, H., 1957: On some cytological principles underlying double fertilization. Phytomorphology **7**, 150—167.

GERSTEL, D. U., 1950: Self-incompatibility studies in Guayule. II. Inheritance. Genetics **35**, 482—506.

GLASAU, F., 1939/40: Monographie der Gattung *Cyclamen* auf morphologisch-cytologischer Grundlage. Planta **30**, 507—550.

GOLINSKI, S. J., 1893: Ein Beitrag zur Entwicklungsgeschichte des Androeceums und Gynoeceums der Gräser. Bot. Ztbl. **55**, 1—17, 65—72, 129—134.

GRAFL, J., 1941: Über das Wachstum der Antipodenkerne von *Caltha palustris*. Chromosoma **2**, 1—11.

GUSTAFSSON, Å., 1935: Studies on the mechanism of parthenogenesis. Hereditas **21**, 1—112.

*— 1946/47: Apomixis in higher plants. Lunds Univ. Årsskr. N.F. Avd. 2, **42**, 1—66, **43**, 71—178 und 183—370.

HAGERUP, O., 1944: On fertilization, polyploidy and haploidy in *Orchis maculatus* L. Dansk. Bot. Arkiv **11**, 1—26.

— 1945: Facultative parthenogenesis and haploidy in *Epipactis latifolia*. K. Danske Vidensk. Selsk. Biol. Medd. **19**, 1—13.

— 1947: The spontaneous formation of haploid, polyploid and aneuploid embryos in some *Orchids*. K. Danske Vidensk. Selsk. Biol. Medd. **20**, 1—22.

HÅKANSSON, A., 1923: Studien über die Entwicklungsgeschichte der *Umbelliferen*. Lunds Univ. Årsskr. N.F. Avd. 2, **18**, 1—120.

— 1952: Seed development after 2 x, 4 x crosses in *Galeopsis pubescens*. Hereditas **38**, 425—448.

— 1953: Endosperm formation after 2 x, 4 x crosses in certain cereals, especially in *Hordeum vulgare*. Hereditas **39**, 57—64.

— 1956: Seed development of *Brassica oleracea* and *B. rapa* after certain reciprocal pollinations. Hereditas **42**, 373—396.

— and S. ELLERSTRÖM, 1950: Seed development after reciprocal crosses between diploid and tetraploid rye. Hereditas **36**, 256—296.

HAMMOND, B. L., 1937: Development of *Podostemon ceratophyllum*. Bull. Torr. Bot. Club **64**, 17—36.

HAQUE, A., 1951: The embryosac of *Erythronium americanum*. Bot. Gaz. **112**, 495—500.

HARLING, G., 1950/51: Embryological studies in the *Compositae*: Parts I—III. Acta Horti Berg. **15**, 135—168; **16**, 1—56; **16**, 73—120.

HASITSCHKA-JENSCHKE, G., 1959: Bemerkenswerte Kernstrukturen im Endosperm und im Suspensor zweier *Helobiae*. Oesterr. Bot. Zeitschr. **106**, 301—314.

— 1962: Notizen über endopolypoide Kerne im Bereich der Samenanlagen von Angiospermen. Oesterr. Bot. Zeitschr. **109**, 125—137.

HAUPT, A. W., 1934: Ovule and embryo sac of *Plumbago capensis*. Bot. Gaz. **95**, 649—659.

HEATLEY, M., 1916: A study of life history of *Trillium cernuum*. Bot. Gaz. **61**, 425—429.

HEUSSER, K., 1915: Die Entwicklung der generativen Organe von *Himantoglossum hircinum*. Beih Bot. Ztbl. I, **32**, 218—277.

HOEPPNER, E., und O. RENNER, 1929: Genetische und zytologische *Oenotheren*studien II. Bot. Abh. Goebel. **15**, 1—66.

HOWARD, H. W., 1939: The size of seeds in diploid and autotetraploid *Brassica oleracea* L. Jour. Genetics **38**, 325—340.

— 1942: The effect of polyploidy and hybridity on seed size in crosses between *Brassica chinensis*, *B. carinata*, amphidiploid *B. chinensis-carinata* and autotetraploid *B. chinensis*. Jour. Genetics **43**, 105—119.

— 1947: Seed size in crosses between diploid and autotetraploid *Nasturtium officinale* and allotetraploid *N. uniseriatum*. Jour. Genetics **48**, 111—118.

HUNZIKER, H. R., 1954: Beitrag zur Aposporie und ihrer Genetik bei *Potentilla*. Arch. Jul.-Klaus-Stiftg. Vererb.forschg. **29**, 135—222.

*JOHANSEN, D. A., 1950: Plant embryology. 305 S. Waltham, Mass.: Chronica Botanica.

*JOHN, B., and K. R. LEWIS, 1965: The meiotic system. Protoplasmatologia VI/F/1. IV, 335 p., 195 fig. Wien-New York: Springer.

JOHNSON, D. S., 1900: On the endosperm and embryo of *Peperomia pellucida*. Bot. Gaz. **80**, 1—11.

JONES, H. A., 1927: Pollination and life history studies of lettuce (*Lactuca sativa* L.). Hilgardia **2**, 425—478.

— and S. L. EMSWELLER, 1936: Development of the flower and macrogametophyte of *Allium cepa*. Hilgardia **10**, 415—454.

JØRGENSEN, C. A., 1928: The formation of heteroploid plants in the genus *Solanum*. Jour. Genetics **19**, 133—211.

JUEL, H. O., 1907: Studien über die Entwicklungsgeschichte von *Saxifraga granulata*. Nova Acta Soc. Sci. Upsal. 4, **1**, 1—41.

KAPPERT, H., 1933: Erbliche Polyembryonie bei *Linum usitatissimum*. Biol. Ztbl. **53**, 276—307.

KATAYAMA, Y., 1933: Crossing experiments in certain cereals with special reference to different compatibility between the reciprocal crosses. Mem. Coll. Agricult. Kyoto Imp. Univ. Nr. 27, 1—75.

KAUSIK, S. B., 1935: The life history of *Lobelia trigona*, with special reference to the nutrition of the embryo sac. Proc. Ind. Acad. Sci. B. **2**, 410—418.

KIHARA, H., 1940: Formation of haploids by means of delayed pollination in *Triticum monococcum*. Bot. Mag. **54**, 178—185.

KIHLMAN, B. A., 1966: Action of chemicals on dividing cells. 260 S. Englewood Cliffs, N. Y.: Prentice Hall Inc.

*KIMBER, G., and R. RILEY, 1963: Haploid Angiosperms. Bot. Rev. **29**, 480—531.

KIRKWOOD, J. E., 1905: The comparative embryology of the *Cucurbitaceae*. Bull. N. Y. Bot. Garden **3**, 313—402.

KNOX, R. B., and J. HESLOP-HARRISON, 1963: Experimental control of aposporous apomixis in a grass of the *Andropogoneae*. Bot. Not. **116**, 127—141.

KOBEL, F., 1927: Über eine tetraploide (Gigas-)Form von *Primula malacoides*. Ber. Schweiz. Bot. Ges. **36**, 25—26.

— F. CAMENZIND und F. SCHÜTZ, 1937: Züchtungsversuche mit *Primula malacoides* FRANCHET. Ber. Schweiz. Bot. Ges. **47**, 284—318.

KUHN, E., 1940: Physiologie und Vererbung der Selbststerilität bei Blütenpflanzen. Die Naturwissensch. **28**, 1—9.

LA COUR, L. F., 1954: Smear and squash techniques in plant cytology. Laboratory practice **3**, 326—330.

LAGERBERG, T., 1909: Studien über die Entwicklungsgeschichte und systematische Darstellung von *Adoxa moschatellina* L. K. Svensk. Vet.-Akad. Handl. **44**, 1—86.

LAIBACH, F., 1925: Das Taubwerden der Bastardsamen und die künstliche Aufzucht früh absterbender Bastardembryonen. Zeitschr. Botanik **17**, 417—459.

LANDOLT, E., 1954: Die Artengruppe des *Ranunculus montanus* WILLD. in den Alpen und im Jura. Ber. Schweiz. Bot. Ges. **64**, 9—83.

LEVAN, A., 1937: Cytological studies in the *Allium paniculatum* group. Hereditas **23**, 317—370.

LEWIS, D., 1947: Competition and dominance of incompatibility alleles in diploid pollen. Heredity **1**, 85—108.

LEWIS, D., 1954: Comparative incompatibility in Angiosperms and Fungi. Adv. in Genetics **6**, 235—285.

LINSKENS, H. F., 1953: Physiologische und chemische Unterschiede zwischen selbst- und fremdbestäubten *Petunien*-Griffeln. Die Naturwissensch. **40**, 28—29.

— 1965: Biochemistry of incompatibility. Genetics today **3**, 629—635. Oxford, Pergamon-Press.

MAGNUS, W., 1913: Die atypische Embryosackentwicklung der *Podostomaceen*. Flora **105**, 275—336.

MAHESHWARI, P., 1949: The male gametophyte of Angiosperms. Bot. Rev. **15**, 1—75.

*— 1950: An introduction to the embryology of Angiosperms. 453 S. New York: McGraw-Hill Book Co. Inc.

— 1962: Plant embryology. A Symposium. 274 S. New Delhi.

MARTINOLI, G., 1939: Contributo all'embriologia delle *Asteraceae*. I—III. N. Giorn. Bot. Ital. N.S. **46**, 259—298.

MCCLINTOCK, B., 1939: The behaviour in successive nuclear divisions of a chromosome broken at meiosis. Proc. Nat. Acad. Sci. **25**, 405—416.

MEILI-FREI, E., 1965: Cytogenetik und Cytotaxonomie einheimischer Arten von *Epipactis*, *Listera*, *Neottia (Orchidaceae)*. Ber. Schweiz. Bot. Ges. **75**, 219—292.

MENDEL, G. J., 1869: Über einige aus künstlicher Befruchtung gewonnene *Hieracium*-Bastarde. Verh. Naturf. Ver. Brünn 8 (Ostwalds Klassiker d. exakten Wiss. **121**, 47—53).

MENDES, A. J. T., 1941: Cytological observations in *Coffea*. VI. Embryo and endosperm development in *Coffea arabica* L. Amer. Jour. Bot. **28**, 784—789.

MOEWUS, F., 1950: Zur Physiologie und Biochemie der Selbststerilität bei *Forsythia*. Biol. Ztbl. **69**, 181—197.

MORRISON, J. W., 1955: Fertilization and post-fertilization development in wheat. Can. Jour Bot. **33**, 168—176.

MUKKADA, A. J., in MAHESHWARI, P., 1962: Some observations on the embryology of *Dicraea stylosa* WIGHT. S. 139—145.

MÜNTZING, A., 1933: Hybrid incompatibility and the origin of polyploidy. Hereditas **18**, 33—55.

— 1958: A new category of chromosomes. Proc. X. Intern. Congr. Genet. I, 453—467.

MURBECK, S., 1901 a: Parthogenetische Embryobildung in der Gattung *Alchemilla*. Lunds Univ. Årsskr. **36**/2, Nr. 7, 1—45.

— 1901 b: Über das Verhalten des Pollenschlauches bei *Alchemilla arvensis* und das Wesen der Chalazogamie. Lunds Univ. Årsskr. **36**/2, Nr. 9, 1—18.

NARAYANASWAMI, S., 1955: The structure and development of the caryopsis in some Indian Millets. III. *Panicum miliare* LAMK. and *P. miliaceum*. Lloydia **18**, 61—73.

NOLL, W., 1935: Embryonalentwicklung von *Biophytum dendroides* DC. Planta **24**, 609—648.

*NYGREN, A., 1967: Apomixis in the Angiosperms. Hdb. d. Pfl.physiologie, hg. v. W. Ruhland, Bd. XVIII, 551—596.

OEHLER, E., 1927: Entwicklungsgeschichtlich-cytologische Untersuchungen an einigen saprophytischen *Gentianaceen*. Planta **3**, 641—733.

OSAWA, I., 1912: Cytological and experimental studies in *Citrus*. J. Coll. Agric. Imp. Univ. Tokyo **4**, 83—116.

PACE, L., 1907: Fertilization in *Cypripedium*. Bot. Gaz. **44**, 353—374.

— 1914: Two species of *Gyrostachis*. Baylor Univ. Bull. **17**, 1—16.

PAINTER, TH. S., 1943/44: Cell growth and nucleic acids in the pollen of *Rhoeo discolor*. Bot. Gaz. **105**, 58—68.

PALIWAL, R. L., 1956: Morphological and embryological studies in some *Santalaceae*. Agra Univ. J. Res. (Sci.) **5**, 193—284.

PALM, B., 1915: Studien über Konstruktionstypen und Entwicklungswege des Embryosackes der Angiospermen. Diss. Stockholm.

PIECH, K., 1928: Zytologische Studien an der Gattung *Scirpus*. Bull. Int. Acad. Polon. Sci. et Lett. 1928 (1/2), 1—43.

PODDUBNAYA-ARNOLDI, V. A., 1960: Study of fertilization on the living material of some Angiosperms. Phytomorphology **10**, 185—198.

PORSCH, O., 1907: Versuch einer Phylogenie des Embryosackes und der doppelten Befruchtung der Angiospermen. Verh. zool.-bot. Ges. Wien 1907, S. 120—134.

RENNER, O., 1914: Befruchtung und Embryobildung bei *Oenothera Lamarckiana* und einigen verwandten Arten. Flora **107**, 115—150.

— 1919: Über Sichtbarwerden der Mendelschen Spaltung im Pollen einiger *Oenotheren*. Ber. Dtsch. Bot. Ges. **37**, 128—133.

— 1921: Heterogamie im weiblichen Geschlecht und Embryosackentwicklung bei den *Oenotheren*. Zeitschr. Botanik **13**, 609—621.

REUSCH, J. D. H., 1959 a: The nature of the genetic differentiation between *Lolium perenne* and *Festuca pratensis*. South Afric. Jour. Agric. Sci. **2**, 271—283.

— 1959 b: Embryological studies on seed development in reciprocal crosses between *Lolium perenne* and *Festuca pratensis*. South Afric. Jour. Agric. Sci. **2**, 429—449.

ROMANOV, I. D., 1939: Two new forms of embryo sac in the genus *Tulipa*. Compt. Rend. (Dok.) Acad. Sci. URSS **22**, 139—141.

ROSENBERG, O., 1927: Die semiheterotype Teilung und ihre Bedeutung für die Entstehung verdoppelter Chromosomenzahlen. Hereditas **8**, 305—308.

RUTGERS, F. L., 1923: Embryo sac and embryo of *Moringa oleifera*. The female gametophyte of Angiosperms. Ann. Jard. Bot. Buitenzorg **33**, 1—66.

RUTISHAUSER, A., 1935: Entwicklungsgeschichtliche und zytologische Untersuchungen an *Korthalsella dacrydii* (RIDL.) DANSER. Ber. Schweiz. Bot. Ges. **44**, 389—436.

— 1937: Entwicklungsgeschichtliche Untersuchungen an *Thesium rostratum* M. u. K. Mitt. natf. Ges. Schaffhausen **13**, 25—47.

— 1943: Konstante Art- und Rassenbastarde in der Gattung *Potentilla*. Mitt. natf. Ges. Schaffhausen **18**, 111—134.

— 1945: Zur Embryologie amphimiktischer Potentillen. Ber. Schweiz. Bot. Ges. **55**, 19—32.

— 1948: Pseudogamie und Polymorphie in der Gattung *Potentilla*. Arch. Jul.-Klaus-Stiftg. Vererb.forschg. **23**, 267—424.

— 1954 a: Entwicklungserregung der Eizelle bei pseudogamen Arten der Gattung *Ranunculus*. Bull. Schweiz. Akad. Med. Wiss. **10**, 491—512.

— 1954 b: Die Entwicklungserregung des Endosperms bei pseudogamen *Ranunculus*arten. Mitt. natf. Ges. Schaffhausen **25**, 1—45.

— 1956 a: Genetics of fragment chromosomes in *Trillium grandiflorum*. Heredity **10**, 195—204.

— 1956 b: Chromosome distribution and spontaneous chromosome breakage in *Trillium grandiflorum*. Heredity **10**, 367—407.

— 1956 c: Cytogenetik des Endosperms. Ber. Schweiz. Bot. Ges. **66**, 318—336.

— 1960 a: Fragmentchromosomen bei *Crepis capillaris*. Zeitschr. Schweiz. Forstw. **30**, Festschr. Prof. Frey-Wyssling, 93—106.

— 1960 b: Untersuchungen über die Evolution pseudogamer Arten. Ber. Schweiz. Bot. Ges. **70**, 113—125.

— 1965: Genetik der Pseudogamie bei *Ranunculus auricomus* s. l. W. KOCH. Ber. Schweiz. Bot. Ges. **75**, 157—182.

*— 1967: Fortpflanzungsmodus und Meiose apomiktischer Blütenpflanzen. Protoplasmatologia VI/F/3. V, 245 S., 86 Abb. Wien-New York: Springer.

*— 1968: Die embryologischen und cytogenetischen Grundlagen der Sameninkompatibilität. Im Druck.

— und H. R. HUNZIKER, 1950: Untersuchungen über die Zytologie des Endosperms. Arch. Jul.-Klaus-Stiftg. Vererb.forschg. **25**, 477—483.

— and L. F. LA COUR, 1956 a: Spontaneous chromosome breakage in endosperm. Nature **177**, 324—325.

— — 1956 b: Spontaneous chromosome breakage in hybrid endosperms. Chromosoma **8**, 317—340.

SARGANT, E., 1896: The formation of the sexual nuclei in *Lilium martagon*. I. Oogenesis. Ann. Bot. **10**, 445—477.

SCHÄPPI, H., und F. STEINDL, 1942: Blütenmorphologische und embryologische Untersuchungen an *Loranthoideen.* Viertelj.schr. natf. Ges. Zürich **87**, 301—372.

SCHMID, E., 1906: Beiträge zur Entwicklungsgeschichte der *Scrophulariaceae.* Beih. bot. Ztbl. **20**, 1. Abt., 175—299.

*SCHNARF, K., 1929: Embryologie der Angiospermen. Handb. d. Pfl.anatomie (K. Linsbauer), II. Abt., 2. T., 689 S. Berlin.

*— 1941: Vergleichende Zytologie des Geschlechtsapparates der Kormophyten. Monographien zur vergl. Zytologie, Bd. 1. Berlin.

SIMONI, D., 1937: Osservazioni sulla fertilità e ricerche citologiche-embriologiche in *Tulipa Gesneriana* L. Boll. Soc. Tic. Sci. Nat. **32**, 9—71.

SKIEBE, K., 1958: Die Bedeutung von unreduzierten Gameten für die Polyploidiezüchtung bei der Fliederprimel (*Primula malacoides* FRANCHET). Züchter **28**, 353—359.

— 1966: Polyploidie und Fertilität. Zeitschr. Pfl.züchtg. **56**, 301—342.

SMITH, F. H., 1943: Megagametophyte of *Clintonia.* Bot. Gaz. **105**, 263—267.

SOUÈGES, R., 1914: Développement de l'embryon chez les *Crucifères.* Ann. Sci. Nat. 9. Sér. Bot. **19**, 311—339.

— 1919: Les premières divisions de l'œuf et les différenciations du suspenseur chez le *Capsella bursa-pastoris* MOENCH. Ann. Sci. Nat. 9. Sér. Bot. **1**, 1—28.

— 1920: Développement de l'embryon chez le *Chenopodium bonus-henricus* L. Bull. Soc. Bot. France **67**, 233—257.

— 1921: Développement de l'embryon chez l'*Urtica pilulifera* L. Bull. Soc. Bot. France **68**, 172—188.

— 1922: Recherches sur l'embryogénie des *Solanacées.* Bull. Soc. Bot. France **69**, 163—178.

— 1923: Développement de l'embryon chez le *Geum urbanum* L. Bull. Soc. Bot. France **70**, 645—660.

— 1924: Développement de l'embryon chez le *Sagina procumbens* L. Bull. Soc. Bot. France **71**, 590—614.

— 1931: L'embryon chez le *Sagittaria sagittaefolia* L. Ann. Sci. Nat. **13**, 353—402.

— 1932: Recherches sur l'embryogénie des *Liliacées.* Bull. Soc. Bot. France **79**, 11—23.

SPANGLER, R. C., 1925: Female gametophyte of *Trillium sessile.* Bot. Gaz. **79**, 217—221.

SPRAGUE, G. F., 1932: The nature and extent of heterofertilization in maize. Genetics **17**, 358—368.

STEBBINS, G. L., 1958: The inviability, weakness, and sterility of interspecific hybrids. Advances in Genetics **9**, 147—215.

STEFFEN, K., 1951: Zur Kenntnis des Befruchtungsvorganges bei *Impatiens glandulifera* LINDL. Cytologische Studien am Embryosack der *Balsamineen.* Planta **39**, 175—244.

— 1952: Die Embryoentwicklung von *Impatiens glandulifera* LINDL. Flora **189**, 394—461.

STENAR, H., 1934: Embryologische und zytologische Beobachtungen über *Majanthemum bifolium* und *Smilacina stellata.* Ark. f. Bot. **26**, 1—20.

— 1941: Über die Entwicklung des Embryosackes bei *Convallaria majalis.* Bot. Not., 123—128.

STEPHENS, E. L., 1909: The embryosac and embryo of certain *Penaeaceae.* Ann. Bot. **23**, 363—378.

STOMPS, TH. J., 1930: Über parthenogenetische *Oenotheren.* Ber. Dtsch. Bot. Ges. **48**, 119—126.

STRASBURGER, E., 1878: Über Befruchtung und Zelltheilung. 108 S. Jena: G. Fischer.

— 1879: Die Angiospermen und die Gymnospermen. Jena.

SVENSSON, H. G., 1925: Zur Embryologie der *Hydrophyllaceen, Borraginaceen* und *Heliotropiaceen.* Uppsala Univ. Årsskr. Mat. och Nat. **2**, 3—176.

SWAMY, B. G. L., 1946: The embryology of *Zeuxine sulcata* LINDLEY. New Phytol. **45**, 132—136.

— 1962: The embryo of Monocotyledons: A working hypothesis from a new approach. In MAHESHWARI, P.: Plant embryology. A Symposium, 113—123.

*SWANSON, C. P., 1950: Cytologie und Cytogenetik. 525 S. Stuttgart: Fischer.

SWINGLE, W. T., 1927: Seed production in sterile *Citrus* hybrids — its scientific explanation and practical significance. Mem. Hort. Soc. N.Y. **3**, 19—21.

— 1928: Metaxenia in the date palm. Jour. Hered. **19**, 257—268.

TÄCKHOLM, G., 1922: Zytologische Studien über die Gattung *Rosa.* Acta Horti Berg. **7**, 97—351.

Thompson, W. P., and D. Johnstohn, 1945: The cause of incompatibility between barley and rye. Canad. Jour. Research **23**, 1—15.

Trela, Z., 1963 a: Embryological studies in *Anemone nemorosa* L. Acta biol. Cracov., Ser. bot **VI**, 1—14.

— 1963 b: Cytological studies in the differentiation of the endosperm in *Anemone nemorosa* L. Acta biol. Cracov., Ser. bot. **VI**, 177—183.

Treub, M., et J. Mellink, 1880: Notice sur le développement du sac embryonnaire dans quelques Angiospermes. Arch. Néerland. **15**, 452—457.

*Troll, W., 1957: Praktische Einführung in die Pflanzenmorphologie. 420 S. Jena: G. Fischer.

Tschermak-Woess, E., 1957: Über das regelmäßige Auftreten von „Riesenchromosomen" im Chalazahaustorium von *Rhinanthus*. Chromosoma **8**, 523—544.

Tschirch, A., 1919: Die Tela conductrix. Mitt. Nat. Ges., Bern S. LII—LIII.

Valentine, D. H., 1956: Studies in British *Primulas*. V. The inheritance of seed compatibility. New Phytologist **55**, 305—318.

— and S. R. J. Woodell, 1963: Studies in British *Primulas*. X. Seed incompatibility in intraspecific and interspecific crosses at diploid and tetraploid levels. New Phytologist **62**, 125—143.

Vazart, B., 1955: Contribution à l'étude caryologique des éléments reproducteurs et de la fécondation chez les végétaux angiospermes. Rev. Cytol. Biol. végét. **16**, 209—390.

*— 1958: Différenciation des cellules sexuelles et fécondation chez les Phanérogames. Protoplasmatologia VII/3/a. IV, 158 p., 30 fig. Wien: Springer.

Vendrely, R., and C. Vendrely, 1956: The results of cytophotometry in the study of the desoxyribonucleic acid (DNA) content of the nucleus. Int. Rev. Cytol. **5**, 170—197.

Walker, R. I., 1944: Chromosome number, megasporogenesis and development of embryo sac of *Clintonia*. Bull. Torr. Bot. Club **71**, 529—535.

— 1950: Megasporogenesis and development of megagametophyte in *Ulmus*. Amer. Jour. Bot. **37**, 47—52.

von Wangenheim, K. H., 1961: Zur Ursache der Abortion von Samenanlagen in Diploid-Polyploid-Kreuzungen. Zeitschr. Pfl.züchtg. **46**, 13—19.

— S. J. Poloquin, and R. W. Hongas, 1960: Embryological investigations on the formation of haploids in the potatoe *(Solanum tuberosum)*. Zeitschr. Vererb.lehre **91**, 391—399.

Wardlaw, C. W., 1954: The interpretation of embryos as reaction systems. Proc. 8th Intern. Bot. Congr. (Paris), Sec. **8**, 257—259.

*— 1955: Embryogenesis in plants. 381 S.. London.

Warming, E., 1873: Untersuchungen über pollenbildende Phyllome und Kaulome. Bot. Abh. (Haustein) **2**, 1—90.

— 1878: De l'ovule. Ann. Sci. nat. bot., Sér. 6, **5**, 177—266.

Watkins, A. E., 1932: Hybrid sterility and incompatibility. Jour. Genetics **25**, 125—162.

Webber, H. J., 1900: Xenia, or the immediate effect of pollen in maize. Bull. U.S. Dept. Agr. Div. Veg. Phys. Path. **22**, 1—44.

*Weber, H., 1967: Vegetative Fortpflanzung bei Spermatophyten. Hdb. d. Pflanzenphysiologie, hg. v. W. Ruhland, Bd. XVIII, 787—808.

Westergaard, M., 1964: Studies on the mechanism of crossing over. I. Theoretical considerations. C. R. Lab. Carlsberg **34**, 359—405.

Winkler, H., 1908: Über Parthenogenesis und Apogamie im Pflanzenreiche. Progr. rei bot. **2**, 293—454.

Woodell, S. R. J., and D. H. Valentine, 1961: Studies in British Primulas. IX. Seed incompatibility in diploid-autotetraploid crosses. New Phytologist **60**, 282—294.

Zweifel, R., 1939: Cytologisch-embryologische Untersuchungen an *Balanophora abbreviata* Blume und *B. indica* Wall. Viertelj.schr. natf. Ges. Zürich **84**, 245—306.

Pflanzenverzeichnis

Sachverzeichnis